実例でわかる

漁業法と漁業権の課題

小松正之・有薗眞琴
共著

成山堂書店

本書の内容の一部あるいは全部を無断で電子化を含む複写複製
（コピー）及び他書への転載は，法律で認められた場合を除いて
著作権者及び出版社の権利の侵害となります。成山堂書店は著
作権者から上記に係る権利の管理について委託を受けています
ので，その場合はあらかじめ成山堂書店（03-3357-5861）に
許諾を求めてください。なお，代行業者等の第三者による電子
データ化及び電子書籍化は，いかなる場合も認められません。

はじめに

　日本の漁業法制度をわかりやすく解説した本に遭遇したことがない。水産庁の時代から諸先輩が水産業協同組合法と漁業法の解説を書いているのを脇から見たことがあるが，大局的に，法の思想と目的まで解説したものではなく，漁業法や水協法などの一部改正が，技術的に行われた際に，それに対する解説コメントが中心で，到底わかりやすいといえるものではなかった。私はこの10年間にわたり，「水産業についての専門知識を修得する研修」の責任者を務めており，そこで水産業の基礎編を教え，試験を実施しているが，受験者の成績が思わしくない。

　基礎編でわかりにくいのが漁業権，漁業許可制度と水産業協同組合である。漁業権とは，その名称と内容はわが国独特のものである。しかし，これをわかりやすく解説するには，江戸時代以来の漁業の慣行と明治年間に制定された明治漁業法制度にさかのぼることが必要となる。どのようにして，日本初の漁業の法制度が何を目的にどのような機能と手段をもって制定されたかをさかのぼって考えなければ，現在の漁業法（戦後の漁業法）の思想と内容を理解することが難しい。そこでわたしは，江戸時代と明治にまでさかのぼり，漁業法の思想の原点にたどり着いた解説を有薗眞琴氏にお願いした。過去にも大学の専門家が明治の漁業制度に関しての分析を試みているが，部分的な解説であり，有薗氏のそれは詳細にわたる。また，本書は一般の読者を対象にしていること，そして現代の漁業制度と外国との比較で論じていることに照らしてみれば，本書のような漁業法制度の解説書はどこにもないと思う。

　私は水産庁に30年余にわたり奉職してきたが，そのときには漁業法の目的と思想として何が書いてあるかわからなかった。「漁業権とは」，「漁業法第52条の指定漁業とは」，「第65条の漁業調整とは」何か，本当にわからない。当座の技術的な解説のみの「漁業法と水産業協同組合法（以下「水協法」という）」の解説本だけで，漁業法と水協法を理解せよというのは到底無理な話で，行政

官，政治家，科学者と漁業者の多くの人が，一部の特殊の条項を除いて，漁業法の法思想と歴史的な流れを理解できずに諦めている。

このような複合的な理由から，一般の人が漁業法を読んでも，目的や思想そして問題点を理解することは非常に困難である。当然，初期の頃の私の研修と講義を受けた人たちも，漁業法と漁業権とは何かを理解できなかったであろう。そのころは，共同漁業権，特定区画漁業権（区画漁業権）と定置漁業権も暗記しなさいと受験者には何度も繰り返し警告していたが，試験の成績が向上しなかったのは無理もないことであった。無味乾燥な条文は頭に入り込まないのである。

その反省に基づき，その後は平板な漁業法の漁業権の規定をわかりやすく解説することに心血を注いできた。法の思想と漁業権の思想とその成り立ち，本来であれば漁業の許可とするべきところを漁業権という名称としたのか，その立法と改正の作業に携わった人の立場を振り返り，大所高所から説明し，その技術論まで踏み込み，どうしてそのような構成と書きぶりになったかを解説したテキストとした。この努力のかいもあって，最近の受講者の成績はかなり上昇してきた。テキストがわかりやすくなったということである。それをさらに大幅に改訂し修正と加筆したものが本書である。

漁業法制度と漁業権，そして水産業協同組合の思想と目的を理解したい，あるいは理解不能な暗黒の世界が漁業権であるとあきらめていたがそれらに光明を見出したいと思う人は，ぜひ本書で学んでほしい。本書には外国の制度との比較も満載で，これはこれまで日本の漁業権と漁業法の専門家や法律家と行政官の誰もが挑戦しなかったことである。

もう一つの大きな意味は，日本の漁業法制度が，江戸時代の因習を引きずったままで，現在においても修正が不充分であることを有薗氏との共著によって明らかにしたことである。世界は漁業の仕組みを大きく変えて，改革を果たした。そして儲かるシステムを導入したが，日本はあいも変わらず，旧態依然の制度にしがみついて，漁業は暗黒の世界にとどまり，資源が悪化し経営が成り

立たない状況がさらに加速化し後退している。それに対して，日本の漁業制度の根本的な問題点を把握して理解し，解決策を提供しようとすることが，本書の目的である。現在の問題の根源が，江戸時代と明治の漁業制度にあることを正確に理解しながら，現役の行政官と政治家が仕事をしているのかどうか，疑問が残る。

　本書は漁業法と漁業権などに関する詳細な解説と大局観との双方を提供することも目的とした。ぜひじっくりと読んでいただきたい。

2017 年 10 月

小松 正之

目　　次

はじめに ……………………………………………………………………… *i*

第1章　日本の漁業資源と養殖業の現状 ……………… *1*

Ⅰ. 概　要 ……………………………………………………………… *1*

Ⅱ. 世界と日本の漁業制度の明暗 ………………………………… *3*

Ⅲ. ABC（生物学的許容漁獲量）………………………………… *6*

Ⅳ. TAC（総漁獲可能量）制度 …………………………………… *6*

Ⅴ. オリンピック方式 ……………………………………………… *7*

Ⅵ. IQ（個別割当）方式 …………………………………………… *8*

Ⅶ. ITQ（譲渡可能個別割当）方式 ……………………………… *9*

Ⅷ. ITQ 方式の社会への影響 …………………………………… *10*

　　(1)　水産資源の所有論　*10*
　　　　　―私有か公有か

　　(2)　ITQ 方式の導入の成功と新課題　*11*

第2章　日本の漁業制度の歴史 ……………………………… *12*

Ⅰ. 漁業制度のルーツ ……………………………………………… *12*

　　(1)　古代の漁業管理　*12*

　　(2)　中世の漁業管理　*13*

Ⅱ. 江戸時代の漁業制度 …………………………………………… *14*

　　(1)　江戸幕府の漁業政策　*14*

　　(2)　江戸時代の漁村と漁業制度　*18*

Ⅲ. 明治時代の漁業制度 …………………………………………… *22*

　　(1)　海面官有制と海面借区制　*22*

　　(2)　府県における漁業税制と漁業取締　*26*

目　　次　　　*v*

　　　　（3）　旧漁業法の成立と改正　*29*

　　　　（4）　漁業組合と水産組合の設立　*37*

　　　　（5）　遠洋漁業奨励法と近代式漁業の導入　*39*

　　Ⅳ．大正時代から昭和初期（戦前）の漁業制度　……………………　*40*

　　　　（1）　沿岸漁業の動向と漁業の取締　*40*

　　　　（2）　漁業協同組合と水産業団体の組織化　*42*

　　　　（3）　公有水面埋立法の制定　*44*

　　Ⅴ．戦後占領期から復興期の漁業制度　……………………………　*45*

　　　　（1）　戦後占領期における漁業政策　*45*

　　　　（2）　戦後復興期における漁業政策　*64*

　　Ⅵ．高度経済成長期から石油ショック期の漁業制度　………………　*73*

　　　　（1）　高度経済成長期の漁業動向と漁業政策　*73*

　　　　（2）　石油ショック期の漁業動向と漁業政策　*77*

　　Ⅶ．バブル経済期から平成不況期の漁業制度　……………………　*82*

　　　　（1）　バブル経済期の漁業動向と漁業政策　*82*

　　　　（2）　平成不況期の漁業動向と漁業政策　*85*

第3章　日本の現行漁業制度　……………………………………　*96*

　　Ⅰ．漁業制度の概要　………………………………………………　*96*

　　　　（1）　用語の定義　*96*

　　　　（2）　漁業の制度的分類　*97*

　　Ⅱ．漁業調整機構の概要　…………………………………………　*102*

第4章　漁業権とは何か　……………………………………………　*106*

　　Ⅰ．漁業権の種類　…………………………………………………　*106*

　　　　（1）　共同漁業権　*106*

　　　　（2）　区画漁業権と特定区画漁業権　*108*

　　　　（3）　定置漁業権　*109*

　　Ⅱ．漁業権の適格性と優先順位　…………………………………　*110*

　　　　（1）　優先順位　*110*

　　　　（2）　経営者免許の漁業権　*111*

目　次

（3）組合管理漁業権　*111*

（4）漁協への優先的な免許の付与　*111*

（5）現行の規定による新規参入の実態　*112*

（6）特定区画漁業権の区割りの決め方　*112*

Ⅲ．漁業権の性質 ……………………………………………………… *112*

（1）漁業権の適用範囲　*112*

（2）漁業権の性質　*113*

（3）漁業権の性質に関する学説　*114*

（4）漁業協同組合と漁業を営む権利に関する学説　*115*

Ⅳ．漁業権の補償 ……………………………………………………… *115*

（1）漁業補償　*115*

（2）漁業補償額の算定方式　*116*

Ⅴ．特区と漁業権 ……………………………………………………… *117*

（1）特区設立の経緯　*117*

（2）特定区画漁業権の特質　*117*

（3）桃浦は水産特区の第1号　*119*

（4）漁業権の制約と特区の現況　*120*

（5）漁業法人の増加　*121*

第5章　漁業の許可 ……………………………………………… *122*

Ⅰ．概　論 …………………………………………………………… *122*

Ⅱ．農林水産大臣許可による漁業 ………………………………… *125*

（1）指定漁業の内容　*125*

（2）大臣許可漁業の許可の手続き　*127*

（3）特定大臣許可漁業　*135*

（4）届出漁業　*136*

（5）試験操業許可の目的と内容　*137*

Ⅲ．知事許可漁業 …………………………………………………… *138*

（1）法定知事許可漁業　*138*

（2）一般知事許可漁業　*140*

目　次　*vii*

第6章　漁業調整 ･･ *144*

Ⅰ．漁業の紛争の調整 ････････････････････････････････････ *144*

Ⅱ．漁業調整機能 ･･ *145*

(1) 科学に基づかない漁業調整　*145*

(2) 許可漁業と沿岸漁業との境界紛争　*146*

(3) 沿岸漁業と指定漁業の輻輳　*147*

(4) 大型船は3海里以遠操業の外国　*148*

(5) 漁業調整委員会　*148*

Ⅲ．都道府県の漁業許可の仕組み ････････････････････････ *153*

(1) 漁業調整規則　*153*

(2) 都道府県は国の下請機関　*154*

第7章　水産業協同組合 ･････････････････････････････････ *156*

Ⅰ．GHQ の農地改革と昭和の漁業 ･･････････････････････ *156*

(1) 第2次世界大戦と農漁業　*156*

(2) 農地改革と漁業制度改革　*156*

(3) 沿岸漁業の経済的自立へ　*157*

Ⅱ．水産業協同組合法の成立：漁協と農協 ･･････････････ *158*

(1) 農地解放・漁業改革と協同組合改革　*158*

(2) 漁業協同組合の特殊性　*158*

(3) 資源管理の目標と経済的自立の欠如　*159*

Ⅲ．漁協の種類と組合員資格 ････････････････････････････ *160*

(1) 水産業協同組合の種類と意味　*160*

(2) 漁協の経済力の不足　*162*

(3) 漁協の排他性　*164*

(4) 規模拡大と経済の自立　*164*

Ⅳ．誰が漁協の組合長になるのか ････････････････････････ *164*

(1) 矛盾する漁協の機能・目的　*164*

(2) 経済事業の優先　*165*

(3) 組合長の選出　*166*

viii　目　次

V．漁協の事業とは何か …………………………………………… *167*

　　(1)　漁協の経済事業　*167*

　　(2)　相矛盾する漁協の事業　*167*

　　(3)　漁業衰退が漁協経済事業へ悪影響　*168*

VI．全漁連と系統組織 ……………………………………………… *169*

　　(1)　全漁聯の誕生　*169*

　　(2)　全漁連の成立　*170*

　　(3)　漁業協同組合連合会（漁連）　*170*

　　(4)　現在の系統活動　*171*

VII．統制経済と全漁聯の発足 …………………………………… *172*

　　(1)　戦時経済体制への移行　*172*

　　(2)　統制経済のために全漁聯の設立　*173*

　　(3)　販売の促進のためのノルウェー生魚漁業組合　*173*

VIII．信用事業と共済事業とは …………………………………… *174*

　　(1)　系統金融の始まり　*174*

　　(2)　戦後の系統金融　*174*

　　(3)　最近の信用事業　*175*

　　(4)　共済事業　*175*

IX．経済事業と漁業権管理 ………………………………………… *176*

　　(1)　経済事業の創設へ　*176*

　　(2)　経済事業は産業組合　*177*

　　(3)　慢性赤字の経済事業の抜本改革　*178*

第8章　大臣許可漁業の種類と漁場の概要 ……………… *179*
―大臣指定漁業等種類別の漁業の状況

　　(1)　沖合底びき網漁業　*179*

　　(2)　以西底びき網漁業　*181*
　　　　―東シナ海に新国際機関の設立を

　　(3)　遠洋底びき網漁業　*184*

　　(4)　大中型まき網漁業　*186*

（5） 海外まき網漁業の現状と問題点 *188*
　　　―中西部カツオ・マグロ漁業の概観
（6） 捕鯨業 *189*
（7） かつお・まぐろ漁業 *191*
（8） 中型さけ・ます流し網漁業 *192*
（9） 北太平洋さんま漁業 *195*
（10） 日本海べにずわいがに漁業 *197*
（11） いか釣り漁業 *197*

第9章　外国沿岸漁業・養殖制度と日本への適用 ……… *199*

Ⅰ. 概　要 ………………………………………………………… *199*
Ⅱ. ノルウェーの養殖業 ………………………………………… *200*
（1） 生産と許可概況 *200*
（2） ライセンス発給条件 *201*
（3） 許可の決定要因 *201*
（4） サケ養殖業発展の歴史 *202*
（5） 許可方針 *204*
（6） 陸上閉鎖式循環養殖技術等 *206*
Ⅲ. ノルウェーの漁業と養殖業の将来 ………………………… *207*
Ⅳ. アメリカ・カナダの沿岸漁業規制 ………………………… *208*
（1） 概　観 *208*
（2） 大西洋側（カナダ東海岸）漁業 *209*
　　　―カナダのロブスター漁業
（3） アメリカ東海岸漁業 *211*
　　　―州法による厳しい管理
（4） アメリカ・マサチューセッツ州 NMFS 管理漁業 *218*
（5） アメリカ東海岸チェサピーク湾漁業 *222*
（6） アメリカ・カナダの太平洋側（西海岸）の漁業 *227*
（7） アメリカ・ベーリング海の協同方式漁業 *235*
（8） アメリカの資源管理の本質と東西海岸の差 *236*
　　　―バージニア州とメリーランド州とアラスカ州の比較

目　次

　　　（9）　アメリカ西海岸の小型漁業と大規模漁業　*241*

　　　（10）　アラスカ湾漁業　*243*

　　　（11）　IFQ と裁判　*245*

　　　（12）　ワシントン州とオレゴン州とカリフォルニア州の沿岸漁業　*247*

最終章　日本の漁業法制度の課題 …………………… *249*

　Ⅰ．日本漁業の許可制度の特徴と欠陥　……………………… *249*

　　　（1）　漁獲努力量規制の歴史　*249*

　　　（2）　日本の漁業許可制度の特徴と欠陥　*251*
　　　　　　　―指定漁業と一斉更新

　Ⅱ．国連海洋法と排他的水域内の生物資源の管理　…………… *254*

　　　（1）　国連公海漁業協定と管理の目標値　*254*

　　　（2）　主要各国の国内実施法　*255*

　　　（3）　漁業法と海洋生物資源保存管理法（TAC 法）の違い　*256*

　　　（4）　科学的根拠の重要性　*257*

　　　（5）　政治と行政の劣化　*260*

　　　（6）　新漁業法の内容と制定　*261*

おわりに ………………………………………………………… *263*

参考文献 ………………………………………………………… *266*
索　　引 ………………………………………………………… *268*

【執筆分担】

小松正之―第 1 章，第 4 章 – Ⅰ・Ⅱ・Ⅴ，第 5 ～最終章

有薗眞琴―第 2 章，第 3 章，第 4 章 – Ⅲ・Ⅳ

第1章　日本の漁業資源と養殖業の現状

Ⅰ．概　要

　日本では現在，漁業資源が悪化し，漁業が衰退している。東日本大震災の後も，漁獲量の減少は止まらない。日本の漁獲量は，ピーク時（1984年）の1,282万トンから，2016年には431万9,000トンまで減少した（図1-1）。養殖業の生産量も先進国で唯一減少している。そのため，消費量の約40％を外国からの輸入に依存している。この減少傾向は今後も続くと見られる。2017年ではさらに悪化し，シロザケやサンマが激減している。

　この間には，200海里の排他的経済水域から締め出された遠洋漁業だけでなく，200海里水域内で操業する沖合漁業と沿岸漁業も急速に衰退している。原因は，資源の管理が不十分なことである。そのために，マイワシ，マサバ，スルメイカ，クロマグロ及びサンマの漁獲量が急激に減少し，底引き網漁業で漁獲するスケトウダラやホッケなども大幅に漁獲量を落とした。また沿岸漁業も，オホーツク海のホタテガイとサケ漁業を除くと，ピークの3分の1から5分の1まで漁獲が減少した。また，魚体が縮小化するなど，個々の漁獲物の経済価値も急減している。2015年と2016年では，有望だったホタテガイ漁業でさえも，台風や大型の低気圧の影響から漁獲量を減少させた。サケについては，東日本大震災とサケの孵化放流量の減少ならびに北海道の台風と温暖化とみられる原因から，2016年の漁獲量は大幅な減少が見られた（図1-2）。中長期には河川や森林生態系の変化も大きな要因であろう。

　諸外国による200海里の設定時に，日本の200海里水域の見直しと生産性の向上の掛け声は，実際の政策とはかけ離れたものとなっていた。日本の漁業は戦後，「沿岸から沖合へ，沖合から遠洋へ」のかけ声の下，より遠方への拡

Ⅰ. 概　要

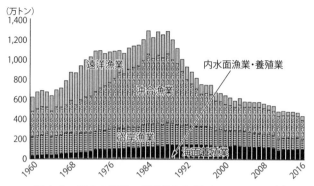

図 1-1　日本の漁業・養殖業生産量（1960〜2016 年）
（資料：「水産白書」漁業・養殖業生産統計から作成）

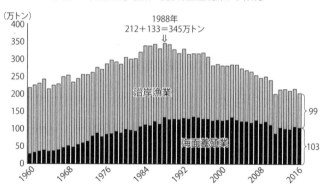

図 1-2　沿岸漁業と海面養殖業の生産量（1960〜2016 年）
（資料：「水産白書」漁業・養殖業生産統計から作成）

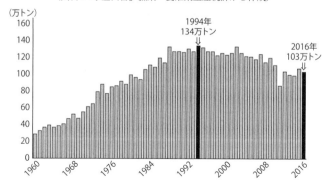

図 1-3　海面養殖業の生産量の推移（全国；1960〜2016 年）
（資料：「水産白書」漁業・養殖業生産統計から作成）

第 1 章　日本の漁業資源と養殖業の現状　　　*3*

大を果たしてきた。しかしそれは，自国の沿岸漁業の狭隘性と資源悪化とを放置したままだった。すなわち，根本的な自国の沿岸漁業の再生策を採らず外国水域に逃避していたのである。しかし 200 海里水域の設定でそこからも締め出された。また，日本では養殖業の生産も減少の一途をたどっている。ピーク時には 134 万トンの生産量があったが，現在では 103 万トン（2016 年）と，ピークを過ぎてから生産量が減少している（図 1-3）。魚類養殖でハマチとタイが横ばいである他は貝類，海藻類も含め生産量の減少が見られる。

　このような養殖生産量の減少は，世界の先進国では見られない異常現象である。原因としては，経営規模が小さく，現代的な技術が導入されていないといった，技術的・経営的理由が挙げられる。さらに，養殖業を規制する漁業法に基づく漁業権などが，民主化による小規模な平等主義によって経営の近代化を妨げているなど，時代のニーズに合っていないことも大きい。たとえば，漁協が管理する特定区画漁業権[1] の制度は，その小規模平等主義の弊害で，経済的な利益が出にくいものになっている。成長促進や味の改良などを目的とした人工種苗の開発など技術的な革新も新規参入もなく，現行制度によって妨げられている。

Ⅱ．世界と日本の漁業制度の明暗

　世界の主要国では，長年における漁業の自由な参入と漁獲から漁獲努力限度量の規制（インプット・コントロール）に移行し，最近では漁獲の総量を規制

---

1) 特定区画漁業権：共同漁業権のほか，漁業権には定置網を敷設する漁業権である定置漁業権と，区画を占有して養殖をする区画漁業権がある。後者のうち，規模が大きく，経営者に免許されるものが真珠養殖業であり，特定区画漁業権は日本の養殖業では一般的なものに免許される。小割式，垂下式や筏式の養殖業で，ブリやタイ等魚類，昆布やワカメ等海藻類やカキやホタテガイ等貝類を養殖する。これらは 1962 年（昭和 37 年）の漁業法の改正で制度化された。養殖業の経営規模の拡大と近代化を目的に，それまで漁業者個人に与えられていた漁業権を，共同漁業権のようにいったん漁業協同組合に与え，その上で，組合員が漁獲するための漁業権行使規則を漁協が定め，当該規則に基づき養殖する。日本独特の制度である。諸外国では，養殖業者に直接許可をしている。諸外国の養殖業が近代化と規模の拡大が進むが，日本は高齢化と縮小が進む。

するアウトプット・コントロールを中心に置いている。これらは，インプット・コントロールが経験的に，資源の管理と保護には役立たないとの判断からである。漁船の隻数や大きさを規制しても，エンジンの馬力を拡大して，漁獲能力を増大させることがしばしば起こった。そして漁獲量のコントロールができない。そこで，1993年国連公海漁業条約で定められた科学的根拠に基づく資源管理を導入した。1996年の国連海洋法の発効後は，その法の重要な内容である自国排他的経済水域内（EEZ）でのアウトプット・コントロールを開始した。そのため，漁業生産が横ばいあるいは増加した（図1-4）。

　一方，日本の漁業法などの漁業制度は，漁船の数や大きさなどインプット・コントロールが中心である。すなわち，機器類・漁具等の性能の向上によって，すでに参入している漁業者の漁船の漁獲能力が過大となっても，行政では適切な規制手段が取れないことを意味する。そのため過剰漁獲が野放しとなって，資源を悪化させている。ところで最近で興味深いのは，太平洋のナウル協定諸国が採択する漁船操業日数制（VDS方式）が，経済・経営的なコントロール方式を提供している。

　先述したように，日本の漁業法は1962年（昭和37年）の改正を最後に，実質的な法律の改正はされていない。1994年に発効した国連海洋法条約を受けて，諸外国は，漁業規制の根幹法としての漁業法を制定・改正した。一方，時代から遅れた漁業法を手つかずのままにして，日本は1996年に海洋生物資源の保存及び管理に関する法律（平成8年法律第77号，以下「海洋生物資源管理法」）を漁業法とは別の法律として成立させた。しかし，漁業法が免許と許可のための基本法なのだから，こちらに手をつけなければならない。

　日本の海洋生物資源管理法ではインプット・コントロールが規制の柱の1つである。そのインプット・コントロールすなわち漁獲努力量の規制措置としては，漁網の網目や網の長さ，船の大きさの規制がある。加えて，この法律では，操業の区域，期間といった漁労作業の量の制限もなされている[2]。水産庁では，

---

2) 海洋生物資源管理法第3条第2項第8号に基づくものである。

第1章　日本の漁業資源と養殖業の現状

インプット・コントロールを各種の漁業で，漁業者に任せた自主規制としての「資源管理計画」などとして実施に移している。

しかし，この「資源管理計画」が，どの程度の補助金が投入され，資源と経営の改善にどのような効果をもたらしたかについての，行政官や科学者・経済学者による評価がなされたことはない。

図 1-4　漁獲量の増分（1977〜2013 年）
（資料：FAO，2017 から作成）

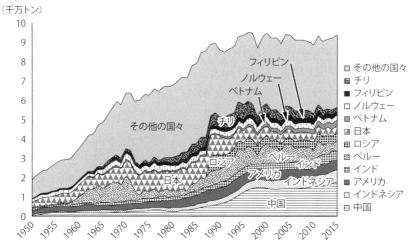

図 1-5　世界の漁業生産量（1950〜2015 年）
（資料：FAO，2017 から作成）

Ⅲ．ABC（生物学的許容漁獲量）

ABC（Allowable Biological Catch）は，漁業資源が枯渇しないように，資源の持続的維持及び悪化した資源が回復する水準に漁獲量を規制するための，科学的根拠に基づいた資源評価による漁獲量上限である。ABC は純粋に生物の持続性の観点から決定される必要がある。海洋生物資源管理法には ABC の定義は見当たらないものの，農林水産大臣が TAC を設定する際に，科学研究当局（水産総合研究センター；現在の国立研究開発法人水産研究・教育機構）の科学的助言を得ている。アメリカ等の例をみれば科学的助言は真に資源の持続性を目的として決定されることが重要である。

Ⅳ．TAC（総漁獲可能量）制度

TAC（Total Allowable Catch）とは「総漁獲可能量」のことである。国連海洋法条約と国連公海漁業協定では，科学的根拠に基づくレファレンス・ポイント（漁獲の目標値）の設定を推奨しており，この条約に基づいて世界の主要水産国で導入されている。

TAC は，科学者が科学的根拠に基づいて設定した ABC を踏まえたうえで，社会・経済学的要因に配慮して行政庁が設定する。国連公海漁業協定で規定されている予防アプローチの原則に基づけば，TAC は，ABC 以下でなければならない。

日本では，国連海洋法条約の批准に伴って 1996 年に制定された海洋生物資源管理法の規定に基づいて，1997 年から TAC 制度が導入された。この法律では，TAC は科学的根拠を基礎として定めるとされる。しかし水産庁は，長年，科学的な根拠である ABC を超えた TAC を設定してきた。現在は，ABC が資源の持続性や回復を目的とせずに，資源状態が悪化しても現状の操業の維持を目的に設定される例がある。また 1997 年以前は，漁獲量の上限が定められて

いなかった。

諸外国では数十種系統群から500種系統群にABCを定め、概ねそれ以下にTACを定めているが、日本では、数百種ある有用魚種のうち、マアジ・サバ類・マイワシ・スケトウダラ・サンマ・ズワイガニ・スルメイカの7種だけがTAC制度の対象である。しかも、漁獲がTACを超過しても罰則規定があるのは、サンマとスケトウダラのみである。他の魚種は超過漁獲しても罰則がない。また、暖海性のゴマサバと冷水性のマサバとが、「サバ類」として同一のTACが設定される生物学的ではない状況である。これらの状況を全く改善していない。

V．オリンピック方式

漁業者は、TACが設定されていても漁業者ないし漁船毎の割当がない場合や、そもそもTACが設定されていない場合は、早い者勝ちの競争を始める。これは「オリンピック方式」と呼ばれる。

オリンピック方式の場合、他の漁業者より多く魚を獲るために、漁船を大型化し、さらに複数の漁船を所有しようとするインセンティブがある。漁業者が「自分さえたくさん獲れればいい」という姿勢で漁に励むので、乱獲状態に陥りやすくなる。漁船を大型化すれば維持・管理費も燃料費も余分にかかる。同時期に大量の魚が出回れば、価格は当然下がり、漁業者の収益も少なくなる。水産物は天然有限資源なので、資源量は急激に縮小する。

日本の場合、オリンピック制でも一斉休業などのさまざまな漁業者の自主規制があるが自主規制は内容も明らかではないし、公的な「モニター」と「評価」がなされず漁獲規制が守られたかどうか不明という問題がある。TACは行政庁が定めるものだが、秋田県のハタハタ漁業も漁業者が協議会を組織したものの、TACも自主規制として実施され、行政は関与していない。

VI. IQ（個別割当）方式

　IQ（Individual Quota）方式は，TAC の範囲内で，それぞれの漁業者（漁船）に個別漁獲量を割り当てる制度をいう（図 1-6）。もともと経済学者の理論から発展したもので，アメリカのデラウェア大学のアンダーソン教授などが理論的支柱である。この概念は，CO_2 の排出権割当制度にも似ている。
　この方法のメリットとしては，次の 3 つが挙げられる。
　①　年間の割当量が決まっている（各人に割り当てられた量を獲ってしまえばその年の漁は終わり）ので，TAC と併せれば資源の回復と持続的維持が期待できる。
　②　他人の漁獲行動に左右されないため，年間の操業計画が立てられ，漁期中はマイペースで漁獲できる。ゆえに各漁業者が漁獲競争に費やす労力が減り，資材とコストが漁獲枠水準に合わせられ，無駄が削減されるので，総経費削減が図られる。
　③　各漁業者は，市場の動向をにらんで，魚価が高い時に選択的に漁獲することで，収入増につなげられる。

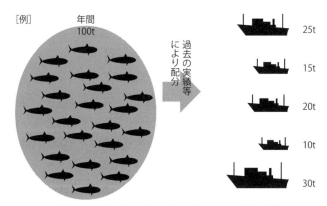

TAC（総漁獲可能量）を基に漁船（または個人）に対し，年間漁獲量を割り当てる制度。
図 1-6　IQ（Individual Quota；個別割当）制度

他方，IQ方式にもデメリットはある。それは各漁業者の経営戦略に合わせた経営規模の拡大などの融通を利かせるのが難しいことだ。自分の割当枠がなくなれば操業はストップさせざるを得ず，また，漁獲能力のない漁業者は割当枠を取り残してしまう。したがって，各漁業者の投下資本が有効に活用されないという意味での非効率が発生する。そして，各漁船の漁獲量のモニター及び違反の取り締りが必須である。

VII. ITQ（譲渡可能個別割当）方式

　IQ方式のデメリットを克服すべく登場したのが，ITQ（Individual Transferable Quota）方式である。ITQ方式は，個別の漁獲割当量（IQ）を売買などで譲渡ができるようにした制度である。漁業者に漁獲する権利の所有権を与えることで，漁業者は必要な漁獲量を自らが保有ないし調達した計画的な漁獲をTACの範囲内で行うので，過剰投資や乱獲競争を招来しない。ただし，ITQ方式でも漁獲のモニターと取り締りは必須である。
　ITQ方式はそれぞれの漁獲枠を，漁業者同士で貸借，売買できる方法なので，経営を拡大したい人は，他の漁業者や漁獲枠の保有者から漁獲枠の融通や譲渡

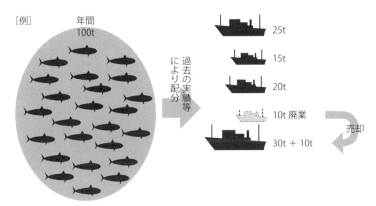

IQ制度によって割り当てられた漁獲枠の譲渡などを可能とする制度。
図 **1-7**　ITQ（Individual Transferable Quota；個別譲渡性割当）制度

を受ければよい。また，漁業から撤退した人は，残存者に漁獲枠を販売することによって，その資金を元手に廃業をすることが可能である。

　漁獲枠は毎年の貸与・譲渡を受ける方法と，漁獲枠の期間全部に渡って譲渡や売買を受ける方法とがある。集積と経営統合を促進し，投資規模の適正化と管理コストの削減などが進み収益が向上する。しかし，寡占化にどのように対応するかが課題であるが，先進事例では積まれる漁獲枠の総量に上限が設定される。IQ や ITQ の場合には，その効果的な実行のためには，モニターや取り締まりが不可欠である。

Ⅷ．ITQ 方式の社会への影響

　ITQ 制度の社会への影響を論述する[3]。

（1）水産資源の所有論──私有か公有か

　ITQ 方式は世界的に注目を浴びてきたが，それぞれの国の事情を踏まえた制度を開発すべきである。世界的には，ITQ 方式も「所有の権限に基づく漁業」（Property right based fishing）の一つとして国連食糧農業機関（FAO）等で議論されている。所有権は「漁獲の権限ないしは資源そのものの所有権」として捉えられているが，地域社会がそれらの所有権を持つなど様々な形態がある。

　一般に先進国では，天然有限資源の漁獲の権利ないし特権を漁業者に付与し，天然有限資源の所有権は国家や国民ないし全居住者に属するとされる。しかし，先住民が居住するアメリカ，ニュージーランド，ノルウェーやオーストラリアではデリケートな問題である。

　各国での ITQ 方式の導入と実施の結果，マーケットが漁業の再編等の問題を解決するとの見解がある一方，未だに理想主義に基づいた方式であるとの議論もある。ITQ 方式はカナダ発祥であるが，経済学者が設計したものであり，

3）ノルウェーのズベイン・イエントフト教授（トロムソ大学）の研究を元にしている。

当初は経験に基づくものではないので運用上の問題があった。しかし，各国が制度を導入・実施したことで多くの課題が分かってきた。ITQ 方式への現実的な対応策が見つけられつつある。

（2）ITQ 方式の導入の成功と新課題

　かつて，過剰漁獲が問題で資源枯渇対策として各国が行った補助金の提供が，むしろ潜在的漁獲能力を維持して過剰漁獲を加速した。これに対して ITQ 方式は，その導入後，過剰漁船や投資を削減し，一人あたりの漁獲量は確実に増えた。この結果をみれば ITQ 方式は成功している。多くの場合，成功した国々においても漁業者や漁業会社は ITQ 導入以前には反対していたが，導入後に漁業が利益を生み出すと，その後は大半が賛成している。ところで，2016 年 5 月頃には ITQ が成功している国とされるニュージーランドで，1950 年代から現在に至るまで実際の漁獲量が報告値を大幅に上回っていると報道されたが，ニュージーランド政府は 2016 年には漁業政策を再検討し，漁獲データの正確性と迅速性を増すために，電子媒体・タブレット P.C. による漁獲データの報告や，ビデオカメラの設置を義務付けた。

　また，新たな問題も浮上してきている。都市と漁村，資本家と労働者，ITQ 枠の所有者と貸与される操業者間で公平性が確保できないというものである。公共物を私物化し，半永久的に所有することが問題であるとの観点が大きく浮上してきた。

　これに対してはノルウェーの IVQ（個別漁船漁獲割当）が成果を上げている。世界でもこの観点の検討が活発化している。

　また，ニュージーランドやアメリカでは生態系の変化の影響の観点が，ノルウェーでは漁業と養殖業の海洋環境を通じた検討が開始され始めた。

第2章　日本の漁業制度の歴史

Ⅰ．漁業制度のルーツ

(1)　古代の漁業管理

　わが国における漁業制度のルーツは，何時代まで遡ることができるだろうか？　わが国最初の歴史書である『日本書紀』（720年）によれば，飛鳥時代には既に稚魚を保護するための漁獲規制や禁猟区の設定が内水面や海面において行われていたようであり，こうした「詔」こそが，わが国における「漁業制度のルーツ」であったと考えられる（資料2-1）。

　そして，漁業に関する制度化は，わが国最初の成文法である，701年に成立した大宝律令とその後の養老律令（757年）の雑令の下で進められ，「山川藪沢の利は公私之を共にす」（「公私共利」）の勅令によって，海も含めた山川藪沢は，特別の事情のない限り何人も自由に利用しうる区域であるとされた。それは，野生の鳥獣や海・川に生息する魚介類等は原則として誰のものでもなく，自由に獲って良い（最初に獲った者の所有になる）ということであり，それは現在法の「無主物先占」の規定（民法第239条第1項）[4]そのものと言えよう。つ

資料2-1　『日本書紀』に記された漁業規制

「天武4年（675），天武天皇が『四月一日以降九月三十日までは，隙間の狭い梁を設けて魚をとってはならぬ（稚魚の保護）。また，牛・馬・犬・猿・鶏の肉を食べてはならぬ（肉食禁止令）。それ以外は禁制に触れない。もし禁を犯した場合は処罰がある』という詔を諸国に出した」

（持統天皇の編）「摂津国の武庫海一千歩の内海，紀伊国有田郡の名著野二万代，伊勢国伊賀郡の身野二万代に禁猟区を設け，守護人をおいて，河内国大鳥郡の高師海に準ずるものとした（禁漁区の設定）」

---

4) 民法第二百三十九条：所有者のない動産は、所有の意思をもって占有することによって、その所有権を取得する。（無主物の帰属）

まり，この時代における「公私共利」の理念とは，いわば一般法と言うべき制度であり，魚介類の利用をめぐる紛争の防止や乱獲を防止するためには，具体的な制度（特別法）もその都度必要とされ，たとえば，弘仁2年（814）には，畿内一円の諸国でアユの解禁を四月以降とするお触れが出され（『類聚国史』），また，元慶6年（882）には，魚毒を用いて河川で漁を行うことが禁止された（『類聚三代格』）とされている。

(2) 中世の漁業管理

鎌倉時代に入ってしばらくは，雑令にある「公私共利」の原理は受け継がれ，『御成敗式目』（1232年）の追加には，資料2-2のように記されている。しかし，武家社会が進むと，律令制の弛緩にともなって権門勢家による山川藪沢の占有が増加し，各地にある豪族や荘園の統治の下で，領地に応じた漁場の分割と利用管理が進んだ。言い換えると，中世には律令制の下に打ち出された「公私共利」の理念は次第に形骸化し，漁場の利用や漁業管理の仕方が，地方によって独自の変遷をたどるようになる。

中世の漁業制度は，封建制度の下で「職人」的海民に与えられた「特権」であったと言えるようだ。すなわち，その「特権」が与えられたのは，贄人に流れをくむ海民であり，九世紀後半には，「腰文幡」といわれる標識（特権を保証する文書をつけた幡）をつけた贄人たちの姿を琵琶湖に見出すことができたそうだ。そして，十一世紀後半以降は，こうした贄人の多くが国衙の支配・統制を離れ，「聖なる初尾」を天皇や神々に貢献する供御人（供祭人），神人となっていった。彼らは，「聖別」された存在として，いかなる海，湖川においても他に妨げられることなく自由に漁撈し，自由に通行する「特権」を保証され，彼らが拠点を置く御厨（神饌を調進するための場所で，海・川・湖などを含ん

資料2-2 『御成敗式目』（1232年）

「一用水山野草木事　法意ニハ，山林藪澤公私共ニ利ストテ，自領他領ヲイハズ，先例アリテ，用水ヲモヒク，草木ノ樵蘇ヲモスル也，武家モ此儀ナリ，但地頭ノ立野在林ニハ寄付カズ」

だ地域）が全国各地にでき，それぞれから水産物とその加工品が貢進されていた（資料2-3）。

　以上のように，中世においては律令制の弛緩にともなって，「公私共利」の理念は形骸化し，漁場の利用や漁業管理の仕方が地方によって独自の変遷をたどった。つまり，各地に勢力を拡大した豪族や荘園による領地の占有化が起こり，地先漁場の分割と貢租負担を伴う平民的海民（百姓）による地先漁場の利用が進む一方，「特権」をもった「職人」的海民による独占排他的な漁場（御厨）の設定が行われるとともに，広域的な漁撈の展開も起こった。そして，それら「特権」を持った専業漁民たちによって，近世における漁業の著しい発展がもたらされることになる。

Ⅱ．江戸時代の漁業制度

（1）　江戸幕府の漁業政策

　わが国における漁業の発達は，江戸時代に入ってからのことであり，釣・縄系の技術が発達するとともに，地曳網・打瀬網・大敷網などの網漁業も出揃った形で著しい発展をとげた。こうした漁具・漁法の発達に伴い，江戸幕府は，漁場利用をめぐる秩序の確立と紛争を調停するための基本的な考え方を各藩に指針として示し，漁業制度の制定と監督を促す必要に迫られた。

資料2-3　職人的漁民に与えられた特権の例
① 京都の鴨社（賀茂御祖神社；下鴨神社）は，播磨の伊保崎，伊予の内海と宇和郡六帖網，讃岐の内海，豊前の江嶋，豊後の水津と木津，周防の佐河と牛嶋などを御厨とした。
② 佐渡の姫津，伊予の松前浜，安芸の能地などの漁民は，いかなる海域でも漁撈をなしえた。
③ 佐野浦の漁民は，豊臣秀吉がしかけた朝鮮出兵の際に水先案内と海上輸送に従事したことで，秀吉から対馬の漁業権を認められ，以後，佐野網は対馬と五島に大量に進出し，移住・定着していった。

第2章　日本の漁業制度の歴史　　*15*

　このような背景の中で，江戸幕府は，寛保元年（1741）に出した『律令要略』の【山野入會論附海川入會】の項において，資料2-4に示すような漁場利用の一般原則ともいうべき基本的な考え方や裁許（判例）を列挙した。これは漁業に関連する箇所を抜粋したものだが，これらを順に現代語に翻訳してみると，資料2-5のようになる。なお，括弧内は筆者の補足説明である。

　この『律令要略』（裁許令）を概括すれば，江戸時代における海面の利用区分は，郷村制の下での課税制度と管轄権の範囲を勘案して，大きく地先漁場（磯猟場）とその沖の漁場（沖猟場）の二つに分けられる。

　まず，磯猟場は村を境として漁浦に海石や浦役永という漁業年貢を課税し，納税と引き換えに漁浦に対して「占有利用権」（一村の専占）を付与するとともに，税金の負担次第では他の村の磯猟場への入漁やそこを入会漁場とすることも可能だったが，入漁・入会ともに郡の範囲を通例としていたようだ。また，

資料2-4　『律令要略』の【山野入會論附海川入會】

一　魚猟入會場者國境之無差別
一　入海ハ両郡之中央限之魚猟場たり例有
一　村并之魚猟場ハ村境ヲ沖見通猟場の境たり
一　石猟者地付根付次第たり沖は入會
一　藻草之役銭無之魚猟場之無差別地元次第苅立　但役銭も無之
一　漁猟場之障成に於いてハ藻草刈取之儀禁之
一　入會魚猟藻草共に両郡之中央限之
一　海境之木者海と磯と見通貳本建例多三本建ハ濱或ハ網干場境たり
一　海石或ハ浦役永於納之者他村之猟場たるとも入會の例多し
一　海石浦役永於無之者居村之前之海にても他の猟場故魚猟禁も例多し　但船役永雖綱之沖漁或ハ船繋役にて魚猟之浦役永にて者無之類多し
一　小猟者近浦之例に任し沖猟ハ新規にも免之類有
一　運上船之改者磯より沖え者壹里程之間を限り改之
一　関東筋鰒縄諸猟之妨に成に於てハ禁之　但壹本針にて鰒釣候事者免之
一　鰒猟ハ海中拾四五町之内除之
一　川通小菜鮎或者運上於納之者他村之前居村無差別鮎猟致之　但無役之村にハ村前限之他村之前禁之

II. 江戸時代の漁業制度

資料 2-5 「山野入會論附海川入會」の現代語訳

① 漁撈の入会場に国の境はない。

② 入海（入漁）は，両郡の中央を境界として漁場としている例がある。（注；近隣の漁浦への入漁は，郡奉行・代官の管轄権が及ぶ郡の範囲としているのが通例であるという主旨と解される。）

③ 村並びの漁場の境は，村境から沖への見通し線である。

④ 石猟（磯見漁）は地先の磯根の範囲であり，その沖は入会である。

⑤ 海藻に役銭（雑税）はなく，漁場の差別はなく，苅立（採藻）は地元次第である。但し，役銭（雑税）もない。

⑥ 漁撈の障碍になる場合は，海藻の刈り取りは禁止する。

⑦ 入会の漁撈・採藻は，共に両郡の中央を境界とする。（注；近隣の漁浦相互の入会は，郡奉行・代官の管轄権が及ぶ郡の範囲であるという主旨と解される。なお，漁浦は点在している所も多く，当時は郡の境界が必ずしも明確でない海岸もあったことから，両郡の「境」とはせず，「中央」という表現をとったものと考えられる。）

⑧ 海境の標柱は海と磯の見通しに二本建てる例が多く，三本建ては浜又は網干場の境である。

⑨ 海石（江戸初期，漁業の収穫を石高換算して村に課した租税）或いは浦役永（漁村に課された雑税「小物成」の一種）を納めている場合は，他村の漁場であっても入会の例が多い。

⑩ 海石・浦役永を納めていない場合は，居住する村の前の海であっても他の漁場であるとして，漁が禁止されている例が多い。但し，船役永（船に課せられた税）といっても綱の沖漁（沖の一本釣・延縄漁？），或いは船繋役（係船料・停泊料のような税？）であって，漁の浦役永（漁村に課せられた漁業年貢）ではない類のものが多い。

⑪ 小漁（地先で操業する磯見・釣・延縄などの雑漁業）は近隣の浦の例に任せ，沖漁（沖で操業する漁業）は新規であっても（税を）免除するという類がある。（注；地先漁場の錯綜を緩和するため，沖漁を奨励したものと解される。）

⑫ 運上船（運上税を納める船）の検査・取り調べは，磯から沖へ一里ほどの間に限る。

⑬ 関東の筋フグ縄は諸漁の妨げになる場合は禁止する。但し，一本針でのフグ釣りは認める。

⑭ フグ漁は，岸から十四・五町（概ね 1,500〜1,600m）の海域内での漁は禁止する。

⑮ 川通い（川釣人？）の小菜鮎（献上鮎），或いは運上（租税）を納める場合は，他村の前・居住する村の差別無く鮎漁を行える。但し，税を納めない村では村前に限り，他村の前ではこれを禁止する。

磯猟場の海藻は漁浦の総有で，畑の肥料等に用いられたが，漁に障碍がある場合を除きその刈り取りは地元に任されており，税金もかからなかった。

　一方，沖猟場は全くの入会で国の境は無く，税金も免除されるのが通例だったようだが，船主や網主は船役永や船繋役といった個人が納める税金は負担していたとみられる。また，沖猟場だからといって全くの自由であった訳ではなく，他の漁業の妨げとなる漁業については，漁具漁法や漁場の制限などの規制措置も行われていたようだ。なお，沖に国境はないと言っても，運上船の検査権限から類推すれば，藩による大まかな管轄権は，距岸一里程度（約4 km）の範囲ではなかったかと推察される。

　以上はあくまで一般原則であり，問題の多かった磯猟場に言及すれば，浦役永などの税金を村が納めていないとの理由から地元村のものでないものが存在したし，以前は他村のものであったのを長い闘争を経てようやく自村のものになしえた場合も少なくなかったと言われる。なぜなら，近世を通じて沿岸の諸漁業が急速に発展したため，磯猟場の再配分と均分化の動きが激しくなり，漁浦相互間で漁場紛争が多発したからだ。その結果，磯猟場の占有形態は複雑化していき，幕府が示したように村単位が原則ではあっても，

① 村中入会漁場（一村の専占）
② 数村入会漁場（数か村の共同占有）
③ 他村入会漁場（他村持漁場への入漁）

を基本型としつつ，さまざまなニュアンスを持つ錯雑した慣行が生じたようだ。

　このうち，幕府の方針に沿った漁浦単位の村中入会漁場とは，村が磯猟場を共同占有（総有）して利用する漁場のことだが，村の主要な構成員は本百姓であり，その本百姓（漁師も身分上は百姓であった）が正租と夫役の義務を果たしていたことから，当然のように主要漁場の占有利用権は，それら本百姓の皆の共有（総百姓共有）による優先的利用となり，水呑百姓（土地を持たない無高百姓，租税を払っていない漁師）は，経済的価値の小さい雑漁業しかできなかったと言われる。

　また，漁具・漁法の発達に伴って次々と現れた地曳網・船曳網・大敷網・建

網・建切網などの大規模漁法は，地先の入会漁場でそれまで行われていた既存漁法（磯見・釣・延縄などの小規模漁法）と漁場競合を起こした。たとえば，それは地曳網の「懸場」，船曳網の「曳場」，大敷網や建網の「網場」，あるいは「建切漁場」といったもので，村の総有として本来は「平等用益」を目指すべき共同漁場であるにも拘わらず，それに反する個別独占的な漁場の設定がその中に求められるようになっていった。

　一般に，これら大規模漁法は，漁船・漁具を調達する資本力と労働力を必要とし，それを始められるのは庄屋・名主等の特権階級であったことから，藩は経営能力のある特定の者だけに「個別独占漁場」を特許することとし，浮役（年貢以外の臨時雑税）を課税する対応をとった。江戸時代，これら経営者（網元・船頭）に課された税金の浮役には，主に網を使用する漁法にかけられた分一（漁獲高の何分の一といった一定率の税）と呼ばれる運上金や，冥加金（営業免許や利権を得た代償として納められた雑税）などがあって，藩財政に大きく貢献する場合が少なくなかったことから，藩の方針としても「個別独占漁場」の設定をむしろ奨励していく結果になった。こうした過程をたどりながら，漁民の階層分化が促進されるとともに，特権階級は後々まで網元・船頭として承継されていくことになったのだ。

（2）　江戸時代の漁村と漁業制度

　近世漁村というのは「郷村制」の下に，農を基調とした支配体系の中で成り立っていたが，徳川幕府は全国の諸藩における領内の政治は各藩の自治に委せていたので，江戸時代における漁村の支配機構と漁業制度はどこでも一様という訳ではなく，地域によって異なるところが多々あり，ことに幕府の直轄地である江戸湾周辺と諸藩とではかなりの違いが見られた。

1）　江戸湾周辺の漁村と漁業制度

　江戸及び江戸湾周辺では，大部分が幕府の直轄地いわゆる天領で，ほかに諸所に寺社所属の領有地があった。そして，幕府は民政を町奉行・寺社奉行・勘

定奉行に行わせ，町村事務はすべて自治制とし，名主・年寄・百姓代の三役を中心とする階層的な自治組織を置いた。また，地方行政上の最高指揮者として郡代と代官を置き，租税の徴収・訴訟・勧農・教育その他一般の民政に当たらせていた。裁判制度としては，重大事件に対して 評定所 を置いていたが，一般には町奉行が裁判を行っていた。

　漁業への課税については，当初は進貢献納の形で無税だったようだが，漸次租税として取り扱われるようになり，最終的には「小物成」のうちに山野河海の収益税として徴収されるようになった。これ以外にも，営業免許手数料として，「運上」又は「冥加」の形で徴収される場合もあったようだ。

　徳川幕府が江戸でとった漁業政策は，主に内湾漁業の開発と魚市場の開設による水産物の集荷にあったようだが，内湾漁業については当時漁業技術の進歩していた関西漁業者の移住を促進する一方，在来の漁業者を保護し，特権を与えて漁業に専念させる対策を進めた。そして，専漁業者には「猟師」の呼び名を与え，彼らが居住する純漁村には「御立浦」又は「本浦」という呼称を与え，税の徴収にも配慮するなどの保護政策をとったそうだ。一方，その他の沿岸村で漁業を副業的に行う村は「磯付村」と称して，安易に浦の名を用いることを禁じたが，場合によって「端浦」又は「枝浦」と呼んでいた。

　江戸湾では，古来の慣習として，海面一帯を内湾漁民の入会漁場とし，彼我の別なく話し合いで平和に入会操業していたとされ，中でも「御立浦」の猟師らは沖合一円も含めて自由に操業できた。これに対して，「磯付村」では村の境界を限界とし，沖合は干潟と水深櫂立3尺（約0.9ｍ）までとされ，船を用いることが禁じられ，漁業種類も3種（落し突・簀引・小曳網）に限定され，漁獲物は自家用のみで販売も許されないなど厳しい制限が加えられていた。このため，漁業が発展し「磯付村」の勢力が増強するにつれて，漁場の侵漁・新規漁具の制作・漁獲物の沖売り等の犯則による紛争が多発するようになっていったとされている。

　江戸時代，江戸湾の漁業は84浦の「浦方」と，18の「磯付村」により行われていたが，漁業が盛んになるにつれて浦と浦の間で紛争が頻発するように

なったことから，文化13年（1816）には，武蔵・相模・上総三国の沿岸44浦の名主・漁業総代等が神奈川浦に集会し，『内湾漁業議定一札之事』という契約（協約）を取り交わしている。この協約は，江戸湾での使用漁具は三十八職（38漁法）に限定することを明確に規定したもので，「浦方」間のみならず「磯付村」にも適正操業を徹底することとし，これを聞かない場合にはその筋へ訴え出ることなどを申し合わせた，当時としては画期的なものだったとされている。

2) 長州藩の漁村と漁業制度

　長州藩では，一つの村にあっても農村は「地方」，漁村は「浦方」と呼ばれて居住区が分かれ，庄屋が別々にいたところが少なくなかった。また，地方・浦方ともに，その中の本百姓が公的構成員として貢租負担をし，その他の農漁民は門男百姓といって単なる労働力提供者であった。

　生産の上から当時の集落を分類すれば，地方（純農村），海辺地方（主農従漁），端浦（半農半漁），本浦＝立浦（純漁村）の4つに分けることができるが，一般的に浦方の内部は，「立浦」と「端浦」に区分されていた。そして，この「立浦」が公的支配下に置かれ，藩主に対して税金を納入することによって，引き受け海面に対する利用権（漁業権）と自治権が委ねられていた。

　漁場は「総百姓共有」だったが，「浦方」の全住民の漁場ではなく，領主に対して公租を負担する本百姓が占有利用権を共有することになっていた。また，課税は「立浦」を原則としており，漁業権をもつ諸浦及び一定の海域に対して「小物成」を設定し，年税として海上石・浦石・門役銀・水夫役銀・御馳走米などを徴収していた。さらに，これら「小物成」を納める受浦には，「浦浮役石」（年貢以外の臨時雑税）として鯨運上銀・網代銀・小廻船運上銀・瀬廻銀，その他俵物請負などを課していた。

　藩の漁業に対する施政・方針は寛大だったとされ，土地の所有権・居住の自由を許した上で，地先の磯猟場では慣行による漁業権を認め，「海境」を定めて相互に違反のないよう指導・監督したほか，規模の大きな大網漁業と鯨猟で

第2章　日本の漁業制度の歴史　　21

は免許が必要だったが，その他の小漁業では出願の手続きは必要なく，制限又は禁止の方法も設けていなかった（但し，一部の浦島では鮑・蛤・和布等の採捕制限区域を設定）とされている。

　このように，当時の漁業権の種類は，地先水面における「専用漁業権」と大網漁業等の「免許漁業」との二種類に大別された。藩の免許が必要とされた大網漁業（鰮大敷網・鰤建網・鰮地曳網・鯛地漕網等）及び鯨猟では，概ね資料2-6のような出願から免許までの手続きが行われていたようだ。

　なお，その「差許書」には，運上銀の金額及び納付期日を付加・指定してあるのが通常で，中には納付金額のみを記載したものもあったが，運上銀納付のことは，必ず付加命令してあったそうだ。

　こうした免許漁業については，漁業者であれば誰でもできたが，多くの場合は，「何々浦百姓中」又は単に「何々浦」として出願・免許を得ており，その免許期間は個人においては1か年を通例としたが，「何々浦百姓中」又は「何々浦」とする漁業の免許は，5か年から10か年といった長期のものが多かったそうだ。また，藩ではこうした漁業免許の売買譲渡はもちろんのこと，質権・抵当権の設定は認めない一方，第三者からの侵犯は絶対に排除し，保護を加えていたとされる。

　社会制度としては，郡奉行の下，宰判と呼ばれる行政単位ごとに代官所，村には大庄屋役座が置かれ，浦方には「浦島役座」という浦百姓衆がいた。そして，漁業の許可や取締の業務は代官に一任されていたが，実際的には「浦島役座」を構成する庄屋・畔頭・浦年寄を筆頭に，網頭・村君・大船頭・浦総代などの役職が決定・承認する社会立法ともいうべきシステムで運営され，違

資料2-6　豊浦藩における漁業免許手続き

漁業者一同又は営業者が畔頭・浦年寄に着業の申し出 ⇒ 畔頭・浦年寄はそれを書面に作成し，浦庄屋に提出 ⇒ 浦庄屋はこれに意見を付し，支配を経由して郡代に進達 ⇒ 郡代は當職（主席の家老）に伺い ⇒ 當職が決裁 ⇒ 陪審の重役が加判（押印）し，免許状（差許書）を郡代に下付 ⇒ 郡代は支配を通じて浦庄屋にその内容を伝達するとともに，免許状を交付

反者などの制裁も行われていた。ただし，庄屋の調停に応じない場合や他藩と関わる問題の場合には郡代自らが裁決・折衝し，解決を図ったとされる。漁業取締上においても，成文による法律規則はほとんどなく，度々起こる紛議・争議その他の問題については，藩吏が出張して事実取り調べの上，重い場合は遠島・追放・入牢を，軽い場合には蟄居・閉戸を申し付けた。また，「浦方」においては，浦庄屋・浦年寄・浦組・大船頭・組頭等があり，漁業一切の事件を司り，監督・指導をするのが通例であった。なお，その「浦方」における大船頭又は組頭は明治時代にまで引き継がれ，封建制解体後も漁業上の秩序維持に尽くしたとされる。

　以上，江戸時代における漁村の支配機構と漁業制度について，江戸湾周辺と長州藩の例を取り上げて概括したが，この時代における最大の特色を挙げるとすれば，それは「郡村制」の下に配置された，コミューンとも称すべき名主（庄屋）・年寄・百姓代の三役を中心とする階層的で強固な「自治組織」の存在と運営であったと言える。つまり，「浦方」においては，浦庄屋・畔頭・浦年寄・網頭・村君・大船頭・浦総代等（呼称は多様）の浦百姓衆で構成される「自治組織」（長州藩では「浦島役座」）が存在し，その「自治組織」が漁場利用に係るさまざまな取り決めや紛争の調停，漁業の指導・監督等の重要な事務を司るなど，漁村の運営と秩序維持に大きな役割を果たしながら，江戸時代の漁村を支えていた。そして，この「自治組織」による漁業管理の仕組みこそが，わが国独自の漁業制度の原形となり，今日まで受け継がれている。

III. 明治時代の漁業制度

（1）　海面官有制と海面借区制

　明治維新による一大変革の中でも，明治5年頃まで漁業制度は旧来の方式が継承されていたが，明治政府によって農地私有制の確立・農地商品化の促進・官有地の増大を基礎とする「税制改革」が進められる中で，事態は大きく動き

第2章　日本の漁業制度の歴史　　　*23*

出すことになった。

　それは，明治6年（1873）の「地租改正条例」（太政官布告第272号）に先立って定められた「地所名称区別更正」（太政官第114号，資料2-7）に端を発する。この布告によって，旧来は無税であった公園地や山林野澤湖沼の類で官簿に記載されたものは「官有地」であることが規定された。もっとも，この中に海河

資料2-7　太政官布告①

ｉ）太政官第114号（明治6年3月25日）

　今般地券發行ニ附地所ノ名稱區別共左ノ通更正候條此旨相達候事

　官有地　各所公園地山林野澤湖沼ノ類舊來無税ノ地ニシテ官簿ニ記載セル地ヲ云

　公有地　野方秣場ノ類郡村市坊一般公有の税地又ハ無税地ヲ云

ｉｉ）太政官布告第120号（明治7年11月7日）

　明治六年三月第百十四號布告地所名稱區別左ノ通改定候條此旨布告候事

　官有地

　第三種　地券を發セス地租ヲ課セス區入費ヲ賦セサルヲ法トス

　　但人民ノ願ニヨリ右地所ヲ貸渡ス時ハ其間借地料及ヒ區入費ヲ賦スヘシ

　　一　山岳丘陵林藪原野海湖沼池澤溝渠堤塘道路田畑屋敷等其他民有地アラサルモノ

ｉｉｉ）太政官布告第23号（明治8年2月20日）

　從來雑税ト稱スルハ旧慣ニ因リ區々ノ収税ニテ輕重有無不平均ニ付別紙税目ノ分本年一月一日ヨリ相廢シ候尤右ノ内追テ一般ニ課税スヘキ分モ可有之候得共差向収税無之テハ營業取締差支候類ハ當分地方ニ於テ改テ収税ノ筈ニ候條此旨布告候事

　但從前官有地借用右代料トシテ米金相納候分ハ迄ノ通可相心得事

ｉｖ）太政官布告第195号（明治8年12月19日）

　從來人民ニ於テ海面ヲ區畫シ捕魚採藻等ノタメ所用致居候者モ有之候處右ハ固ヨリ官有ニシテ本年二月第貳拾三號布告以後ハ所用ノ權無之候條從前ノ通所用致度者ハ前文布告但書ニ準シ借用ノ儀其管轄廳ヘ可願出此旨布告候事

ｖ）太政官達第215号（明治8年12月19日）

　捕魚採藻等ノタメ海面所用ノ儀ニ付今般第百九拾五號ヲ以布告候ニ付テハ右借用願出候者ハ調査ノ上差許其都度内務省ヘ可届出此旨相達候事

　但是迄當分ノ収税致來候分ハ其税額ヲ以借用料ニ引直シ可申事

ｖｉ）太政官達第74号（明治9年7月18日）

　明治八年十二月第貳百拾五號ヲ以捕魚採藻ノタメ海面所用ノ儀ニ付相達置候處詮議ノ次第有之右但書取消シ候條以來各地方ニ於テ適宜府縣税ヲ賦シ營業取締ハ可成從來ノ慣習ニ從ヒ處分可致此旨相達候事

池の字は見えないが，それが「類」に含まれていたことは直ぐ明らかになる。すなわち，翌明治7年（1874）の改正（太政官布告第120号）において，漁業生産の場である河海湖沼池沢を「官有地」の第三種に区分し，それを人民（国民）が使用する場合には，「借地料」と「区入費」を賦課することを宣告したのだ。ここに，以後の漁業制度の基盤となるいわゆる「海面官有制」がスタートした。

以上の準備段階を踏んで，明治政府は明治8年（1875）に太政官布告第23号並びに同布告第195号及び同達第215号を布達して，土地とは関係のない石高制貢租やその他旧慣雑税を全廃するとともに，旧来の漁業に関する権利や慣行を否認して，新たな申請に基づく借用料の徴収を主体とした新漁業制度を施行した。

これがいわゆる「海面借区制」と言われるもので，その中身は従来の漁場占有利用権を一旦消滅させ，新政府の許可によって再びそれを発生させる形で，漁場占有利用権の上に強い統轄を加えようとするものだった。

これらの布達を受け，たとえば山口県では捕鯨・大敷網・船引網・鰯網・鰤網・鮪網・繰網漁・鰡立網・中繰網・引網・立干網・手繰網・鮎網漁・白魚網・造り蠣・貝取・和布取・造り海苔・魚生簀などは，それぞれ出願して免許の鑑札を受けさせるようにした。しかしながら，旧慣の貢租体系の解体に始まり，以前からの漁業規制の廃止によって在来の漁業秩序が揺らぎ，他県からの漁業侵犯の増加と相まって，免許鑑札による漁業は漁場の交錯による紛争が絶えなかったとされる。また，東京府においては，文化13年（1816）の「三十八職制」までが破棄され，同業者の慣行規約も廃止となったことから，禁止漁具の使用や稚魚の乱獲が横行するなど，漁業者間には一大紛争が起きたのだ。

こうした紛争が激化した最大の要因は，新政府が封建的漁場秩序の解体を一挙に押し進めようとしたばかりに，江戸時代を通じて漁村の運営と秩序維持に大きな役割を果たしてきた「自治組織」（例；東京湾の「名主総代会」や長州藩の「浦島役座」）の存在を否定したことによって，その中枢を担ってきた浦庄屋・畔頭・浦年寄をはじめとする浦百姓衆の協力が得られなくなったことにより，無秩序の状態に陥ったところにあったと言えよう。

第2章　日本の漁業制度の歴史　　　*25*

このような漁場の争奪をめぐる紛争や混乱が全国の沿海府県で発生したため，早くも新政府は明治9年（1876）に太政官布告第74号（資料2-7）を布達して，「海面借区制」を事実上廃止し，旧慣による漁場利用の権利・慣行を承認することによって，事態収拾を図ることを余儀なくされた。そして，漁業に賦課される税についても，国税の海面「借用料」としてではなく「府県税」の営業税や雑種税として徴収されることになったが，こうした混乱を受け，当時の府県における税目の取り扱いはまちまちだったと言われている。

これら新制度の施行に伴う混乱と紆余曲折は，単に府県や漁村の段階に止まるものではなく，これら布告をめぐっては，海面官有・借用料賦課による漁業秩序の確立を主張する内務省（海面官有論）と，海面公有・営業税賦課による漁業取締を主張する大蔵省（海面公有論）との激しい論争が政府内で繰り広げ

資料2-8　「海面借区制」をめぐる大蔵省と内務省の論争

【大蔵省の意見】
① 海面を官有とし借用するに非ざれば所用の権断絶すと為すは，第二十三号布告中差向営業差支あるものは地方に於て適宜収税せしむるの趣旨と矛盾し税法施行上支障少なくない。
② 海面を官有とし渺茫なる水面を区劃し其の或方面を借用占有せしむるときは他の乱入を拒み或は運航の便宜を妨ぐるも別すべからず，且借用せざるの水面には猥りに舟楫を入るゝ能はざることとなり穏当ならず。

【内務省の反論】
① 第二十三号布告の差向収税無之取締差向云々は一時の処分を示し第百九十五号布告は永久の制を定めたるものであって矛盾の虞れなし。取締法定まる以上は敢て差支ない。
② 海面を区劃するときは，障碍あらんとの大蔵省の意見なるも元来わが国従前の漁業は入会稼を除くの外水面を区劃せざるものなく且つ従来漁業上の争は大抵漁場の境界の事に属するが故に水面は区劃せざるべからず。
③ 大蔵省の意見は海面は総て公有とする説であるが，海面を公有と見做せば陸部も官有と見做すべからず，陸部（民有に非ざる分）を官有物と見做すときは海面独り公有物とすべき理由がない。
④ 税の多少は府県に於て適宜之を課するも可なりとするも，漁場稼場は甲乙府県犬牙錯綜して居って全国一定の規則を遵守せしむるにあらざれば後来争擾を醸すであらふ。

られたのだが，最終的には内務省が「海面借区制」の導入を取り下げ，大蔵省の主張が通る形で決着した。なお，このときの論争の内容とは，概ね資料2-8のようなものであった。

ちなみに，この海面の「占有利用権」（海は誰のものか？）を巡る問題は，この時に端を発し現在にまで多くの論議を呼んでいるのだが，当時大蔵省が主張した「公有」の意味にはとくに注意しておく必要がある。すなわち，明治6年（1873）の土地区分（太政官第114号）では，国に属する「官有地」と，郡村市に属する「公有地」（野方秣場等の旧領主が所有していた入会地）があり，そのことからすれば，当時大蔵省が主張した「公有」とは，現代法の「公有財産」（地方公共団体の所有に属する財産）に近い意味で用いられたと考えられる。なぜなら，海面は元々旧領主が所有・管理していた「入会漁場」であったとの認識に立てば，そこを利用する漁業への課税も，旧領主への貢租に代わる「府県税」にする方が現場の混乱が少なく，かつ徴税手法の上からも妥当であるとの考え（海面公有論）に自然と帰着するからだ。

なお，現在の『公有水面埋立法』が定義する「公有水面」（公共の用に供する水面で，国の所有に属する水面）とは，当時の内務省が主張した「海面官有制」の立場を引き継いだものになっている。

(2) 府県における漁業税制と漁業取締

漁業関係税については，明治11年（1878），太政官布告第19号及び同第39号が布達され（資料2-9），それまでの「府県税」は「地方税」に体系化されるとともに，その中で「営業税・雑種税」に該当するとされた「漁業税・採藻税」は，各地の慣例によって徴収するようにとされた。そして，明治12年（1879）に公布された『地方税規則』では，漁業に関する旧慣の貢租は「雑種税」の中に組み込まれ，その後「漁業税」として設定された。

山口県においては，明治12年の地方税「雑種税」の中に，捕鯨・大敷網・船引網・鰯網・鰤網・鮪網・繰網・鰡網・帆引網・引網・瀉引網・立干網・手繰網・長ノ緒・魚生簀の業種を定めて徴税し，漁業者は必ず出願して免許鑑札

第2章 日本の漁業制度の歴史 　　27

を受けるものとされた。しかし，実際には鑑札所有者の間で慣行漁業権についての紛争が続出し，漁業秩序の確立にはまだ多くの問題があった。

　こうした事態を憂慮した政府は，明治14年（1881）に「漁業保護水産盛殖を謀る件」という内務省達乙第2号を各府県に布達し，「廃藩置県以降は旧慣を変更した乱獲が横行していることから，水族の繁殖が妨げられ，多数の問題が発生していると見聞しているので，よく実態調査をし，漁業の保護に一層努めることにより，水産の発展に配意するよう」に指示している。

　当時，山口県下の漁村は疲弊の色が濃くなり，県はこれを放置することができない状況にあったことから，明治20年代に入り漁村の実態調査をすることを決め，その手始めとして明治23年（1890）から吉敷郡（今の山口市）の諸浦を対象に，郡役所を通して漁場区域と漁業慣行の調査を行った。その結果判明したことは，旧藩時代の漁業慣行が当時も何ら変更されることなく続いていたことだった。

　こうした事態に対処するため，山口県は明治23年（1890）3月13日に『漁業取締規則』（県令第24号）を公布することとし，ここに初めて漁業者に対

資料 2-9　太政官布告②

vii）太政官布告第19号（明治11年7月22日）
　　従前府縣税及民費ノ名ヲ以テ徴収セル府縣費區費ヲ改メ更ニ地方税トシ規則左ノ通
　　被定候條此旨布告候事
　　第一條　地方税左ノ目ニ従ヒ徴収ス
　　　一　營業税竝雑種税
　　第二條　營業税雑種税ノ種類及制限ハ別段ノ布告ヲ以テ之ヲ定ム
viii）太政官布告第39号（明治11年12月20日）
　　地方税中營業税雑種税ノ種類及制限ハ左ノ通通知定候條此旨布告候事
　　第三條　漁業税採藻税ハ各地従來ノ慣例ニ依リ之ヲ徴収スヘシ若シ其例規ヲ改正シ
　　　　　又ハ新法ヲ創設セントスルモノハ府知事縣令ヨリ内務大藏兩卿ヘ稟議スヘシ
ix）内務省達乙第2号（明治14年1月20日）
　　水産ノ盛殖ヲ謀ルハ國家經濟ノ要務ニ候處置縣以降往々舊慣ヲ變易シテ捕魚其宜ヲ
　　失シ爲之水族ノ蕃殖ヲ妨ケ巨多ノ障碍ヲ生シ候類不少哉ニ相聞候ニ付篤ト實地取調
　　ノ上一層漁業ヲ保護シ水産ノ盛殖ニ注意可致此旨相達候事

して統一した免許出願と漁業取締に関する規則が制定された（資料 2-10）。この規則では，原則として組合員にのみ漁業権の行使を認め，免許出願をする際には漁業組合役員の奥書証明を義務づけたことから，漁業の取締りには一つの

資料 2-10 『山口県漁業取締規則』（県令第 24 号）

第一条　およそ捕魚採藻の業を営まんとするものは，この規則により郡市長へ願い出で（郡は市町村長を経て），鑑札標札を受くべし。ただし，年齢十五年未満及び海士にあらざる婦女にして，助業者を要せざるものに限り，鑑札及び標札を付与す。

第二条　前条の願書には，関係町村漁業組合役員の奥書を得，かつ左の事項を紙別に詳記すべし。また転業の際もこの手続きによるべし。ただし，河川漁業はこの限りにあらず。

一，網具の名称及び個数

一，網具の構造及び使用の方法（網船及び手船の数及び助業者の人員とも）

一，網代

一，季節

一，捕獲目的の魚種

以上の各事項中第二項第三項は明瞭なる絵図を添うべし。

第三条　関係町村漁業組合役員は，本人の願書につき，慣行及び故障の有無を調査し奥書調印すべし。もし奥書きしがたき事実あるものは，その事由を詳記したる書面を添うべし。

第四条　鑑札は，漁場に出ずるには必ずこれを携帯し，標札はこれを戸外に掲ぐべし。

第五条　鑑札は，売買貸借譲受することを得ず。もし代変をなし，または使用人を変換し，及び失却毀損等の際は，その事故を併記し，その地漁業組合役員の奥書を得て書き換えまたは再渡を請うべし。

第六条　廃業の節は別に届け出を添え鑑札及び標札を返納すべし。

第七条　居村外へ転籍寄留するものは，その旨届け出で鑑札及び標札を返納し，新たに営業を出願すべし。この場合において特約あるもののほか，その他に属する慣行区域の外は，営業を許可せざるものとす。

第八条　漁業組合規約に規定したる制限禁止の事項は，県内外人を問わず慣行または特約により漁業を営むものはすべて，これを順守すべし。

第九条　営業願書は左の書式略によるべし。

第十条　この規則第一条第四条第五条第七条第八条に違背するものは，一日以上五日以下の拘留に処し，または五銭以上一円以下の科料に処す。

形が整ったのだが，それでもなお旧藩時代の慣行が踏襲され，現場に浸透するには相当の時間を要したとされる。

(3)　旧漁業法の成立と改正

明治24年（1891），農商務大臣陸奥宗光は「漁業上立法の要旨」という草稿を示し，漁業法制定の必要性を漁業の関係者に示した。明治政府は法治国家として出発しており，わが国の漁業が慣行に基づき運営されていることに問題があるとの認識であった。漁業法の制定の目的は，

①　漁業資源の保護と漁業の調整上の必要と取り締り

②　単に慣行に基づくことから国民の権利義務を法制度化すること

③　新市町区政が敷かれ，漁場占有主体の漁業組合の必要があったこと

とされる。

政府は，農務局水産課時代（明治17年頃）から，漁業問題の抜本的解決を図るためには漁業法の制定が必要であるとして調査準備に取りかかっていたが，それが最初に具体化したのは明治26年（1893）のことである。その年に設置された「水産調査会」が取りまとめた研究調査結果が骨子となり，「第5回帝国議会」へ貴族院議員村田保から，深刻化する漁場紛争と乱獲状況に対処するため，漁業権などを定めた最初の漁業法案として提出された。しかし，この時は議会解散のために成立をせず，その後も28年（1895）「第8回帝国議会」，32年（1899）「第13回帝国議会」，33年（1900）「第14回帝国議会」と相次いで提出されたが，いずれも否決されている。

ところで，村田保は，明治4年（1871）から6年までイギリス留学し刑法を学び，刑法改正に従事した。明治13年（1880）から14年まではドイツに学んだ。この時，ドイツと比べて日本の漁獲量が少ないことを指摘された。明治15年（1882）に大日本水産会が設立されると，漁業法律学芸員に就任した。そして，先に触れたように明治26年（1893）貴族院議員村田保から最初の漁業法案が発議されたのである。その内容は，水産資源の保護増殖を図ることと，漁業の区域と占有には慣行を尊重することとしか書かれておらず，入会や総百

Ⅲ. 明治時代の漁業制度

姓の共同漁場についても言及がなかった。

　その後，明治28年（1895）に村田保は第2次案を「第8回帝国議会」に提出したが，基本的には江戸時代の慣行をそのまま法文化したもので，近代国家として漁業も近代化しようとして，江戸時代の慣行を尊重しつつも打破しようとした明治政府にその内容は受け入れ難かったようだ。しかしながら，当時の政府がどこまで近代化政策を漁業法中に入れ込もうとしたかは疑問である。沖合遠洋漁業の振興のための『遠洋漁業奨励法』（1897年）は，確かに漁業と漁法の近代化と日本の漁業の外延的拡大に貢献したが，沿岸域における漁業の近代化と新秩序の形成を果たし得たかとなると，多いに疑問が残る。その課題は現代まで引きずっているといっても過言ではない。

　明治34年（1901）4月の「第15回帝国議会」において，『漁業法』（法律第34号）はようやく成立し（資料2-11），35年（1902）5月，『漁業法施行規則』（農商務省令第7号）の制定を経て，7月1日から施行された。ここに，それまでは各浦で慣習的・伝統的に継承されてきた漁業の「慣行」が，法的裏

資料 **2-11**　『旧漁業法』（明治34年4月法律第34号）抜粋

第一條　本法ニ於テ漁業ト稱スルハ営利ノ目的ヲ以テ水産動植物ノ採捕又ハ養殖ヲ業
　　　トスルヲ謂フ本法ニ於テ漁業者ト稱スルハ漁業ヲ爲ス者及漁業權ヲ享有スル者ヲ謂
　　　フ
第二條　私有水面ニハ別段ノ規定アル場合ヲ除クノ外本法ノ規定ヲ適用セス
第三條　漁具ヲ定置シ又ハ水面ヲ區畫シテ漁業ヲ爲スノ權利ヲ得ムトスル者ハ行政官
　　　廳ノ免許ヲ受クヘシ其ノ免許ヲ受クヘキ漁業ノ種類ハ主務大臣之ヲ指定ス
　　　前項ノ外主務大臣ニ於テ免許ヲ必要ト認ムル漁業ノ種類ハ命令ヲ以テ之ヲ定ム
第四條　前條ノ漁業ヲ除クノ外漁業ノ種類ニ拘ラス水面ヲ専用シテ漁業ヲ爲スノ權利
　　　ヲ得ムトスル者ハ行政官廳ノ免許ヲ受クヘシ
　　　行政官廳ハ漁業ノ種類ヲ限定シテ免許ヲ與フルコトヲ得
第五條　前條ノ免許ハ漁業組合ニ於テ其ノ地先水面ヲ専用セムトスル場合ヲ除クノ外
　　　従来ノ慣行アルニ非サレハ之ヲ與ヘス
第六條　漁業免許ノ期間ハ二十箇年以内トス但シ第九條第一項ニ依リ免許ヲ停止シタ
　　　ル期間ハ免許期間ニ算入セス
　　　免許期間ハ之ヲ更新スルコトヲ得
　　　（略）

付けをもった「漁業権」という形で権利化された。そして，35年（1902）5月には本法と密接に関連する『漁業組合規則』（農商務省令第8号）と『水産組合規則』（農商務省令第9号）も公布された。

この『漁業法』は，後年になって「旧漁業法」と呼ばれるが，免許が必要な漁業を，専用漁業《地先水面・慣行》，定置漁業《臺網類・落網類・桝網類・建網類・出網類・張網類・入梁類》，区画漁業《第1〜3種》及び特別漁業《第1〜9種》の4種に区分し，それらの漁業を営むには行政官庁による免許が必要であるとし（第3〜4条），その免許を必要とする漁業種類は主務大臣が指定又は命令によって定めるといった内容のものであった。

また，本法では，漁業組合の範囲を浜・浦・漁村その他漁業者の部落の区域とし（第18条），漁業組合は漁業権の享有・行使について権利・義務を負い（第19条），組合の地先水面の専用漁業権の免許を受けたときは，組合規約を定めて組合員に漁業をさせる（第20条）などが定められていた。

その実態は，漁業組合に前浜漁場の特権的な地先水面専用漁業権を与え，その実質的な容認を前提として，個人・組合・会社などによる排他的な個別漁場の漁業権，すなわち定置漁業権，区画漁業権《養殖業》及び特別漁業権《地曳網等》を認めるというものであった。そして，当時の漁業組合とは，もっぱら漁業権を取得する主体として考えられていた。

本法の施行を受け，各府県はその対応に追われたが，山口県における漁業権漁業の免許手続きは，次のようなものであった。

明治36年（1903）から37年にかけて，県下各地の漁業組合から専用漁業免許願が県庁に殺到した。この専用漁業権の認可権は農商務大臣にあって，県は取次機関にすぎなかったが，その願書や郡・町村長の副申書は県において審査の上，県の副申をつけるなどして本省に提出した。専用漁業権には，地先水面専用漁業権と慣行専用漁業権の2種類があり，前者は従来慣習的に行われていた「村中入会」すなわち「一村専用」の漁場を法的に認めたものであった。また，後者は，入会慣行のある漁業組合に特定の漁場の漁業権を認めたもので，それは従来の慣行がなければ認められない（第5条）として，その漁場が属す

III. 明治時代の漁業制度

資料 2-12 『明治漁業法』（明治 43 年 4 月法律第 58 号）抜粋

第一條　本法ニ於テ漁業ト称スルハ営利ノ目的ヲ以テ水産動植物ノ採捕又ハ養殖ヲ業トスルヲ謂フ本法ニ於テ漁業者ト称スルハ漁業ヲ為ス者及漁業権又ハ入漁権ヲ有スル者ヲ謂フ

第二條　公共ノ用ニ供セサル水面ニハ別段ノ規定アル場合ヲ除クノ外本法ノ規定ヲ適用セス

第三條　公共ノ用ニ供スル水面ト連接シ一體ヲ成ス公共ノ用ニ供セサル水面ニハ本法ヲ適用ス

　　　前項ノ水面ノ占有者又ハ其ノ敷地ノ所有者ハ行政官庁ノ許可ヲ得テ漁業ニ関シ之カ利用ヲ制限シ又ハ廃止スルコトヲ得

第四條　漁具ヲ定置シ又ハ水面ヲ区画シテ漁業ヲ為スノ権利ヲ得ムトスル者ハ行政官庁ノ免許ヲ受クヘシ其ノ免許スヘキ漁業ノ種類ハ主務大臣之ヲ指定ス

第五條　水面ヲ専用シテ漁業ヲ為スノ権利ヲ得ントスル者ハ行政官庁ノ免許ヲ受クヘシ

　　　前項ノ免許ハ漁業組合カ其ノ地先水面ノ専用ヲ出願シタル場合ノ外之ヲ与ヘス

第六條　前二條ノ外主務大臣ニ於テ免許ヲ受ケシムル必要アリト認ムル漁業ノ種類ハ命令ヲ以テ之ヲ定ム

第七條　漁業権ハ物権ト看做シ土地ニ関スル規定ヲ準用ス

　　　（略）

第十二條　入漁権者ハ設定行為又ハ施行前ノ慣行ニ従ヒ他人ノ専用漁業権ニ属スル漁場内ニ入会ヒ其ノ専用漁業権ノ全部又ハ一部ノ漁業ヲ為スノ権利ヲ有ス

第十三條　入漁権ハ物権ト看做ス

　　　（略）

第十六條　漁業権ノ存続期間ハ二十年以内ニ於テ行政官庁ノ定ムル所ニ依ル但シ第二十四條第一項ノ規定ニ依リ又ハ第三十四條ノ規定ニ基ク命令ニ依リ漁業ヲ停止セラレタル期間ハ之ヲ算入セス

　　　前項ノ期間ハ漁業権者ノ申請ニ依リ之ヲ更新スルコトヲ得

　　　（略）

第二十四條　水産動植物ノ蕃殖保護，船舶ノ航行停泊繋留，水底電線ノ敷設若ハ国防其ノ他ノ軍事上必要アルトキ又ハ公益上害アルトキハ主務大臣ハ免許シタル漁業ヲ制限シ，停止又ハ免許ヲ取消スコトヲ得

　　　漁業権者ニシテ本法又ハ本法ニ基キテ発スル命令ニ違反シタルトキハ漁業ヲ制限シ又ハ停止スルコトヲ得

　　　（略）

第二十六條　免許漁業原簿ノ登録ハ登記ニ代ハルモノトス

　　　（略）

第2章　日本の漁業制度の歴史

第三十四條　地方長官ハ水産動植物ノ蕃殖保護又ハ漁業取締ノ為主務大臣ノ認可ヲ得テ左ノ命令ヲ発スルコトヲ得

一　水産動植物ノ採捕ニ関スル制限又ハ禁止

二　水産動植物若ハ其ノ製品ノ販売又ハ所持ニ関スル制限若ハ禁止

三　漁具又ハ漁船ニ関スル制限若ハ禁止

四　漁業者ノ数又ハ資格ニ関スル制限

五　水産動植物ニ有害ナル物ノ遺棄ニ関スル制限若ハ禁止

六　水産動植物ノ蕃殖保護ニ必要ナル物ノ採取又ハ除去ニ関スル制限若ハ禁止

主務大臣ニ於テ前項ノ制限又ハ禁止ヲ為スノ必要アリト認ムルトキハ命令ヲ以テ之ヲ定ムルコトヲ得前二項ノ命令ニハ犯人ノ所有シ又ハ所持スル漁獲物，製品及漁具ノ没収並犯人ノ所有シタル前記物件ノ全部又ハ一部ヲ没収スルコト能ハサル場合ニ於テ其ノ価格ノ追徴ニ関スル規定ヲ設クルコトヲ得

第三十五條　汽船「トロール」漁業又ハ汽船捕鯨業ハ主務大臣ノ許可ヲ受クルニ非サレハ之ヲ営ムコトヲ得ス前項ノ漁業ニ関スル制限又ハ禁止ハ主務大臣之ヲ定ム

（略）

第四十二條　一定ノ地区内ニ住所ヲ有スル漁業者ハ行政官庁ノ許可ヲ得テ漁業組合ヲ設クルコトヲ得

漁業組合ノ地区ハ市町村ノ区域又ハ市町村区域内ノ漁業者ノ部落ノ区域ニ依リ之ヲ定ムヘシ但シ特別ノ事情アル場合ハ此ノ限ニ在ラス

市制町村制ヲ施行セサル地方ニ在リテハ市町村ニ準スヘキモノヲ以テ前項ノ市町村ト看做ス

北海道ニ於テハ郡ヲ以テ漁業組合ノ地区ト為スコトヲ得

第四十三條　漁業組合ハ法人トス

漁業組合ハ漁業権若ハ入漁権ヲ取得シ又ハ漁業権ノ貸付ヲ受ケ組合員ノ漁業ニ関スル共同ノ施設ヲ為スヲ以テ目的トス

漁業組合ハ自ラ漁業ヲ営ムコトヲ得ス

組合員ハ漁業組合ノ取得シ若ハ貸付ヲ受ケタル専用漁業権又は入漁権ノ範囲内ニ於テハ各自漁業ヲ為スノ権利ヲ有ス但シ組合規約ヲ以テ別段ノ規定ヲ設クルコトヲ得

第四十四條　漁業組合ハ相互ニ共同シテ其ノ目的ヲ達スル為行政官庁ノ許可ヲ得テ漁業組合連合会ヲ設クルコトヲ得

漁業組合連合会ハ法人トス

第四十五條　漁業組合及漁業組合連合会ニハ所得税及営業税ヲ課セス

（略）

る郡役所を通じて免許願を提出しなければならない仕組みになっていた。

次いで，漁業組合又は個人に与えられる漁業権として，漁具を定置して行う漁業に与えられる定置漁業権と，水面を区画して行う漁業に与えられる区画漁業権，農商務大臣が免許を必要と認める漁業に与えられる特別漁業権の3種があり，これらはいずれも知事に認可の権限があったので，その免許申請も専用漁業と同様に県に提出された。これらの漁業権は，無条件に認可されるものではなく，36年に8件，37年に20件，38年に10件の合計38件が不許可になっている。それらの不許可は，定置が海底電線に被害を与えるとされたもの1件を除き，残りは全て既得権の侵害になるという理由からであり，漁業法施行規則第8条の「既ニ免許ヲ受ケタル漁業ト相容レザルモノ」に該当した。

しかし，この『旧漁業法』については，次のような理由から改正の必要性が叫ばれ，9年後の明治43年（1910）4月には，早くも全面改正が行われた（いわゆる『明治漁業法』の制定。資料2-12）。その理由は，

① 既に譲渡・賃貸・相続の対象となっていた漁業権の性格について近代法的な明確さを欠いていたこと

② 明治30年の『遠洋漁業奨励法』制定以降，わが国で急速に遠洋・沖合漁業が発達したことによりトロール漁業と沿岸漁業の調整の必要性が生じていたこと

③ 経済事情の変化によって惹起された漁業組合の脆弱な財政基盤を改善する必要が生じたこと

などによるとされている。

この『明治漁業法』（明治43年4月20日法律第58号）に規定された漁業制度は，大きく分けると沿岸漁業を規制するための「漁業権制度」，沖合遠洋漁業を規制するための「漁業許可制度」及び資源保護のための「漁業取締制度」から成り立っていた。そして，本法での漁業組合は，単なる漁業権管理組合としての存在ではなく，共同して事業を行うことができる法人に位置付けられるなど，ここに至ってようやく充実した漁業制度となったのだ。漁業権の性格については，第7条で「漁業権ハ物権ト看做シ土地ニ関スル規定ヲ準用ス」と定

められ，入漁権についても同様であった（第13条）。しかし，第24条には「水
産動植物ノ蕃殖保護，船舶ノ航行停泊繋留，水底電線ノ敷設若ハ国防其ノ他ノ
軍事上必要アルトキ又ハ公益上害アルトキハ主務大臣ハ免許シタル漁業ヲ制限
シ，停止又ハ免許ヲ取消スコトヲ得」とある。つまり，物権でありながらも，
物権としての権利・機能は軍事上その他の理由によって制限を受けたのである。
　その主な改正点を見ると，

①　汽船トロール漁業や汽船捕鯨業は許可漁業とされ，主務大臣の許可が無
　ければ営むことができない旨が規定された（第35条）。

②　漁業組合に関する規定としては，組合の地区は原則として市町村区域又
　は市町村内の漁業者の部落の区域とされ（第42条），組合は漁業権を取
　得し又は貸付等を受け，組合員の漁業に関する共同の施設を為す（共同利
　用事業を行う）ことを目的とすることが規定された（第43条）。

③　漁業組合が協同して目的を達成するために必要な場合は漁業組合連合会
　の設置が可能であるとされ（第44条），漁業組合と漁業組合連合会には
　所得税と営業税は課さない旨が規定される（第45条）

など，漁業組合における事業内容を大幅に拡大し，その財政基盤の改善を図
ろうとするものであった。

　この漁業法改正と併せて，改正『漁業法施行規則』（明治43年11月12日
農商務省令第25号）も施行された。ただし，沿岸漁業で免許が必要な漁業の
区分には変更がなく，従来どおり，専用漁業《地先水面・慣行》，定置漁業《臺
網類・落網類・桝網類・建網類・出網類・張網類・入梁類》，区画漁業《第1
〜3種》及び特別漁業《第1〜9種》の4種であった（規則第10〜14条）。

　すなわち，これらの漁業権は，旧慣の承継として，その実績を維持してきた
旧幕以来の現実的漁場利用の関係を，入会漁場の関係は専用漁業権に，個別独
占漁場の関係は，定置・区画・特別の3漁業権に組み入れたのであった。また，
それらの出願手続きについては，専用漁業と入漁権に加え，管轄が二つ以上の
府県にまたがる漁場や管轄が明確でない漁場での漁業に関しては農商務大臣に
行う以外は，漁場を管轄する地方長官に行うよう規定されていた（規則第1条）。

なお，ここで誤解が生じやすい専用漁業権《地先水面専用漁業権と慣行専用漁業権の違い》について明らかにしておく必要がある。

① 平林平治氏らは，「専用漁業権には，慣行に従って免許された慣行専用漁業権と，慣行に基づかずに新たに申請によって漁業組合のみに免許される地先水面専用漁業権の二種類があった」と，誤った解釈をしている（「水協法・漁業法の解説（12訂版）」）。

② 竹内利美氏は，「地先専用漁業権とは，磯は地附の原則を受けるものであり，慣行専用漁業権とは，それ以外の法令発布前に慣行として実在していた権益で，多くは地先漁業権が進展してやや遠方に及んだもの」としている（「漁場占有と村落」）が，曖昧で誤解を生みやすい解釈となっている。

この両漁業権の違いは，先に述べたように，明治36～37年，山口県庁に専用漁業免許願が出された際の手続き中に明確に示されている。すなわち，「地先水面専用漁業権」とは，従来慣習的に行われていた「村中入会」すなわち「一村専用」の地先水面の専用漁業権を地先漁業組合に認めたものである。

一方，「慣行専用漁業権」とは，入会慣行のある漁業組合に特定（他村入会・数村入会）の漁場の専用漁業権を認めたものであり，それは従来の慣行がなければ認められない（第5条）として，その漁場が属する郡役所を通じて免許願を提出しなければならない仕組みになっていた。なお，「慣行専用漁業権」については，漁業種類を増加したり漁場の区域を拡張する変更の許可を出願することはできない（規則第20条）という厳しい制限が加えられていた。

以上の免許については，漁場利用の出発点においては慣行の承継が図られていたのだが，新規免許については申請者の「先願主義」がとられていた。また，それら漁業権の存続期間は，

「二十年以内ニ於テ行政官庁ノ定ムル所ニ依ル」とされ，「前項ノ期間ハ漁業権者ノ申請ニ依リ之ヲ更新スルコトヲ得」（第16条）

とされたことから，その権利が半永久化することにつながった。そして，こうした財産権的性格を有する漁業権の長期化は，しばらくするとその濫用によっておびただしい空権の発生をみるに至り，漁場の民主化と水面の計画的高度利

用に関しては，この『明治漁業法』の下では望めない，行き詰まりの状態になっていった。

（4）　漁業組合と水産組合の設立

　明治19年（1886）5月6日，『漁業組合準則』（農商務省令第7号）が公布された。これは，政府が突然打ち出した「海面借区制」（1875年）の布達と廃止の混乱以降，網元・船頭ら漁村の実力者の反発によって漁業秩序が乱れ，集落間の紛争が激化していたことから，従来の慣行に従うことを根本の主旨として，漁業集落等の入会団体等を「漁業組合」として組織し，これを単位とする漁場区域と操業規律を定めることによって，事態の収拾と漁業秩序の維持を図ろうとするものであった。

　この準則は9箇条からなる短いもので，

　第1条で「漁業ニ従事スルモノハ適宜区画ヲ定メ組合ヲ設ケ規約ヲ作リ管
　　轄庁ノ認可ヲ請フベシ　但シ漁業者僅少ニシテ他ノ漁場ニ関係セザル地ハ
　　管轄庁ノ見込ヲ以テ組合ヲ要セザルコトアルベシ」とあり，

　第2条では「組合ハ営業ノ弊害ヲ矯正シ利益ヲ増進スルヲ目途トスベシ」と
　　規定している。

　また，この組合は「業種別」と「地区別」の二種類に分けられたが（第3条）
　後者では「漁場ノ相連帯スルモノハ必ス一組合トナスベシ」（第4条）
とされ，この「地区別漁業組合」が，漁業権の保有団体としての性格を有する団体としてその後発展していくことになった。

　さらに，政府はこの準則と同時に訓令を発し，魚介類の採捕の時期，大きさ等適宜制限を設けるよう地方長官に通達し，これを受けて各府県は『漁業取締規則』を作り，取締を行うようになっていった。しかし，先に述べたように，こうした『漁業取締規則』が出来てからもなお，山口県の例のように，漁業の取締りは各浦の浦年寄の指揮の下に行われるなど，旧藩時代の制度をそのまま引き継いでいるというのが実態であった。したがって，漁業組合の事業としては，捕魚採藻の時期を定めて同業者間の争議の調停和解をするに止まり，その

存在意義は大変薄いものだったようだ。

　ここで，山口県における当時の状況を見てみると，こうした組合の組織強化を図るため，明治28年（1895）に県は『水産業取締規則』を制定し，「漁業組合」を「水産業組合」として，漁民と水産製造販売業者をもって「水産業組合」を設立する方針をとっている。その結果，31年（1898）には県下の各郡・市に13の「水産業組合」が設立され，組合員数は1万5千人に達したのだが，組合内では製造販売業者に資産家が多く，発言力も強かった為に漁民の反発を招いた。このため，組合員の資格に制限を加えることになり，水産物の卸売り又は仲買業者だけに加入を認め，加工・問屋・魚市場経営者などは除外され，「漁業組合」として再編された。

　そして，32年（1899）に，県はそれら「漁業組合」の規約を改正させ，地方の習慣と実情に応じた禁漁区の設定，網漁の制限，採藻の禁止期間などを盛り込むよう指導した。その後，35年（1902）に政府によって『漁業組合規則』と『水産組合規則』が公布されると，先の「水産業組合」は販売業者が中心となって組織を作り直し，名称も「水産組合」と改めて再発足した。この組合は，当初は郡単位の組合だったが，37年頃から県全体としてまとまることとなり，38年（1905）には県下の「水産組合」が大同団結して，「山口県水産組合」を設立したとされている。

　このように，各道府県においては，それぞれ紆余曲折を経ながら独自の歩みを進めていったが，明治34年（1901）に『漁業法』が成立し，35年（1902）に『漁業組合規則』と『水産組合規則』が公布されると，全国の漁村における組合の組織化と整備は次第に図られていった。そして，明治43年（1910）に『漁業法』が全面改正（いわゆる『明治漁業法』の制定）され，続いて『漁業組合令』（明治43年11月11日勅令第429号）が発令されると，先に述べたように，「漁業組合」の事業範囲が拡張されるとともに，組合事業に対する所得税と営業税が免除され，事業資金の貸付も可能になるなど，ここに至って初めて本格的に「漁業組合」の活動を奨励し，漁村の改善と事業の発展を支援するための体制が整ったと言える。

（5）　遠洋漁業奨励法と近代式漁業の導入

　明治 30 年（1897）3 月，『遠洋漁業奨励法』（法律第 45 号）が公布された
直接の背景には，わが国近海での外国船によるラッコ・オットセイ猟や捕鯨が
あったとされている。つまり，当時は日清戦争（1894〜'95 年）に勝利した直
後であり，その後日露戦争（1904〜'05 年）や第一次世界大戦（1914〜'18 年）
へと連なっていったように，欧米列強に対抗して軍事力を飛躍的に増強してい
たわが国にとって，そうした近海における外国船の操業は放置できない側面を
もっていたのだ。

　また，こうした直接的な要因に加えて，国内における漁業生産が停滞を示し
ていたことから，その状況を打開・克服するためにも，「沖合遠洋漁業」を奨
励することは政府として重要な政策になっていた。その奨励対象になった漁業
種類は，ラッコ・オットセイ猟と捕鯨のほか，フカ・マグロ・カツオ・タラ・
サバ・ブリ・イカ・オヒョウといった広範な魚種を対象としたものであった。

　この『遠洋漁業奨励法』は，そのような遠洋漁業を試みようとする漁船と乗
組員に対して所定の奨励金を給付し，それら漁業の発達促進，漁船の改良，乗
組員の技能の熟練などに役立てようとするものであり，当初その対象とする漁
船規模は 100 トン以上の汽船と 60 トン以上の帆船だったが，明治 32 年（1899）
の改正ではそれぞれ 50 トン以上と 30 トン以上に引き下げられた。さらに，
38 年（1905）の全面改正によって奨励金の率が高められ，その後も 42 年，
43 年，大正 3 年，7 年等々，実態に即した改正が重ねられた。

　こうした政府の後ろ盾とともに，当時欧米から輸入された近代式漁業の導入
によって，わが国の「沖合遠洋漁業」は会社組織による「資本漁業」の勃興と
相まって，明治末期から大正時代にかけて飛躍的な発展を遂げた。その例とし
ては，明治 21 年（1888）に岩手県宮古湾岸鍬ヶ崎の大越作右衛門によって初
めて導入された「アメリカ式巾着網漁業」，32 年（1899）に岡十郎らが日本遠
洋漁業株式会社を山口県仙崎で創業し，わが国で初めて導入した「ノルウェー
式近代捕鯨」，38 年（1905）に鳥取県の奥田亀造がイギリスに範をとって初め

て操業した「汽船トロール漁業」などが挙げられる。

　また，明治38年（1905）には大洋漁業の創始者である中部幾次郎が石油発動機付き「鮮魚運搬船」を建造し，それがきっかけとなって「カツオ釣漁業」等において石油発動機による漁船の動力化が改正『遠洋漁業奨励法』の助成の下に進められるなど，この時代にわが国漁業の近代化が急速に進展したのだった。

　一方，こうした「沖合遠洋漁業」の目覚ましい発展は，沿岸漁業との間で紛争を頻発させる結果にもなった。たとえば，明治42年（1909）に下関漁港を基地とする「汽船トロール漁業」は9隻となり，沿岸漁業とのトラブルが絶えなかったことから，政府は同年4月に『汽船トロール漁業取締規則』を制定し，禁止区域を設けて厳重に取り締まることにした。このため，同漁業は朝鮮南海区に漁場を求めていったのだが，下関に本拠を置くトロール漁船は，43年17隻，44年67隻，大正元年139隻と急増したため，政府はついに奨励金の交付を廃止し，当該漁業の取締りを更に強化することになった。

IV．大正時代から昭和初期（戦前）の漁業制度

（1）沿岸漁業の動向と漁業の取締

　明治43年（1910）に制定されたいわゆる『明治漁業法』は，昭和24年（1949）に『新漁業法』が制定されるまで，一部改正はあったものの，その基本的内容（漁業権制度・漁業許可制度・漁業取締制度）に大きな変更はなかった。

　沿岸漁業の漁獲量は，明治末期までは停滞状況にあったが，大正時代から昭和初期にかけては，沖合遠洋漁業の伸びには及ばなかったものの顕著に増加した。それは，機械製網の発達によって漁網が大量かつ安価に供給されるようになったことに加えて，大正7年（1918）以降，漁船用小型発動機による漁船の動力化が進んだことによるもので，5トン未満の小型動力船の隻数は，昭和元年5,930隻，5年27,301隻，10年40,658隻とこの間に急増した。

第2章　日本の漁業制度の歴史　　*41*

　こうした沿岸漁業における近代化の波は，大正時代を通じて漁獲の増大をもたらしたのだが，とくに瀬戸内海等の沿岸部では乱獲による資源の減少が深刻になっていった。政府は，瀬戸内海において手繰網・打瀬網などの海底を曳き回す漁法への取締要望を受け，明治42年（1909）11月に『瀬戸内海漁業制限規程』（農商務省令第56号）を公布し，小さな網目（五分以下）を使用する文鎮漕・掛縄漕・空釣漕・藻手繰網・藻打瀬網・藻漕網・藻曳網などを禁止漁具とし，さらに44年（1911）の一部改正では動力漁船による打瀬網・桁網を禁止するなどの対策を講じたが，乱獲の横行に歯止めをかけることはできなかったとされる。

　また，この時期，全国的に急増した機船底曳網漁業を統一的に規制する必要が生じ，政府は大正10年（1921）9月に『機船底曳網漁業取締規則』（農商務省令第31号）を公布し，農商務大臣が一定の禁止区域を設定して他の沿岸漁業を保護する措置をとるとともに，知事許可漁業として取り締まることにした。しかし，当該漁船は大正末期には全国で3千統を上回るまでに増加して歯止めが効かなかったことから，昭和8年（1933）には大臣許可漁業へと移管され，隻数の抑制が図られることになった。その後，12年（1937）には『機船底曳網漁業整理規則』及び『機船底曳網漁業整理転換奨励規則』が制定され，積極的な減船整理が行われることになった。

　大正末期，山口県豊浦郡（現在の下関市）沿岸では，禁止区域（沿岸から三海里以内）に機船底曳網漁船が侵入して密漁するため，矢玉浦から下関彦島に至る漁業組合の受ける被害は甚大であった。その被害は，「延縄及建網漁業ノ如キハ，何レモ密漁船ノタメ漁具ヲ切断流失シテ，容易ニ再興スルコト能ハズ。其他釣網漁業ニ於テモ，魚礁ヲ荒廃サレテ漁獲物ノ種類等昔日ノ比ニアラズシテ，何レモ生計ニ多大ノ脅威ヲ与ヘラレ…」といった状態で，大正15年（1926）10月29日，当該14か浦の漁業組合は違反船の取締強化を強く叫んで，知事に嘆願書を提出している。また，機船底曳網漁業の操業禁止区域になっている瀬戸内海でも違反操業が相次ぎ，特に熊毛郡祝島・八島から大島郡付近は好漁場であったことから，違反漁船には遠く愛媛県・大分県・鹿児島県から来て密

漁するものもあったとされ，同年（1926）10月11日，大島郡水産会長らがその窮状を訴えるとともに，瀬戸内海専属の漁業取締船の建造と配備を知事に陳情した。このような事態に対し，山口県では，違反船の取締りのほか，浅海を利用した水産養殖による水産業の多角的経営，さらには魚市場の整備による流通面の改善などによって漁民の生活安定策に力を入れたが，一般的に，大正末期から昭和初期は，沿岸の零細漁民にとっては行き詰まり，苦難の時代だったとされている。

　こうした状況下，政府は，浅海養殖業の奨励と機船底曳網漁業の整理等によって沿岸漁業の復興を図る一方，遠洋漁業の振興にも力を注いだ。これら対策に加えて，瀬戸内海における漁業不振の原因として，漁場に比べて漁民の数が多いことをあげ，その打開策として，韓国併合（1910年）以降は，朝鮮海への通漁と漁民の移住を奨励した。それらを受け，わが国からの移住漁民は，大正6年（1917）には1万241人に達していたが，以後は停滞した。それは，移住漁民の漁場不案内，保護・指導の不足，漁獲物流通処理の不完全などによる経営の行き詰まりによるものだったとされている。

（2）　漁業協同組合と水産業団体の組織化

　大正10年（1921），第四十四回帝国議会で『水産会法』（法律第60号）が通過・成立した。それまでは私法人としての「漁業組合」と「水産組合」があって，各組合の利益増進を図っていたが，ここに新しく当業者の自治的機関として「水産会」が生まれた。「水産会」は，水産業におけるその地方の一致した公共的利益の増進を図るための機関で，漁業者，水産物製造業者，水産物販売業者，水産物保管業者及び漁業権を有する入漁者をもって構成し，それは『農会法』（1899年）に基づいて設立された系統「農会」に相当する公法人であった。

　山口県においては，大正10年末までに県下の郡市単位で11の「水産会」が設立され，翌11年（1922）1月16日には，山口県水産業の改良発達を目的として，それに必要な指導奨励その他諸般の事業を為すことを趣旨とする「山

口県水産会」の創立総会が開催された。そして，同年4月24日には，全国府県水産会が集まって「帝国水産会」を創立し，ここに全国単一の組織が成立したとされている。

昭和に入り，第一次世界大戦後の「世界大恐慌」（1929年〜）に見舞われたことから，窮迫した漁村の経済を立て直すため，昭和8年（1933）に『漁業法』の一部改正が行われた。この改正の概要は，

① 組合の目的として，従来の漁業権取得や共同施設のほかに，新たに組合員の経済の発達に必要な共同利用施設の設置が認められたこと

② 出資制，責任組織（有限・無限・保証）を導入し，出資組合を漁業協同組合と呼ぶようにしたこと

③ 漁業協同組合は，大臣許可の下で漁業自営が認められるようになったこと

④ 漁業組合連合会も出資制と責任組織を採用し，会員である漁業協同組合の系統機関として，各種の経済事業を行い得るようにしたこと

などであった。なお，当時の漁政課長（昭和3年）は，漁業権の管理主体である漁業組合が漁業の自営を行う経済団体化はリスクが高いと反対したが，それらは押し切られた形となった。

さらに，漁村における金融の拡充強化の必要性が高まるにつれて，昭和13年（1938）には，信用事業に関する規定を追加するための『漁業法』の一部改正も行われた。これによって，漁業協同組合及び同連合会は貯金の受入業務ができるようになり，これに伴って『産業組合中央金庫法』（大正12年，法律第42号）も改正され，漁業協同組合及び同連合会の産業組合中央金庫への加入が認められた。ここに至って初めて，漁業組合は経済事業団体としての体裁を整えることになった。

しかし，昭和16年（1941）に始まった太平洋戦争によって，わが国は統一的協力体制が敷かれ，18年3月11日に『水産業団体法』（法律第47号）が制定されると，「漁業組合」と「水産会」は整理統合され，各市町村に1「漁業会」，各都道府県に1「水産業会」と1「製造業会」，中央には「中央水産業会」が

組織されることになった。本法によって，地区内の有資格者は必須加入とされ，また，それぞれ上部団体に加入することを原則とするなど，それら団体は民主的な性格は失われ，太平洋戦争遂行のための国策協力機関と化したのであった。なお，これらの団体は，終戦後の昭和23年（1948），『水産業協同組合法』の成立によって解散した。

（3）　公有水面埋立法の制定

江戸時代には，食料増産のために海や湖沼の干拓による大規模な新田開発が幕府や藩主の直轄事業として行われるようになったが，貨幣経済の発達によって財力を蓄えた町人による民営事業も始まった。それは，地代銀（上納金）を藩主に納めることで埋立許可を得て新田開発を行うもので，開発後には数年の免税特権を与えられることによって活発化していったとされ，このような構造は現在の『公有水面埋立法』の骨格にほぼそのまま当てはまると言われている。

『公有水面埋立法』の直接の前身は，明治23年（1890）11月25日に制定された『官有地取扱規則』（勅令第276号）で，本規則では官有地の売買・譲与・交換・貸付等の取り扱いの基本を定めており（資料2-13），水面に関する取り扱いについては，以下の通り規定されていた。

具体的には，本条を受けた『公有水面埋立及使用免許取扱方』（明治23年内務省訓令第36号）において，埋立免許の手続きについて，

① 関係市町村会の意見聴取，
② 免許命令書の記載事項，
③ 免許条件の違反に対する措置，
④ 埋立権の譲渡等の制限，
⑤ 工事着手又は竣工期間の伸長，
⑥ 公益上の制限，

資料 2-13　『官有地取扱規則』（抜粋）

第十二条　官ニ属スル水面ヲ埋立テ民有地ト為スコトヲ請フモノアルトキハ公衆ノ妨害トナラサル部分ニ限リ之ヲ許スコトヲ得

⑦　公共用物の国有存置と出願人の土地所有権の取得

等が規定されており，これらの規定は後の『公有水面埋立法』の中にも取り入れられた。ところが，実務上においては水面権利者の承諾がなければ埋立免許が与えられないという運用が為されていたことから，経済上有利と考えられる事業や国家的な公益事業も遂行できないといった状況が生じ，次第に政治問題化していった。

　こうした社会情勢を背景として，大正10年（1921）4月9日，『公有水面埋立法』（法律第57号）が制定された。本法の基本的な考え方や手続等については，前述の『官有地取扱規則』とその『免許取扱方』を踏襲しており，事業を円滑に推進するための規定を整備する一方，水面権利者（漁業関係者）の保護にも配慮した規定になっていたとされる。

　本法では，公有水面について「河，海，湖，沼其ノ他ノ公共ノ用ニ供スル水流又ハ水面ニシテ国ノ所有ニ属スルモノ」（第1条）と規定しており，公共の用に供する（不特定多数人の使用に供する）国の所有に属する水流又は水面の埋立については，府県知事の免許を受けて行うこと（第2条）等の現代法につながる法的整備が為された。

　なお，本法が整備された時期は，東京湾における大規模な築港計画が「内務省港湾調査会」における横浜側委員の強硬な反対にあい，計画決定が無期限延期となった時期と丁度重なっており，それだけ社会的要請が強かったものと想像される。

Ⅴ．戦後占領期から復興期の漁業制度

（1）　戦後占領期における漁業政策

　第2次世界大戦の間は，大型漁船の軍事への徴用と沈没，男子の徴兵，燃油や漁網等漁業用資材の不足，漁場の戦場化等から，日本漁業の生産力はほとんど壊滅的状態に陥った。しかし，昭和20年（1945）8月の敗戦以降，わが国

V. 戦後占領期から復興期の漁業制度

が連合国司令部の占領下に置かれると，漁業の振興は国民の食糧不足を解消するための最重要施策の一つに位置づけられ，漁業生産力の回復に資材や資金が優先的に投入されたのだった。

新しい時代の要請として，昭和23年（1948）12月に『水産業協同組合法』（法律第242号），24年（1949）12月に『漁業法』（法律第267号），25年（1950）5月に『漁船法』（法律第178号），そして26年（1951）12月には『水産資源保護法』（法律第313号）が次々と制定された。また，漁村における社会資本の整備を図るため，25年（1950）5月には『漁港法』（法律第137号）が制定され，26年の第一次漁港整備計画を皮切りに，漁港整備が公共事業として計画的に行われるようになった。

これら漁業制度の改革は，旧来の漁業制度が漁村の封建制の基盤であり，漁業生産力の発展を阻害していたとの認識の下で，水面の高度利用と漁村の民主化を図るための新しい漁場利用秩序を構築しようというものであった。

戦後『漁業法』における漁業権は，共同漁業権，定置漁業権及び区画漁業権の3種類に整理された上で，旧法と同様に物権と見なされた。しかし，貸付は禁止され，定置・区画漁業権では抵当権の設定はできても，行政庁の認可が必要であるなど，財産権としての権能は著しく制限された。そして，新法の施行後二年以内に旧漁業権は全面的に消滅し，旧漁業権者に対して漁業権証券による補償金（総額178億円）が支払われた。もっとも，それら旧漁業権者の大部分は市町村単位の「漁業会」だったので，漁業権証券は実質的に漁業協同組合のものとなり，漁村の社会資本の整備や系統組織の経済基盤の強化に寄与することになったと言われている。

こういった民主化路線に沿った一大改革が精力的に進められたが，戦後しばらくの間は，マッカーサーを司令官とする占領軍が昭和20年（1945）9月に設定した「マッカーサー・ライン」によって漁船の操業区域が著しく制限を受けたことから，漁獲量は200万トン台と戦前の半分以下の状態に止まっていた。

戦後間もなく，日本経済の崩壊から就業機会を見出せなかった労働力が漁業を含む第一次産業へと流入し，昭和22年（1947）の「水産業基本調査」にお

ける漁業従事者数は99万3千人，また24年（1949）の「第一次漁業センサス」の経営体数は26万9千とすでに戦前に匹敵するまでに達しており，過剰就業の状態に陥っていた。そして，こうした過剰就業は，漁業の制度改革が進められる一方で，わが国の沿岸部を中心に漁場の荒廃と紛争の激化を招いた。

このような沿岸の零細漁民が直面している深刻な経済的危機に対し，GHQ（連合国司令部）天然資源局（NRS）は，昭和26年（1951）2月12日，『日本沿岸漁民の直面している経済的危機とその解決策としての5ポイント計画（資料2-14）』を発表するとともに，その具体的方策として，資料2-15に示す「危機克服の上からの諸方策」を実行に移した。

1) 戦後漁業法の成立過程

農地改革の進展に触発され，漁業の分野においても制度改革の気運が高まり，最初に「中央水産業会」の案が昭和21年（1946）に発表されたが，以後，「GHQ対日理事会」においてもこの問題が度々取り上げられた。「対日理事会」における討議とその後の新法成立までの経緯は，漁業制度改革の性格を理解する上

資料2-14 『5ポイント計画』

第1ポイント　乱獲漁業の今後の拡張を停止し，漁獲操業度に所要の逓減を行うこと。（小型底曳網漁業の現状は特に危機に瀕している。）

第2ポイント　各種の漁業に対し，堅実なる資源保護規則を整備すること。

第3ポイント　漁業取締励行のため，水産庁と府県に有力な部課を設けること。

第4ポイント　漁民の収益の増加。

第5ポイント　健全融資計画の樹立。

資料2-15　危機克服の上からの諸方策

① 漁業制度改革による漁場秩序の再編成

② 以西底曳網漁業の3割減船

③ 資源涸渇防止法＝資源保護法による漁船整理（以東底曳網等）準備の確立

④ 爆撃演習漁場の補償1億2千万円

⑤ 組合自営の奨励促進

⑥ 漁船監視，取締の強化

⑦ 小型機船底曳網漁業取締規則の制定

で重要な論点を含んでいるので，当時の状況を時系列で振り返ってみたい。

昭和22年（1947）2月に開催された「第25回対日理事会」において，GHQの天然資源局漁業課長クロード・アダムス氏は，ソ同盟代表の質問に答えて，

「漁業制度改革は，

(1)　各漁村で共同組織の下に漁獲・加工・発送を行うこと

(2)　漁業者の協同体又は漁村・漁民組合などに漁業権を無償で割り当てること

(3)　各漁民個人の権利と人権を尊重し，最大限の漁獲を求め得るようにすること」

を挙げ，その具体的な手段として，

「①　漁業権は絶対的に漁業者組合と漁民組合に与えられること

②　多額の資本を必要とする事業には漁業者連合体及び漁民連合体のようなものを組織すること

③　河川・湖沼などにおける漁業権は実際業務に携わる個々人に与えられるべきこと

④　漁業権は特別の事情がない限り，抵当としたり売買したりすることができないこと

⑤　漁業権附与の条件としては，適当な賃貸料と税金とを含めること

⑥　漁業権はすべての人々により自由に利用されるべきだが，魚類の保護増殖の系列に従うこと

⑦　漁業権・漁区などに関する紛争を解決するために漁業関係調停機関を各地に設置すること

が講ぜられるべきだ」

といったことを述べている。

次いで開催された「第26回対日理事会」では，デレヴィヤンコ・ソ同盟代表が，

「(1)　明治43年漁業法の全廃

（2）　特別・専用・定置などあらゆる種類の漁業権を撤廃し，これに対して補償を行わないこと

（3）　新漁業法案は次の諸点に基づいて作成すること」

として，

「①　海は各国の所有物であり，全ての者に開放されるべきである。

②　漁業権は，漁業に従事し，規定の法則を厳守し，税金を支払うあらゆる人々に与えられるべきである。

③　漁業組合は全面的に民主化されるべきである。

④　漁業権は担保とし，若しくは貸与されるべきではない。

⑤　漁業調整委員会を設置し，漁業界各種の紛争調停に当たらせること

⑥　海草，乾草のための沿岸地区の私有化の撤廃」

を勧告した。

　こうした「対日理事会」での討議は，いずれも日本漁業の民主化の方向を端的に指摘したものであり，これらの討議を踏まえつつ，農林省は昭和21年（1946）6月に水産局に企画室を設置して立案を進めたが，漁業権を誰に与えるかの問題に難渋したことに加えて，対日管理政策の変化や国内外情勢の変化もあって，政府案は第一次案から始まり，第四次案が国会に提出されるまでにはかなりの紆余曲折があり，新法が成立するまでには実に三年の歳月を要したのだった。（資料2-16）

　第一次案（1947年1月）は，「対日理事会」の勧告の線に沿ったものだったが，「任意加入の漁業協同組合に地先水面の独占的な権利である専用漁業権を与えることは不合理であり，漁業権を現在の経営者にも与える途を開くべきだ。」との反対論が出てまとまらなかった。

　第二次案（1947年5月）は，本案でも漁民公会が地域的に独占的な統制力を生ずるとの反対があり，連合軍の対日管理政策の変化や資本家の攻勢が強まる等の中でまとまらなかった。

　第三次案（1948年1月）は，昭和23年（1948）9月には『水産業協同組合法』案と共に国会に提出するために詳細な法案が準備されていたが，『協同組

50　　　　　　　　Ⅴ．戦後占領期から復興期の漁業制度

資料 **2-16**　戦後「漁業法」案の変遷

第一次案（1947 年 1 月）

(1) 漁業権は漁民組織である協同組合及び同連合会以外には免許せず，漁業権の譲
渡を禁止する。

(2) 漁場の総合利用，漁業に関する紛争の調整を図る民主的な機構として漁業者と
学識経験者によって構成する漁業調整委員会を中央及び海区別に設け，漁業の免
許・漁業許可に関する諮問機関とする。

第二次案（1947 年 5 月）

(1) 専用漁業権は，公法人たる漁民公会に与え，その他の権利は団体又は個人に与
える。

(2) 漁民公会は，漁業調整機構である中央・海区・市町村漁業調整委員会に連なる
末端の調整機構であり，市町村又は部落漁業者及び漁業従事者の強制加入組織で
あり，それは，主として専用漁業権の享有主体であるが，漁民による漁場の自主
的な総合利用の見地から，その他の漁業権の享有も認められる。

(3) 個人有漁業権の賃貸は禁止するが，漁民公会有漁業権の賃貸は認める。漁民公
会の性格からみて，むりに危険な漁業自営を行わせることは妥当ではないので，
公会の総会で民主的討議によって適当な経営者を選択させるという方式を認める。

第三次案（1948 年 1 月）

(1) 漁業協同組合に免許する漁業権は，組合管理が適当な根付漁業権と，ひび建・
貝類養殖等の区画漁業権とする。

(2) その他の漁業権，即ち定置漁業権及び(1)以外の区画漁業権は経営者に免許する。
但し，漁民団体経営を優先する。

(3) 漁業権とする範囲を縮小し，外した部分は許可漁業とする。

(4) 中央・海区・市町村に漁業調整委員会を置く。

(5) 漁業権の全面切り替えに対して補償するとともに，その財源に充てるため免許
可料を徴収する。

(6) 指定遠洋漁業については，法律で定数の定め方，許可の仕方を規定する。

第四次案（1949 年 4 月）

(1) 根付漁業権を共同漁業権とし，小型定置と従来の特別漁業権を取り入れて，漁
協有の漁業権の範囲を拡大する。

(2) 漁業協同組合自営を免許の第 1 優先順位とする。

(3) 市町村漁業調整委員会は止める。

第2章　日本の漁業制度の歴史　　*51*

合法』は成立したものの，継続審議として成立しなかった。本案に対しては，一方からは農林省内の赤色分子の立案だと言われ，他方からは，ごまかしの民主化，零細漁民を犠牲にして資本漁業を擁護するもの，といった非難を受けたとされている。

　第四次案は，第三次案を基礎として公聴会での意見等を参酌して取りまとめ，修正を加えた上で作成され，昭和24年4月に国会に提出された。なお，当時の議事録には，「そもそも昭和の漁業法の目的は民主化の達成と沿岸漁業者の経済的自立であったが，後者は，狭隘な漁場でどのように具体的に達成するのかの手法が明確にされなかった」（衆議院水産委員会第10号，昭和24年5月9日）と記載されている。

　国会では，第四次案について，

　（1）　定置漁業権はより大規模なものとし，小型のものは共同漁業権に入れて漁協管理漁業権の範囲を広げる。

　（2）　内水面については，増殖を条件として漁協に共同漁業権を認める。

などの修正がなされ，昭和24年（1949）12月，ようやく『漁業法』（法律第267号）として成立をみたのだった。

　以上の経緯を振り返れば，当初は，零細漁民の救済と漁村の民主化を目指し，戦前の資本家による独占的な漁業界を変革するため，GHQとソ同盟は一致して，「漁業権は漁民組織にのみ与えられるべき」との強い姿勢を示していたのだが，朝鮮戦争（1950～'53）を控え緊迫の度を強めていた当時，「社会主義」思想の急速な浸透に危機感を抱いたGHQの姿勢に変化があり，民自党などの修正案を受け容れて，旧来の漁業権保有者への補償とともに，個人や会社組織などの資本家にも漁業権保有の途を開くことで，「資本主義」を否定しない方向へと舵を切っていった様子が読み取れる。

2）　戦後漁業法の性格

　政府の漁業法の提案理由説明では「わが国の産業構造の基盤をなす漁業にして，その生産力の発展は停滞し，その内部に多くの封建的な残滓を内包したま

ま止まりますならば，再建日本の基盤は誠に脆弱にして，日本の民主化はもちろん経済的自立もまた歪められざるを得ないでありましょう。」と述べている。

戦後『漁業法』のねらいは，旧来の漁業制度が漁村の封建制の基盤であり，漁業生産力の発展を阻害していたとの認識に立って，新しい漁場利用秩序の構築によって水面を高度利用し，漁業生産力の向上と漁村の民主化を図るというところにあった。そのことは，新法の第1条（目的）に明確に示されているとおりで，旧法の第1条が単に用語の定義に止まっていたのとは大きく異なっている（表2-1）。

そこで，新漁業権制度がどのように再編されたのかを見てみると，図2-1に示すとおり，旧法にあった専用漁業権と特別漁業権というものは無くなり，新法では，定置漁業権，区画漁業権及び共同漁業権の3種類に整理されている（第6条）。

まず，定置漁業権はその規模によって分けられ，小規模なものは第2種共同漁業権の中に，大規模なものは定置漁業権として再整理している。次に，区画漁業権はその形態に応じて第1～3種に整理した上で旧法どおり残している。また，専用漁業権の中で行われていた根付資源対象の漁業は第1種共同漁業権とする一方，浮魚対象の漁業はそこから切り離し，自由漁業と知事許可漁業の中に編入している。さらに，特別漁業権は，漁業種類に応じて第2種共同漁業権，第3種共同漁業権，第4種共同漁業権及び許可漁業に編入している。なお，他人の共同漁業権又はひび建養殖・かき養殖・貝類養殖を内容とする区画漁業権の全部又は一部を営む権利を入漁権と定義している（第7条）。

表2-1　新旧漁業法の目的の対比

旧漁業法	戦後漁業法
第一條　本法ニ於テ漁業ト稱スルハ營利ノ目的ヲ以テ水産動植物ノ採捕又ハ養殖ヲ業トスルヲ謂フ本法ニ於テ漁業者ト稱スルハ漁業ヲ爲ス者及漁業權又ハ入漁權ヲ有スル者ヲ謂フ	第一条　この法律は，漁業生産に関する基本的制度を定め，漁業者及び漁業従事者を主体とする漁業調整機構の運用によつて水面を総合的に利用し，もつて漁業生産力を発展させ，あわせて漁業の民主化を図ることを目的とする。

第 2 章　日本の漁業制度の歴史

図 2-1　漁業権制度の再編

V. 戦後占領期から復興期の漁業制度

また，漁業権の性格に関しては，新法も旧法と同じく漁業権は「物権」とみなされているが（第23条），私権としての性質は著しく制限された。すなわち，旧法では漁業権は賃貸することができたが，新法では貸付は一切禁止され（第30条），また譲渡や抵当権の設定等も例外のものを除き，原則として認められないことになった（第23～26条）。

次に，漁業権の種類別にその免許対象者と存続期間が改正によってどのように変わったかを見てみると，表2-2に示すようになる。

つまり，旧法では，専用漁業権は漁業組合に免許されたが，それ以外の漁業権は全て経営者免許であった。また，漁業権の存続期間は20年と長く設定された上に，自由に更新も認められていた。

これに対して，新法では，共同漁業権並びに，ひび建養殖・かき養殖・内水面の魚類養殖及び貝類養殖（第3種）の区画漁業権は，漁協等（漁業協同組合及びその連合会）に免許される組合管理漁業権（第14条第2～9項）として，漁協等が漁業権を管理し，組合員にその行使を行わせることになり，組合による管理の範囲が広がった。一方，定置漁業権と区画漁業権（上記以外の区画漁業権）は，旧法と同じく経営者免許とされたが，法令を遵守する精神を著しく欠き，漁村の民主化を阻害する者等は非適格者として除いた上で（第14条第1項），漁業権の種類ごとに定めた「優先順位」によって免許するという新た

表2-2　新・旧漁業法における漁業権の種類別対象者と存続期間

旧漁業法（明治43年）			戦後漁業法（昭和24年）		
種　　別	漁業権対象者	漁業権存続期間	種　　別	漁業権対象者	漁業権存続期間
専用漁業権	漁業組合		共同漁業権	漁協又はその連合会	10年
定置漁業権	経営者（組合・個人・会社等）	20年更新可能	定置漁業権	経営者（漁業・個人・会社等）	5年
区画漁業権			区画漁業権（ひび建・かき・第3種・内水面）	漁協又はその連合会	5年
特別漁業権			区画漁業権（真珠・藻類・小割式・第2種）	経営者（漁業者又は漁業従事者・個人・会社等）	5年

な制度が導入された。

この免許の「優先順位」については，表2-3に示すとおり，漁業権の種類ごとに細かく規定され（第15〜19条），漁業権の免許に際しては，地元漁協や地元漁民を最優先とすることが規定された。

また，新法制定時における漁業権の存続期間は，共同漁業権にあっては10年，定置漁業権と区画漁業権にあっては5年とされた（第21条）。

さらに，経営者免許の手続きにおいては，旧法では原則として「先願主義」になっていたため，早く申請した者に優先権が与えられ，かつ「更新制度」があったことから，不合理・不適切な免許が半永久化し，また空権化するといっ

表2-3　漁業権免許における法定優先順位（戦後漁業法）

	定置漁業権	区画漁業権		
		藻類・小割式・第2種（築堤・網仕切等）	ひび建・かき・内水面の魚類・第3種(貝類)	真珠養殖
第一順位	地元地区に居住する漁民の7割以上が組合員である漁協又はこれと実体を同じくする法人	漁業者又は漁業従事者（地元居住者，同種漁業経験者，他の沿岸漁業経験者，その海区での経験者を優先）	地元漁協又は連合会が第一順位。ただし，これらが申請しなかった場合は地元地区に居住する漁民の7割以上が構成員又は社員となっている法人	漁業者又は漁業従事者（真珠養殖業の経験者，無経験者は地元居住者を優先）
第二順位	地元漁民の7割で構成される法人	その他の者（地元居住者，同種漁業経験者，他の沿岸漁業経験者，その海区での経験者を優先）	地元漁民の7割で構成される法人	その他の者（真珠養殖業の経験者，無経験者は地元居住者を優先）
第三順位	漁業者又は漁業従事者（同種漁業経験者，他の沿岸漁業経験者，その海区での経験者を優先）		漁業者又は漁業従事者（同種漁業経験者，他の沿岸漁業経験者，その海区での経験者を優先）	
第四順位	その他の者（地元居住者，同種漁業経験者，他の沿岸漁業経験者，その海区での経験者を優先）		その他の者（地元居住者，同種漁業経験者，他の沿岸漁業経験者，その海区での経験者を優先）	

V．戦後占領期から復興期の漁業制度

た弊害があった。こうした弊害を排除するため，新法においては，あらかじめ漁場の利用計画を定め（第11条），それにしたがって漁業権の免許を申請させ（第5条，第10条），申請者の適格性を審査し（第14条），「優先順位」にしたがって免許する（第15〜19条）こととし，漁場計画と違った個別的な申請を認めず（第13条），「一斉更新」によって免許する（第11条）という新たな制度を導入した。

そして，各都道府県では，この戦後『漁業法』（第65条第1項）と，二年後に定められた『水産資源保護法』（第4条第1項）に基づいて，海面には『漁業調整規則』，内水面には『内水面漁業調整規則』を定めた。本規則は，「水産資源の保護培養，漁業取締りその他漁業調整を図り，併せて漁業秩序の確立を期すること」を目的（第1条）としたもので，総則，漁業の許可，水産資源の保護培養及び漁業の取締り等に関する諸規定のほか，罰則によって構成されている。

また，この規則は都道府県知事が管轄する水面に対して属地的に適用されるものであるため，その内容は都道府県によっていくらか異なっているが，基本的事項として，

①水産動植物に有害な物の遺棄または漏せつの禁止，
②保護水面における採捕の制限，
③水産動植物の採捕の禁止期間，
④水産動物の体長等の制限，
⑤禁止区域，
⑥漁具・漁法の制限又は禁止，
⑦漁船の総トン数・馬力数の制限，
⑧漁場内の岩礁破砕等の許可，
⑨非漁民の漁具・漁法の制限，
⑩試験研究等の適用除外

などを規定することとされた。

第2章　日本の漁業制度の歴史　　57

3)　許可漁業の指定

　新法では，主務大臣の許可がなければ営むことができない「指定遠洋漁業」と，都道府県知事の許可がなければ営むことができない「知事許可漁業」が定められた。すなわち，指定遠洋漁業とは，大型捕鯨業，以西トロール漁業，以西機船底びき網漁業及び遠洋まぐろ漁業であった（第52条）。これらの漁業については，主務大臣は漁業種類ごとに許可を受けて従事することができる船舶の定数を定めなければならない旨が規定された（第53条）。また，「知事許可漁業」とは，「共同漁業権」の内容となっていない第2〜4種共同漁業に該当する漁業（地びき網漁業等）とされた（第66条第1項）。なお，この時点では，大臣が船舶の総トン数等の最高限度を定めることができる「法定知事許可漁業」の規定は未だなかった。

　また，これら「大臣許可漁業」や「知事許可漁業」における許可の条件等を定めるに際しては，中央漁業調整審議会や海区漁業調整委員会の意見をきかなければならないこととされた（第57条第2項，第66条第2項）。

　いずれにしても，国が「指定遠洋漁業」を定めたことは，当時の厳しい食糧事情の下で，国際的に困難な環境の下に置かれた漁業を「大臣許可漁業」として指定し，特段の対策を講じようとしたことは，メリハリのある対策として十分に理解できる。

　しかし，後に出てくる承認制の「大臣許可漁業」（現在の「特定大臣許可漁業」と「届出漁業」）や「一般知事許可漁業」は，漁業調整（第65条）の下で一括して取り扱われており，業種の違いによる許可方針の違い等が必ずしも明確でないといった問題を，当初から内包していた。

4)　漁業調整委員会の設置

　漁業制度改革における最大の柱の一つが「漁業調整委員会」の設置であり，『漁業法』第1条の規定に則って，「漁業調整機構の運用によって水面を総合的に利用し，漁業生産力を発展させ，漁業の民主化を図る」という目的を達成するために必要な組織として，初めて制度化された。この委員会は，イギリスや

アメリカで発達した制度を導入した都道府県に設置される「行政委員会」であり，一定の行政権を行使できるのみならず，自らも規則を制定し，裁定等も行使し得る機能を合わせ持つ機関として発足した。

当委員会は，海面については，主務大臣が告示で定める海区ごとに置かれる「海区漁業調整委員会」と，複数の海区にまたがる「連合海区漁業調整委員会」の2種類に分けられ（第82条第1項），また，内水面に対しては「内水面漁場管理委員会」が置かれ（第130条第1項），それら各委員会は，漁民の選挙によって選ばれた公選委員，知事が選任する学識経験委員と公益代表委員の計10名によって構成された（第85条及び第131条）。

この委員会の特徴は，知事の諮問機関，建議機関であるばかりではなく，自ら裁定・指示・認定などを行う決定機関としての権能を付与された（第82条，第83条及び第130条）ところある。具体的に言うと，諮問事項には，漁場計画の作成，漁業権の免許，その他漁業権に関する一切の行政庁の処分に加え，知事の行う免許・許可等の処分がある。また，建議事項としては，漁場計画を樹立すること，免許後の漁業権に制限条件を付けること，委員会指示に従わない者に対して従うべき命令を出すこと等の建議がある。さらに，入漁権の設定・変更・消滅等についての裁定，水産動植物の採捕に関する制限・禁止や漁場利用の制限等に関する委員会指示，漁業権の適格性に関する事項の認定が法定された。

このように，新たに設置された「漁業調整委員会」は，漁場の管理，漁業の制限等に関して幅広い権能を有しており，選挙で選ばれた漁民の代表が中心となって各種の紛争や問題を調整し，解決していくという，アメリカ流の「参加民主主義」の思想の下で制度化されたものだったと言えよう。

5）都道府県における戦後漁業法への対応

漁業制度改革は，戦前におけるごく少数の巨大漁業資本と多数の零細漁民，そして彼らの中間で零細漁民を支配する中小船主・網元からなる半封建的漁業制度を，GHQ（連合国司令部）の指揮の下で，そうした支配階層を排除し，

第2章　日本の漁業制度の歴史　　　　　*59*

一挙に民主化しようとするものであったことから，現場を抱える都道府県では
大変な困難を伴った。

　山口県では，昭和24年（1949）12月に戦後『漁業法』が国会で成立したの
を受け，その徹底を期し，直ちに漁村ごとにその趣旨の周知を図った。当時の
山口県下における旧漁業権は，定置漁業権747，区画漁業権81，特別漁業権
1,002，専用漁業権198，入漁権56の計2,084件であった。しかし，落網・桝網・
建干網等の定置漁業権には，158件もの遊休漁場があり，漁場価値のない所に
権利が設定されていたり，また，賃貸の漁業権についても無料貸は別にしても
法外な入札料をとり，零細な漁民は資本家に搾取される等，矛盾した面が多々
見られた。また，特別漁業権にしても，権利毎に漁場が区画されているために
縄張り争いのような紛糾が起こりがちであった。さらに，専用漁業権にしても，
幕府時代の遺物である慣行権が91件もあり，漁場の私有化が起きていた。

　こうした状況にあって，昭和26年（1951）9月，ついに旧漁業権は，定置
漁業権29，区画漁業権99，翌年1月及び3月には共同漁業権189を加えた合
計317件の新漁業権に切り替えられ，免許された。この新漁業権は，海区別
には旧漁業権と同じく6海区とされ，長門北部46，同中部23，同南部34，周
防灘西部83，同中部40，同東部75，それに内水面16があった。そして，こ
れらの漁業権の大部分は漁業協同組合に優先的に免許されたが，この点は旧漁
業権が先願者免許主義をとっていたのと異なる点であった。

　また，昭和25年（1950）10月には，漁民委員8名，学識経験者2名から
なる「山口県漁業権補償委員会」が漁政課内に設置され，本委員会での協議・
調整を経て，漁業権等補償金額は海面漁業権4億241万余円，内水面漁業権
574万余円の計4億816万余円であることが確定した（表2-4）。

表2-4　漁業権等補償金額　　　　　　　（単位：千円）

	海面漁業権	内水面漁業権	合　　計
全　国	16,800,000	1,006,410	17,806,410
山口県	402,418	5,745	408,163

これらの補償金は，漁業権証券をもって昭和27年（1952）から3か年計画で換金されたのだが，山口県はその現金化に際しては，極力，漁業者個人への配分を抑制し，漁業協同組合の出資金や積立金などへの引き当てや，生産向上への融資に利用することを勧めたとされている。しかし，戦後直後全国の漁村を回った近藤康雄氏は，「漁業権の買い上げは，その補償金を受け取った資本漁業家に利益をもたらしたが，漁業の民主化には何ら役に立たなかったばかりか逆行した」と述べている（近藤［1975］）。

6) 減船対策の実施と水産資源保護法の制定

当時，「マッカーサー・ライン」の設定によって狭い漁場での操業を余儀なくされていた日本漁船の間では，沿岸・沖合の漁業紛争が多発するとともに，水産資源の涸渇が憂慮される緊急事態に陥っていた。こうした中，昭和25年（1950）5月10日，国は『水産資源枯渇防止法』（法律第171号）を制定し，漁船の操業区域がかつての3分の1程度に限られる中で，すでに戦前の最高水準に近い隻数に回復していた以西トロール漁業と以西底曳網漁業を対象に，減船200隻，操業区域の縮小108隻等を内容とする補償金による約3割の減船を実施した。

また，小型機船底曳網漁業は，戦後の食料不足時代に違法操業の急増とともに，無許可船を含めて膨れあがり，昭和25年（1950）1月時点で，全国で3万6,666隻，総トン数10万2,000トンに達していた。このため，国は，翌年「小型機船底曳網漁業処理要綱」を定め，27年4月には『小型機船底曳網漁業整理特別措置法』と同法第9条の規定に基づく政令及び同政令施行規則を制定した。以後，当該漁業の減船事業を5年間にわたって実施し，計4,796隻，約3万トンか減船された。

この減船にあたっては，『漁業法』第66条第1項で小型機船底曳網漁業を「法定知事許可漁業」に位置付けることにより，昭和27年（1952）3月14日付け農林省告示第82号で，26年度の隻数，総トン数及び合計馬力数の最高限度を示し，さらに同年7月5日付け農林省告示第302号により，『同漁業整理特

第2章　日本の漁業制度の歴史　　*61*

別措置法』第4条第1項の規定に基づく5年後（31年度）に使用できる船舶
の隻数，総トン数及び合計馬力数の最高限度を定める（表2-5）等の手続きを
経て，実施に移された。

　以上の減船整理と並行して，国は，昭和26年（1951）12月17日，水産資
源の保護培養に関する制度を統合一元化した『水産資源保護法』（法律第313号）
を制定した。本法の制定は，先に述べたGHQ天然資源局（NRS）による『5
ポイント計画』（昭和26年2月12日）の要請に応えたものであり，こうした
施策の実施によって，「マッカーサー・ライン」の撤廃（1952年）が実現した。
本法には，『漁業法』に規定されていた条文の中から，「水産動植物採捕制限に
関する命令」（第4条），「漁法の制限」（第5〜7条），「さく河魚類の通路の保護」
（第22〜24条）の規定が移されたほか，前年に定めた『水産資源枯渇防止法』
を廃止し，その規定が受け継がれた。そして，新しく資源の積極的な維持培養
を図るため，「保護水面」（第14〜17条）及び「サケ・マス類の国営人工ふ化
放流」（第20〜21条）等に関する諸規定も設けられた。

　具体的に言えば，本法は，
　①　主務大臣又は知事は採捕制限等の命令ができる
　②　主務大臣は許可漁船の定数を定めることができる
　③　主務大臣は漁業の種類又は漁獲物の種類及び水域別に漁獲限度を定め，
　　　関係業者又は団体に勧告ができる
　④　主務大臣又は知事は「保護水面」を指定し，管理を行い，保護水面内で
　　　の工事制限等を行うことができる
　⑤　サケ・マスの人工ふ化放流事業を国営で行う

表 **2-5**　小型機船底曳網漁業の最高限度（漁業法第66条第3項）

	昭和26年度の最高限度			昭和31年3月末の最高限度		
	隻数	トン数	馬力	隻数	トン数	馬力
全　国	35,205	91,169	291,900	27,830	67,774	218,263
山口県	2,154	5,502	15,595	1,841	3,600	10,840

⑥ 主務大臣又は知事はさく河魚類の通路の保護のため，工作物の管理を命ずることができる

⑦ 特定の水産動植物の種苗を販売するための採捕をする者又は生産する者の届出制を設ける

等を規定したものであり，『漁業法』とは一体不可分で運用されるわが国漁業制度の根幹をなす重要な法律として整備されたのだった。

7) 水産業協同組合法の成立と漁協の再建整備

戦後，漁業制度の改革より一足早く，昭和23年（1948）12月15日，『水産業協同組合法』（法律第242号，以下『水協法』という。）が公布され，翌年2月に施行された。本法は，漁業協同組合・漁業生産組合・漁業協同組合連合会・水産加工業協同組合・水産加工業協同組合連合会・共済水産業協同組合連合会を含む法体系であり，その目的は「漁民及び水産加工業者の協同組織の発達を促進し，その経済的社会的地位の向上と水産業の生産力の増進を図り，国民経済の発展を期する」（第1条）とされている。

本法に沿って，漁業協同組合（以下，漁協という。）の設立が推し進められたが，旧漁業会はその後も新漁業権が免許されるまでは旧漁業権の管理団体として残り，改革の終了とともに昭和27年（1952）に全て解散するといった経過を辿った。

水協法に基づく漁協は，組合員が協同して販売・購買・信用などの経済事業を行い，漁業者の生産能率を上げ，組合員の経済的社会的地位を高めることを目的とするものであり，当時，旧来の水産業団体とは表2-22に挙げた点で異なるものであると啓発された。

本法施行後しばらくの間は，組合設立に向けた準備にもたつきが目立ったが，その後，『漁業法』が公布されたこともあって，全国的に設立のテンポが早まった。そして，昭和24年（1949）のうちに，全国で3,581の漁協，52の連合会が設立され，さらに，漁業生産組合114，水産加工業協同組合203，同連合会10を数えるに至った。このように新漁協が急速に設立された背景には，戦時

中の統制から解放されたいという気分的な意識も手伝っていたが，むしろ組合
設立の目的が新漁業権の管理権を得ること，すなわち組合が漁業権管理団体と
して発足するという事情にあった。

　つまり，戦時中には，それまで地区単位で存続してきた漁業組合を強制的に
市町村単位の漁業会として統合させたが，戦後の『水協法』では，組合設立の
要件として地区の限定は自由とし，漁民20人以上をもって自由に設立できる
としたことから，それまでの反動として，地域を細分化し，再び部落的小規模
組合にするという傾向が目立ったのだ（資料2-17）。

　このため，新しく発足した漁協が最初に直面した問題は，その経営体として
の弱小さの克服であった。それは，漁協の規模が経済事業体として成立しない
ような零細なものになったうえ，旧漁業会から引き継いだ不良資産や統制中の
未収金及び売掛金の焦げつきなどが経営を悪化させる要因にもなったからで
あった。加えて，昭和24年（1949）3月以降実施されたドッジ・ラインによ
る強力な財政金融引き締め政策によって，漁家の経済は極度に悪化していたた

資料2-17　水産業協同組合法に基づく組合組織の主な変更点

① 従来の組合組織が地域住民の加入を認めていたのに対し，漁民を主体とする組織に
　変わった。
② 加入及び脱退の自由が認められた。漁業協同組合の場合，20人以上の有資格者で自
　由に設立できる。
③ 従来のように国策的立場から一方的に統制されるのではなく，組合の事業は組合員
　である漁民の利益を本位とし，組合員全体が積極的にその運営に参加する。
④ 組合員は組合において平等の権利義務を有する。
⑤ 行政官庁の権限は著しく弱められ，組合の自主性が尊重される。
⑥ 漁業の共同経営など，共同生産組織の合理的発展を図るため，漁業生産組合がこの
　法の中で規定された。
⑦ 水産加工業協同組合が規定された。
⑧ 連合会は中央集権的なものにならないように，地区あるいは参加組合の制限（300
　以上の組合は連合会を設立できない）が定められた。また信用事業は，他の事業との
　兼営が禁止された。（構成組合数の制限は昭和27年9月に改正され，全漁連の創立が
　可能になった。）

め，漁協の再建は，もはや国の制度的・財政的施策を待つよりほか方策が無かったとされる。

こうした状況下，昭和26年（1951）4月7日に『農林漁業組合再建整備法』（法律第140号）が制定され，この法律に基づいて，著しく経営不振に陥っていた漁協，漁連は5か年の「再建整備計画」を策定し，組合員の協力体制の強化，事業収支の改善，固定化債権の資金化，欠損金の補填，増資等を推進することになり，政府はこうした漁協等に対して増資奨励金，固定化資金の利子補給等の助成措置を講じることになった。その対象となったのは漁協519，漁連35で，それらが抱える固定化債権と欠損金の額は，漁協は11.8億円・2.5億円，漁連では8.8億円・5億円であった。本法は2年延長され，昭和36年（1961）5月までに指定519漁協のうち361漁協が目標を達成し，この間に国が支出した利子補給など補助金の額は約4億円であったが，これらの助成と合わせて漁業権証券の資金化が漁連の増資などに果たした役割は大きかったとされている。

(2) 戦後復興期における漁業政策

戦後復興期とは，ここでは便宜的に，昭和27年（1952）4月28日に『サンフランシスコ平和条約』が発効してから後の約10年間を指しているのだが，平和条約発効の直前の4月25日に「マッカーサー・ライン」が撤廃されると，日本漁船は一斉に沖合へと飛び出していった。

それまでの占領期を通じて，水産庁は，沿岸漁場の過剰な漁獲努力量を削減するため，小型機船底曳網漁業等の減船整理を実施してきていたが，その効果は十分でないとの認識があったことから，この海区制限の撤廃を契機として，「沿岸から沖合へ，沖合から遠洋へ」のスローガンの下に，沖合・遠洋漁業への漁業転換政策を打ち出したのである。

昭和29年（1954）4月，水産庁は『漁業転換促進要綱』を公表したが，それは，中型機船底びき網漁業や指定中型まき網漁業などの廃業を条件として，母船式さけ・ます漁業や遠洋まぐろ漁業などの許可を優先的に与え，転換に必要な漁船建造に対しては農林漁業金融公庫による低利融資を実施するという内

容のもので，5か年計画で実施に移された。

　とくに，この期間におけるマグロ漁業の発展は顕著で，漁場は太平洋東部からインド洋及び大西洋へと拡大していき，マグロ延縄漁業の漁獲量は10年間（1953～'63）で約4倍にも伸びた。また，南氷洋における母船式捕鯨も，昭和21年（1946）から28年（1953）の間は2船団体制だったが，その後次第に増加して昭和35年（1960）漁期には7船団となり，戦後の食糧難打開に大きく貢献した。

　このように，沖合・遠洋漁業が目覚ましい発展を遂げた反面，沿岸漁業は生産量においてまだ遠洋漁業を上回る状況にあったものの停滞し，沿岸漁家所得は他産業従事者のそれよりも低く，その格差は年々拡大する傾向が目立っていた。たとえば，昭和38年（1963）の漁業就業者数は62万6,000人であったが，この時期は年率2％を上回る減少を示していた。また，昭和35年（1960）の漁協数は3,026であったが，経営不振の漁協が少なくなく，その整備強化が強く望まれた。

　このため，昭和35年（1960）4月27日，『漁業協同組合整備促進法』（法律第61号）が制定され，欠損金の補填と固定化債権の整理によって漁協の財務基盤を強化するとともに，規模の小さい漁協の合併を図ることになった。国は，この対策として「漁協整備基金」を設立し，欠損金見合いの貸付金に対して金融機関が利子を減免したときにその一部を利子補給するほか，漁協合併に対して奨励金を交付するなどの助成措置を講じた。この『整備促進法』による実績（S35～42年度）は，指定漁協が254，利子補給対象元本21.6億円，利子補給金額1.6億円で，合併件数は214件，関係組合数663だったとされる。

　一方，昭和34年（1959）4月，「農林漁業基本問題調査会」が設置され，翌年10月に「漁業の基本問題と基本対策」が政府に答申された。その内容は，「漁業構造政策は緊急に体質の改善を迫られている特定階層に絞って進めるべきであり，所得格差是正の方向を指向しながら，その対策を生産性が低く過剰人口をかかえる沿岸漁業と，経営が不安定で労働関係も近代化されていない中小漁業に絞るべきである」といった提言であった。

V. 戦後占領期から復興期の漁業制度

　この答申を受けて，昭和37度（1962）から「沿岸漁業構造改善事業」がスタートするとともに，38年（1963）8月1日には，『沿岸漁業等振興法』（法律第165号）が制定された。この法律の新味は，沿岸漁業等の従事者と他産業従事者との所得均衡を政策目標にあげたところにあり，それは当時の池田勇人内閣が35年（1960）に打ち出した長期経済政策の「所得倍増計画」と整合性をもったものであった。

　ところで，アメリカは，第2次世界大戦を引き起こした日本軍の強さは，農村と漁村からの兵隊の供給システムに依存していたと考えた。すなわち，農家と漁家の二男と三男らが兵隊として供出されたので，これらの労働者に土地や漁業権を与えて，その土地に縛りつければ，農漁村から離れる人的な流動性が減少すると考えたのだ。

　戦後直後に日本の農家は約600万人で日本の農地は約「590万ヘクタール」であり，一人あたりの所有農地が1ヘクタール未満であった。同様に漁業も100万トンの沿岸漁獲があって100万人の漁業者がいれば一人1,000キロであり，200円の魚価とすれば収入が20万円（所得は10％として2万円）となり，それではどうしても食っていけない。もともと，戦後直後に，漁業協同組合と漁業権との制度をつくった時から日本の沿岸漁業は，農業と同様に経済的に自立できない状況だったと言える。そこで農林水産省と政府が唱えた政策は，

　　①　沿岸漁業の所得の向上
　　②　漁業制度の改正
　　③　高度経済成長期の労働力の都会への流出
であった。

　この中で，成果を見たのは③であるが，①と②においては，どちらかと言えば沿岸漁業構造改善事業による漁業施設の改善と整備といったハード面に重きを置いていた。

1）　戦後漁業法の改正

　昭和33年（1958）5月10日，『漁業制度調査会設置法』が公布され，同年

第 2 章　日本の漁業制度の歴史　　　　*67*

7 月 28 日付けで，農林水産大臣より漁業制度調査会に対して「現行の漁業に
関する基本的制度を改善するための方策如何」という諮問がなされた。この諮
問を受け，漁業制度調査会は 3 年間にわたって審議し，36 年（1961）3 月 28 日，
「漁業に関する基本的制度についての対策」と題する答申を行ったのだが，そ
のうち沿岸漁業の「漁業権制度」に関する部分は，資料 2-18 のような主旨の
ものであった。

　なお，法改正の趣旨について，農林省は，「漁業法はわが国漁業生産に関す

　資料 2-18　漁業に関する基本的制度についての対策（漁業権制度の部分）

1. 制度改正の基調
　沿岸漁業においては家族労働力を中心とする漁家経営が著しく多く，これは経営体
数において総経営体数の 8 割以上を占めるにもかかわらず，生産高の面からみれば漁
業生産の 2 割にも達していない現状にあり，その生産性と所得は一般に低い水準にと
どまっている。今日，わが国沿岸漁業が漁業生産力発展の趨勢からとり残されている
原因の一つは，現行法が意図した漁場の綜合的，計画的な高度利用が十分達成されて
いないこと，その制度上の裏付けが必ずしも適切とは言い難くなってきている点にあ
ると思われる。そこで，従来の部落単位の漁場管理という狭い枠をこえ，また都道府
県ごとの地元主義，モンロー主義を打破して，生産性の高い近代的な漁業経営の発展
を促進することができるように，漁場管理の合理化を図ることを基調として，漁業制
度とその運用の改善を図るべきである。

2. 漁業権制度
　漁家漁業としての性格を有し，多数の漁民によって漁場が重複利用される漁業につ
いては，これを綜合的に管理する必要上，関係する沿岸の一般漁業者の大多数を構成
員とする漁業協同組合が管理の主体となるべきである。この場合，管理主体となる漁
業協同組合の規模を適正にする必要がある。現在，漁業協同組合が保有する管理漁業
権には，定款の定めるところにより組合員に「各自漁業を営む権利」が保障されてい
る。しかし，その性格が明らかでなく，運用上，解釈上に疑義を生じている。とくに，
のり，かき養殖業等を内容とする一部の区画漁業権にあっては，漁業権行使の細分化
を是正し，健全な漁業経営の育成に資するように漁業権の管理方法，ことに行使規定
のきめ方に改善を加える必要がある。

3. 管理漁業権の行使関係
　漁業協同組合が保有管理する区画漁業権について，当該漁業の経営単位の細分化を
防止する見地から，漁業協同組合が漁業権行使規則を制定し，または変更する場合に
は，当該漁業を営む組合員の大多数の同意をえなければならないよう措置する必要が
ある。

る基本制度を定めている法律であり，戦後のわが国漁業の発展に寄与したもの
は甚だ大きいものがある。しかし，最近のわが国の沿岸漁業は一部の養殖業を
除き不振であり，沖合遠洋漁業の経営もまた，健全とは言い難い状態にあり，
これに加えて近年遠洋漁場における国際的制約も年々厳しさをまし，・・・こ
のような事態に対処し，・・・漁業権制度，漁業許可制度，漁業調整機能のそ
れぞれにつき総体としては漁業調整をより一層かつ合理的に行えるようにし，
もってわが国漁業の健全な発展を期そうとするのが今回の法律改正の趣旨であ
る。」と述べている（昭和37年9月11日付農林次官依命通達）。

　漁業制度調査会の答申を受け，漁業法改正案が作成され，昭和37年（1962）
9月11日，『漁業法の一部を改正する法律』（法律第156号）が成立・公布さ
れたが，「漁業権制度」についての主な改正点は次の通りである。

① 　従来の組合管理漁業権の範囲を広げ，小割式養殖業・真珠母貝養殖業・
　　そう類養殖業を加えて特定区画漁業権とし（第7条），地元漁協又はその
　　連合会を第1優先順位とした（第18条）。（表2-6，2-7）

② 　組合管理漁業権である特定区画漁業権又は共同漁業権は，漁協又はその
　　連合会が都道府県知事から免許を受け，「漁業権行使規則」又は「入漁権
　　行使規則」を定めて組合員にその行使を行わせる。また，特定区画漁業権
　　又は第1種共同漁業を内容とする共同漁業権に係る「漁業権行使規則」又
　　は「入漁権行使規則」の制定並びに変更又は廃止には，関係漁民の3分の
　　2以上の書面による同意が必要であるとした（第8条）。

③ 　定置漁業権で地元漁民の相当部分が構成員となっている有限会社，漁業
　　生産組合等を漁協自営と同様，第1優先順位とした（第16条）。また，
　　真珠区画漁業権でも新規漁場の場合には，地元漁協や地元漁民による生産
　　組合等を真珠養殖業経験者と同じ第1優先順位とした（第19条）。（表
　　2-7）

④ 　真珠養殖及び大規模な海面での水産動植物養殖業について権利の存続期
　　間を延長し，共同漁業権と同じく10年とした（第21条）。（表2-6）

⑤ 　漁業調整委員会の定数増【公選委員（7人→9人），学識委員（2人→4

第2章　日本の漁業制度の歴史　　69

表 2-6　戦後漁業法と改正漁業法における漁業権の種別存続期間

戦後漁業法（昭和24年）			改正漁業法（昭和37年）		
漁業権	種　別	漁業権存続期間	漁業権	種　別	漁業権存続期間
共同漁業権	第1種・第2種・第3種	10年	共同漁業権	第1種・第2種・第3種	10年
定置漁業権	身網の場所が水深27m以上の大型定置，北海道のニシン・イワシ・サケ又はマス定置	5年	定置漁業権	身網の場所が水深27m以上の大型定置（陸奥湾の落とし網と枡網を除く）	5年
区画漁業権	第1種・第2種・第3種	5年	特定区画漁業権	ひび建・藻類・真珠母貝・小割式・かき・第3種（地まき式貝類）	5年
			上記以外の区画漁業権	真珠・第2種（築堤式・網仕切式・溜池）・内水面	10年（内水面5年）

表 2-7　改正漁業法における漁業権免許の法定優先順位

	定置漁業権	区画漁業権	特定区画漁業権	真珠養殖
第一順位	地元地区に居住する漁民の7割以上が組合員である漁協，又は地元漁民の7割以上が組合員，社員又は株主となっている法人（生産組合，漁民会社）	漁業者又は漁業従事者（地元居住者，同種漁業経験者，他の沿岸漁業経験者，その海区での経験者を優先）	地元漁協又は連合会が第一順位。ただし，これらが申請しなかった場合は地元地区に居住する漁民の7割以上が組合員，社員又は株主となっている法人（生産組合，漁民会社）	漁業者又は漁業従事者（真珠養殖業の経験者，無経験者は地元居住者を優先）※新規漁場では，地元漁協等の法人を，経験を有する漁業者と同列におき，第一順位とする。
第二順位	地元漁民の7人以上が組合員，社員又は株主となっている法人（生産組合，漁民会社）	その他の者（地元居住者，同種漁業経験者，他の沿岸漁業経験者，その海区での経験者を優先）	地元漁民の7人以上が組合員，社員又は株主となっている法人（生産組合，漁民会社）	その他の者（真珠養殖業の経験者，無経験者は地元居住者を優先）
第三順位	漁業者又は漁業従事者（同種漁業経験者，他の沿岸漁業経験者，その海区での経験者を優先）		漁業者又は漁業従事者（同種漁業経験者，他の沿岸漁業経験者，その海区での経験者を優先）	
第四順位	その他の者（同種漁業経験者，他の沿岸漁業経験者，その海区での経験者を優先）		その他の者（同種漁業経験者，他の沿岸漁業経験者，その海区での経験者を優先）	

人），公益代表（1人→2人）】及び任期延長（2年→4年）を行った（第85条・第98条）。（表2-8）

この法改正についての評価は，沿岸漁業に関しては養殖業の漁業権に対する漁協管理を強めたことと，定置漁業権と真珠区画漁業権の第1優先順位に漁民の有限会社等を認め，漁協自営のほかの法人形態の漁民共同組織の発展を図ったことの2点が目立っていたとされている。

なお，この時に行われた沖合・遠洋漁業に係る改正において，大臣許可漁業（「指定遠洋漁業」を改め「指定漁業」とした。）の一斉更新にあたっては，実績者・実績船が優先されるが，新規許可を行うときは沿岸からの転換を許可基準の勘案事項にするなど（第58条・第59条），沿岸漁民の共同組織に進出の道を開こうとする意図が盛り込まれたのだが，ほとんど活用されることはなかったと言われている。

2）「水産業協同組合法」の改正

昭和23年（1948）に『水協法』が制定されたときは，正組合員資格は個人たる漁民だけだったが，37年（1962）9月11日付けで公布された『水産業協同組合法の一部を改正する法律』（法律第155号）によって，漁業生産組合及び小規模な漁業を営む法人（常時従業者数300人以下であり，かつ使用漁船の合計総トン数300トン以下の法人）に正組合員資格が与えられた。その後も，漁業情勢・経済情勢の変化に対応して，漸次，法人の正組合員資格の引き上げが行われたが，それは零細な沿岸漁協に中小資本経営を取り込むことによって，

表2-8 海区漁業調整委員会定数及び任期の改正

		戦後漁業法（S24）		改正漁業法（S37）	
		人 数	任 期	人 数	任 期
公 選 委 員	漁 民 委 員	7人	2年	9人（6人）	4年
知事選任委員	学識経験委員	2人	2年	4人（3人）	4年
	公益代表委員	1人	2年	2人（1人）	4年
計		10人	—	15人（10人）	—

注：（ ）内は大臣の指定する海区を示す。

第2章　日本の漁業制度の歴史　　*71*

脆弱な経営基盤を強化するねらいをもっていた。漁協の正組合員資格を『水協法』の制定時と改正後で比較すれば，表2-9のようになる。

3) 「沿岸漁業等振興法」の制定

　先で少し触れたように，「漁業の基本問題と基本対策」の答申を受けて，昭和38年（1963）8月1日，『沿岸漁業等振興法』（法律第165号）並びに『同法施行令』（政令第295号）が公布された。本法の目的は，第1条に示されるとおり，沿岸漁業等を対象としてその生産性の向上や近代化等に必要な施策を講じることによって，沿岸漁業等における従事者の所得を他産業従事者と均衡させるところにあった。

　本法の掲げる沿岸漁業等の「等」とは中小漁業を指し，大資本漁業はこの法律の対象から除かれた。そして，沿岸漁業とは，

表 **2-9**　制定時と改正水協法における漁協の正組合員資格の比較

昭和23年制定時	昭和37年改正後
① 地区内に住所を有し，かつ，漁業を営みまたは漁業に従事する日数が一年を通じて三十日から九十日までの間で定款で定める日数をこえる漁民 ② 組合の地区が市町村，特別区または行政区の区域をこえるものにあっては，正組合員たる資格を有する漁民を，定款の定めるところにより，特定の種類の漁業を営む者またはこれに従事する者に限ることができる（業種別組合）	① 地区内に住所を有し，かつ，漁業を営みまたは漁業に従事する日数が一年を通じて九十日から百二十日までの間で定款で定める日数をこえる漁民 ② 地区内の漁業生産組合 ③ 地区内の漁業を営む法人であって，常時使用する従業者数が三百人以下であり，かつ，使用漁船総トン数が三百トン以下のもの ④ 内水面組合にあっては，地区内に住所を有し，かつ，漁業を営みまたは漁業に従事し，または河川において水産動植物の採捕もしくは養殖をする日数が一年を通じて三十日から九十日までの間で定款で定める日数をこえる個人 ⑤ 河川組合以外の組合にあっては，定款の定めるところにより，正組合員たる資格を有する者で漁業を営む者であって一年を通じて九十日から百二十日（内水面組合にあっては，三十日から九十日まで）をこえるものに限ることができる（経営者組合）。 ⑥ 組合の地区が市町村，特別区または行政区の区域をこえるものにあっては，定款の定めるところにより，正組合員資格を有する者を特定の種類の漁業を営む者に限ることができる（業種別組合）

① 政令で定める小型漁船（無動力漁船及び 10 トン未満動力漁船）を使用
又は漁船非使用で行う漁業

② 漁具を定置して行う漁業

③ 養殖業

のことであり，中小漁業とは，沿岸漁業以外の漁業で，その大部分が政令で定める中小漁業者（常時使用する従業者が 300 人以下で，かつ漁船の合計トン数が 1,000 トン以下）により行われる漁業を指した（第 2 条）。

本法の内容をみると，国が講ずべき施策として，水産資源の適正利用等による水産資源の維持増大，漁港と漁場の整備・開発等による生産性の向上，経営規模の拡大等による経営の近代化等の 11 項目を網羅的に掲げており（第 3 条），地方公共団体はこれに準じて施策を講ずるよう努めなければならないとされた（第 4 条）。そして，それら施策を実現する方策として，国は，「沿岸漁業の構造改善事業」及び「中小漁業の振興」を行うに必要な助言・助成等の措置を講ずることが規定された（第 8 条・第 9 条）。また，国は，沿岸漁業等に関する調査及び試験研究の充実を図ることに併せて，都道府県において沿岸漁業等の改良普及の事業に従事する職員等に対して助言・助成を行う等に必要な措置を講ずることが規定された（第 10 条・第 11 条）。さらに，諮問機関としての「沿岸漁業等振興審議会」の設置（第 12 条）のほか，政府は，毎年，漁業の動向や沿岸漁業等について講じた施策等に関する報告書を国会に提出することも義務づけられた（第 7 条）。

以上のように，本法は，『水産基本法』（平成 13 年法律第 89 号）が制定される以前におけるわが国の沿岸漁業政策の基本法とも言うべきものであり，この法律を柱として沿岸漁業構造改善事業をはじめ各種の振興事業が以後展開されることになった。

VI. 高度経済成長期から石油ショック期の漁業制度

(1) 高度経済成長期の漁業動向と漁業政策

　昭和39年（1964）の東京オリンピックから列島改造ブームと呼ばれた時期
（1964〜'73年）までは，わが国の「高度経済成長第二期」に当たるが，同時
に漁業の繁栄期でもあった。

　それは，遠洋漁業と養殖業の発展に主導されるものであったが，漁業従事者
の他産業流出による過剰就業の解消と技術革新による物的生産性の向上の効果
でもあった。また，中高級魚への嗜好変化を伴った水産物の需要増大による魚
価の持続的上昇が漁業者の所得向上に大きく寄与した。さらに，国の財政収入
の増加によって，漁港整備事業や沿岸漁業構造改善事業（以下，「沿構」という。）
での漁港・人工魚礁等の生産基盤や流通加工施設の整備が促進されるなど，各
種の振興策にかかる公共投資及び財政支出が増加するとともに，農林漁業金融
公庫や系統金融の融資制度も拡充されて，漁業の発展を後押しした。

　この時期（1964〜'73年）の漁業部門別生産量の推移をみると，遠洋漁業は
161万トンから399万トンへ（2.5倍），沖合漁業は247万トンから398万ト
ンへ（1.6倍），沿岸漁業は178万トンから182万トンへ（1.0倍），養殖業は
36万トンから79万トンへ（2.2倍）に増加している。なかでも，遠洋漁業の
発展には目覚ましいものがあり，北洋海域における底引き網でのスケトウダラ
漁の外，アフリカ沖や南米沖の漁場へ南方トロールが進出した。このほか，大
西洋でのマグロ延縄漁業も引き続き盛んに行われていたが，昭和44年（1969）
には『大西洋まぐろ類保存国際委員会（ICCAT）条約』が発効し，同年，わが
国も加盟した。また，養殖業においてはノリ・カキの従来種に加えて，ブリ・
ワカメ・クルマエビといった新しい養殖種が続々と登場してきた時期でもあっ
た。

　漁業就業者の推移（1964〜'73年）をみると，61万2,000人から51万1,000

人へと減少傾向が続く一方，漁業生産量は増加して物的生産性は向上していたので，戦後の過剰就業は確実に解消されていった。しかし，農村のみならず漁村でも中高新卒者は他産業へ流れる傾向が顕著となり若年労働力の不足が社会問題として顕在化してきていた。

　また，この時期の漁協経営は，高度経済成長下で生産金額が増加したこともあり比較的順調であったが，昭和42年（1967）7月には漁協経営基盤の強化を目的とする『漁業協同組合合併助成法』（法律第78号）が制定された。これは，35年（1960）に制定された『漁業協同組合整備促進法』に基づく整備計画の樹立期限が42年3月31日で終了することを契機に，新たな時代の要請に対応できる漁協を広範に育成しようとの見地から，その合併を促進して組合の規模を拡大し，経営基盤の強化を図ろうとするものであった。

　一方，わが国の沿岸環境は，高度経済成長に伴う工場立地が進み，次々と漁場が埋め立てられるとともに，水質汚濁等の公害問題が発生してきた。漁業センサスによれば，海面の埋立面積は昭和43年〜47年（1968〜'72）の5年間だけで123㎢にも達しており，ノリ等の浅海養殖漁場や幼稚仔の成育場である干潟や藻場が広域に失われ，沿岸漁業は少なからぬ打撃を受けた。

　また，昭和35年（1960）頃から既に始まっていた熊本県の水俣病，新潟県阿賀野川流域の第2水俣病，富山県神通川流域のイタイイタイ病などの健康被害がこの時代に一斉に社会問題化した。さらに，瀬戸内海や東京湾などを中心に赤潮が多発するようになり，ノリ・カキ・ハマチ等の養殖業や漁業への被害も急増傾向をたどった。こうしたことから，漁業者を先頭に国民の公害に対する不安や反対の意見が急速に高まり，高度経済成長末期には公害問題が日本列島を震撼させた。

1）　外国人漁業の規制に関する法律の制定

　この時期，『漁業法』に係る大きな変更はなかったが，昭和30年代から40年代にかけては外国の大型漁船がわが国近海で操業し，国内の港湾で物資の陸揚げや漁業資材の補給を行うなど漁業基地化して操業を拡大する動きが見ら

れ，わが国の沿岸・沖合漁業との間で漁場の競合や操業上のトラブルが多発した。

そこで，国は『漁業法』の範囲内で閣議決定に基づく規制を行うこととし，昭和41年（1966）12月20日付けで，『漁業法』第65条第1項に基づき，「外国人の行う漁業等の取締りに関する省令」（農林省令第58号）を制定し，取締りを開始した。ところが，漁網その他漁業資材の補給及び漁獲物の港湾又は領海内転載については，『漁業法』に命令委任の根拠がなく規制できないなどの不備が明らかになった。

こうした経緯から，昭和42年（1967）7月14日，『外国人漁業の規制に関する法律』（法律第60号）が制定された。その趣旨は

「外国人がわが国の港（港湾・漁港）その他の水域（領海及び内水）を使用して行う漁業活動の増大により，わが国漁業の正常な秩序の維持に支障を生ずるおそれがある事態に対処して，外国人が漁業に関してする当該水域の使用の規制について必要な措置を定める」（第1条）

とされている。また，その措置として，領海における外国人漁業等の規制（第3条），寄港の許可等（第4条），退去命令（第5条），漁獲物等の転載等の禁止（第6条）を規定しており，犯人が所有や所持をする漁獲物・船舶・漁具等を没収することができる等の罰則（第9条）も設けられた。

2) 沿岸漁業構造改善事業の開始

第1次「沿構」は，昭和37年度から46年度（1962〜'71）の10年間で実施されることになったが，本事業のねらいは，国民経済の成長と社会生活の進歩の中で，零細な沿岸漁業の生産性を高め，その所得を増大させ，他産業就業者との所得格差を是正するため，漁場の利用関係の改善を軸として，経営規模の拡大・生産行程の協業化・資本装備の増大・操業度の向上等を通じて沿岸漁業経営の近代化を図ることにあった。その進め方は，全国沿岸都道府県を42地域（原則1県1地域）に分け，都道府県が「沿岸漁業構造改善計画」を策定し，農林大臣の承認を受けて事業を実施するという仕組みになっていた。

事業の種類は，補助事業と融資事業に大別されるが，前者は，さらに経営近代化促進対策事業と漁場改良造成事業に分かれ，後者は，農林漁業金融公庫に沿岸漁業構造改善資金が設けられ，漁船の建造資金，養殖施設資金などに低利融資するものであった。そして，補助事業については，種苗生産施設・蓄養殖施設・漁具倉庫・燃油タンク・通信施設・製氷冷蔵庫・荷さばき施設・加工処理施設などの経営近代化に必要な施設整備とともに，漁場の耕耘・整地・浚渫・築いそ・並型魚礁・大型魚礁などの漁場の改良造成事業が対象とされた。なお，昭和38年度（1963）以降，大型魚礁の補助率は高率の10分の6とされ，漁港を除く水産分野として初めて公共事業となったが，その後，51年度（1976）以降，沿岸漁場整備開発事業（以下，「沿整」という。）がスタートすると，築いそ・耕耘を除き，「沿構」の中にあった漁場造成事業は公共事業として位置付けられた「沿整」に移管された。

第1次「沿構」は，計画期間が1年繰り上げられて昭和37年度から45年度（1962〜'70）の9か年間で実施され，これに投入された予算は国費ベースで105億円であった。この計画では10年後の昭和45年度（1970）の目標値として，就業人口39万5千人，沿岸の漁業養殖業生産量316万トン，生産金額1.5倍等を試算していたが，それぞれ42万8,000人・244万トン・2.9倍となり，生産金額の伸びを除けば達成できなかったとのやや辛い評価もあるが，「沿構」による浅海増養殖の振興によって，ノリ養殖・クルマエビ養殖・魚類養殖等がこの時期に目覚ましい発展をとげ，沿岸漁業における経営の多角化がもたらされたことは大きな成果の一つであったと言える。

次いで，第2次「沿構」計画が策定されたが，その目標と方向性は，「今後の増大する需要に見合った沿岸漁業の効率的，安定的な供給の確保と真に近代的な沿岸漁業経営の確立を図ることがわが国沿岸漁業政策の目標とされ，このために，生産を振興し，沿岸漁業の近代化を図る政策を推進する必要がある。」とまとめられている。第2次「沿構」は，昭和46年度から57年度（1971〜'82）の12年間に全国108地域で実施され，これに投入された予算は，総事業費854億円（国費400億円）であった。

その後も，新「沿構」の前期対策（1979〜'87年度）及び後期対策（1988〜'93年度），さらには活性化「沿構」（1994〜'99年度）へと本事業は順次引き継がれていった。

(2) 石油ショック期の漁業動向と漁業政策

この時期（1974〜'83年）の漁業生産量は1,000〜1,100万トン台で推移していたが，石油ショックと200海里時代の到来によって漁業は新たな展開時期に入った。昭和48年（1973）10月に勃発した第4次中東戦争に端を発する産油国の石油供給制限と石油公示価格の大幅値上げは，石油依存度の高い産業である漁業を始めわが国経済に大きな打撃を与えた。当時の燃油価格は，第1次石油ショック時（1973年）に約3倍，第2次石油ショック時（1979〜'80年）には約2倍の高騰を示した。

しかし，第1次石油ショック時の経営危機は，異常な魚価の高騰（産地価格指数は，1973〜'77年の4年間で約2倍）で何とか凌いだ。これは，日本経済が石油インフレとなったことに加え，昭和52年（1977）のアメリカとソ連の200海里設定に伴い，漁業生産の先行き不安による仮需要が発生して魚価が暴騰したためだが，このような魚価の高騰は消費者の魚離れを招き，将来の需要に暗い影を落とすことにもなった。

このような状況下，政府は「中小漁業者」への経営対策を緊急に講じることとし，昭和51年（1976）6月1日，『漁業経営の改善及び再建整備に関する特別措置法』（法律第43号）を制定し，漁業用燃油対策特別資金の融通や経営困難に陥っている経営体への漁業経営維持安定資金等の低利融資を実施し，経営の維持を図ることにした。なお，本法がいう「中小漁業者」とは，漁業を営む個人又は会社であり，常時使用する従業者が300人以下で，かつ漁船の合計トン数が3,000トン以下であるもののほか，漁業を営む漁協や漁業生産組合も対象になった。また，漁業経費のコストアップを乗り切るための対策として，同年（1976）11月には（財）魚価安定基金を設立した。これは，昭和43年（1968）に一旦は解散した制度であったが，改めて国と民間団体（全漁連・道漁連等の

調整保管事業主体）の拠出による基金が造成され，基本財産の運用等によって調整保管事業を実施する際の金利等を助成する仕組みとして再登場したのであった。

昭和52年（1977）以降は，各国が続々と200海里体制に移行した結果，沿岸国の海洋囲い込みが世界的規模で進行し，日本の遠洋漁業は大きな影響を受けることになった。漁業生産量のシェアでみると，昭和49年（1974）に全体の38.1%を占めていた遠洋漁業は，58年（1983）には19.9%と約半分にまで落ち込み，この時期に遠洋漁業からの急速な撤退が進んだ。

1) 200海里体制への移行

海の利用をめぐる新たな動きは，第2次世界大戦後，アメリカ合衆国大統領トルーマンによる「大陸棚資源及び公海上の漁業資源に対する沿岸国の管轄権」を主張した大統領宣言（1945年）に端を発し，ラテンアメリカ諸国を中心として起きていた。昭和33年（1958）の「第1次国際連合海洋法会議」では戦後の海洋秩序に一定の方向が示され，35年（1960）の「第2次会議」では漁業水域を12海里にすることが提案されるなどの動きがあった。

そして，48年（1973）から始まった「第3次会議」においては，領海12海里のほか，その外側に経済水域200海里を設定しようという提案が開発途上国を中心になされ，海外に漁場を求めて発展してきた戦後のわが国漁業界に大きな衝撃を与えた。翌年（1974）にカラカスで開催された同会議の第2会期では，開発途上国と一部先進国による200海里体制の主張が大勢を占め，とくにアメリカとソ連が国際海峡の自由航行等を条件に200海里支持に踏みきったことが，その流れを決定づけた。

こうしたなか，52年（1977）には，アメリカ・EC諸国・カナダ・ソ連等が漁業に関して先取りする形で「200海里漁業水域」を設定したのであった。

これに対して，わが国は，昭和52年（1977）5月2日，領海を3海里から12海里に拡張する『領海法』（法律第30号）を制定するとともに，領海の外に「200海里漁業水域」を設定する『漁業水域に関する暫定措置法』（法律第

31 号）を制定した。ただし，漁業水域に関しては韓国と中国には適用しないという変則的な形をとった。

　以上のような経過をたどり，昭和57年（1982）4月30日，ジャマイカのモンテゴ・ベイで開催された「第3次国際連合海洋法会議」において，『海洋法に関する国際連合条約』（以下，国連海洋法条約という。）が採択され，同年12月10日に署名解放となり，わが国は翌年（1983）2月7日に署名した。本条約は，領海及び接続水域・国際海峡・群島水域・排他的経済水域・大陸棚・公海・島・閉鎖海又は半閉鎖海・深海底等の海洋法に関する包括的な制度を定めた多数国間条約であり，平成6年（1994）11月16日に発効した。

2）「資源管理型漁業」と「つくり育てる漁業」の登場

　200海里時代に突入した昭和50年代の始めに「資源管理型漁業」の言葉が使い始められた。この言葉は，「漁業者の自主的取組により再生産の確保と資源の有効利用を図りながら，経営の安定を目指す漁業の在り方を示す概念」と定義され，従来の資源略奪的漁業に対する反省の上に立ったものであった。

　こうした考え方の基本は，46年（1971）5月17日に制定された『海洋水産資源開発促進法』（法律第60号）に根ざすものであり，その調査等を行う「海洋水産資源開発センター」（現在は，国立研究開発法人水産研究・教育機構「開発調査センター」）が本法に基づき設置された。そして，後には，同法の改正（平成2年（1990））によって，「沿岸海域における水産動植物の増殖及び養殖を計画的に推進するための措置並びに漁業者団体等による海洋水産資源の自主的な管理を促進するための措置を定める」として，そうした漁業者の自主的活動を支援する「資源管理協定」の認定制度が創設されることになった。

　また，この時期には沿岸漁業振興策の目玉として「つくり育てる漁業」という新しい漁業概念の導入もあった。それは，栽培漁業や魚礁利用型漁業に養殖業を加えた概念であり，この推進には魚礁設置などの生産基盤の整備や種苗の生産・放流事業を積極的に展開する必要があることから，ある意味では新しい事業予算確保の旗印（スローガン）的意味をもっていた。

この概念の具体化として，昭和49年（1974）5月17日，『沿岸漁場整備開発法』（法律第49号）が制定され，以後，沿岸漁場の総合的な整備・開発が公共事業として計画的に進められるようになった。この法律の目的は，「沿岸漁業の安定的な発展」と「水産物の供給の増大」の2つに置かれ（第1条），事業を総合的かつ計画的に実施するために，農林水産大臣は沿岸漁場整備計画を作成し，計画期間に係る事業の実施目標と事業量を定めること等が規定された（第3条）。漁場整備は，もともと魚礁の設置や増養殖場の造成から出発しているのだが，本法は，漁場の整備を種苗の生産・放流という栽培漁業と結びつけ，いわゆる「種づくり」と「場づくり」という体系の下で，より効果的に推進するという方向性を打ち出したところに大きな特色があった。そして，第1次「沿整」計画は，昭和51年度（1976）以降の7箇年間に，総額2,000億円（予備費150億円を含む。）で策定され，実施に移された。

「沿整」は，魚礁設置，増養殖場造成及び沿岸漁場保全事業から構成されているが，従来の事業種目に加え，海域開発基幹事業・海洋牧場の造成・浮魚礁設置等の目新しいメニューも順次加えられていった。こうして，第1次「沿整」は51年度からの6年間（1976〜'81年度）に総額1,511億円で実施され，その後も，第2次「沿整」（1982〜'87年度）は2,290億円，第3次「沿整」（1988〜'93年度）は3,299億円，第4次「沿整」（1994〜2001年度）は4,200億円と事業は拡大されていった。ただし，「沿整」は，『旧漁港法』（法律第137号）が平成13年（2001）6月に改正され，新たに成立した『漁港漁場整備法』（法律第92号）に基づいて，14年度（2002）以降は「漁港漁場整備長期計画」に組み込まれ，漁港・漁場及び漁村の整備として一体的に実施されることになった。

また，瀬戸内海から始まった栽培漁業は，昭和48年度（1973）以降県営の栽培漁業センターに国の補助が実施されるようになり，その後，54年（1979）に（社）日本栽培漁業協会（以下，日栽協という。）が発足すると，都道府県は地先型魚種を主体に，日栽協は広域型魚種を中心として，互いに役割分担をしながら全国規模で展開されるようになっていった。

第2章　日本の漁業制度の歴史　　　*81*

　その後，昭和58年（1983）6月11日には，『沿岸漁場整備開発法の一部を改正する法律』（法律第61号）が公布施行されたが，この改正によって，国は，「沿岸漁業等振興審議会」の意見を聴いて水産動物の種苗の生産・放流と水産動物の育成に関する「基本方針」を定めなければならないとされた（第6条）。

　そして，都道府県は，その方針に沿った「基本計画」を策定することとされ，以後，栽培漁業の計画的な推進を図っていくことになった。また，新たに「放流効果実証事業」が創設され，各都道府県には県・市町村・漁協等の参加による「指定法人」を設立し，それを母体として栽培漁業を展開していくという新たな推進体制の枠組みが提示された。さらには，漁業と遊漁の紛争を防止するための「漁場利用協定制度」の創設も誘導された。

　なお，栽培漁業の振興にとっては大変重要な意味をもつことになった昭和58年（1983）の法改正の趣旨とは，資料2-19のようなものであった。

資料**2-19**　昭和58年（1983）の沿岸漁場整備開発法改正の趣旨

　沿岸漁業は，養殖も含めると，およそ300万トンの生産をあげ，わが国漁業生産の約27％を占めている。また，沿岸漁業は，魚種構成も多岐にわたり，国民の需要に即した水産物の安定的供給に大きく寄与している。このような沿岸漁業がわが国国民経済上果たす役割は，国際的な200海里体制の定着に伴って一層重要性を増しており，沿岸漁業の振興についての国民的要請が高まってきている。

　沿岸漁業の振興を図るためには，沿岸漁業の基盤たる沿岸漁場の整備及び開発を図ることが肝要である。このため「つくり育てる漁業」としての栽培漁業の振興を図ってきたところであり，昭和58年度末には都道府県の種苗生産施設の整備がほぼ一巡する段階に至っているが，その計画的推進のための枠組み及び漁業者自ら実施し得る条件はまだ整備されていない。また，沿岸漁場においては，釣りを始めとする遊漁が盛んになったことに伴い，各地で漁業と遊漁との紛争，競合が生じている例もみられるようになっている。

　このような情勢に対処して，沿岸漁業の安定的発展と水産物の供給の増大を図るためには，栽培漁業の実施の促進を図るとともに，漁業と遊漁との漁場利用の調整による漁場の安定的な利用関係の確保を図り，沿岸漁業の基盤たる沿岸漁場の整備及び開発を一層推進することが要請されている。このような情勢にかんがみ，今般，沿岸漁場整備開発法の改正が行われたものである。

Ⅶ. バブル経済期から平成不況期の漁業制度

（1） バブル経済期の漁業動向と漁業政策

　バブル経済期とは，昭和61年から平成3年（1986～'91）の間とされるが，当時の日本社会は，「プラザ合意」以後の円高不況によって輸出産業が大打撃を受け，製造業の国外流出が本格化する一方，株式や土地といった資産価格の高騰によるバブル景気がもたらされた。

　わが国漁業の状況も同様で，昭和59年（1984）から63年（1988）の間はマイワシの豊漁にも支えられ，漁業・養殖業の総生産量は1,200万トンを上回る絶頂期にあり，世界一の漁業生産量を誇った。しかし，平成元年（1989）以降はマイワシ資源の急激な減少とともに，それらを漁獲する巻き網等沖合漁業の減少が顕著となり，3年（1991）には20年ぶりに1,000万トン台を下回った。

　なお，こうした生産量の急激な減少にもかかわらず，生産額はバブル景気に支えられ，しばらくの間は横ばい傾向を示した。生産額によって昭和63年（1988）の漁業部門別シェアをみると，沿岸漁業（養殖業を含む）53.0％，沖合漁業26.5％，遠洋漁業20.5％であり，この時期に沿岸漁業が全体の2分の1を超えるまでに増加したが，養殖業の顕著な増加に対して漁船漁業の停滞が特徴的であった。

　水産物の流通・消費においては，魚介類に対する消費者ニーズの変化が起こり，国民の健康志向・高級品志向などを背景に，エビ・マグロ・ヒラメ等の中高級魚の需要が増大し，水産物の家計支出額もバブル期に大きく増加した。また，この頃から水産物の輸入が急増したが，円高の進行によって輸入単価は低下傾向をたどった。

　国際的には，昭和57年（1982）に開催された国際捕鯨委員会（IWC）の第34回年次会合において商業捕鯨のモラトリアム（一時停止）が採択され，わ

が国はこれを受け入れて63年（1988）以降，大型鯨類を対象とする商業捕鯨を中止するといった事態が起こった。この商業捕鯨の一時停止は，捕鯨産業の健全な育成を目標とする『国際捕鯨取締条約』（1948年発効）の目的と趣旨において明らかに逸脱した決定であった。このため，日本は異議申し立てを行ったが，決定後リーダー役だったアメリカによる日本への種々の圧力（当時，アラスカ沖でスケトウダラを100万トン漁獲していた日本漁船を同海域から締め出す等）があり，日本は異議を撤回してモラトリアムに従わざるを得なかったとされる。

　この決定の際，付帯条件として「遅くとも1990年までに商業捕鯨をモラトリアムすることによって，クジラの資源にどのような影響があったのかを評価し，捕獲枠を設定する」とされていたのだが，90年どころか平成29年（2017）現在もなお再開できていない。また，捕鯨以外でも，平成3年（1991）の第46回国連総会において，公海上における大規模流し網操業の禁止が決議され，4年（1992）以降は，わが国の公海上でのサケ・マス等流し網漁業は行われなくなるといったこともこの時期に起きた。

　漁村においては，以前より続いていた漁業就業者の減少傾向が加速され，昭和61年から平成3年（1986〜'91）の5年間で42万3,000人から35万5,000人へと16％減少し，若者の漁村離れが進む一方，国民のゆとり・レジャー志向によって遊漁人口が増大し，海岸のリゾート開発など海面に対する多面的な利用が要請されるようになり，レジャー産業が急成長を遂げた。

　こうしたなか，漁村では海岸の乱開発を防ぎ，若者への就業機会を増やすための自衛手段として，漁協自らが観光事業に取り組むという動きが現れた。しばらく後にはバブル景気の崩壊によって，系統金融によるその莫大な設備投資の負債が漁協・漁村に重くのしかかり，漁業界のみならず県民を巻き込んだ大きな問題へと発展した。

　一方，国においては，昭和60年（1985）7月，水産業を核とする「マリノベーション構想」が策定された。この構想とは，「国民のニーズに応じた水産物の安定供給・海洋環境の保全・海洋性レクリエーションの多様化を背景に，わが

国水産業の振興並びに水産業を核とした地域の活性化を図るための，21世紀初頭を目標とした沿岸・沖合水域の総合的整備開発構想」であった。そして，翌年（1986）7月，（社）マリノフォーラム21（日本の200海里の漁業開発を進める会）が産・学・官の共同研究組織として発足し，沿岸・沖合域における漁業生産力の向上につながる技術開発を進めることになった。

また，昭和62年（1987），水産庁長官の要請によって「漁業問題研究会」が設置され，水産施策の基本方向について検討が行われた。その報告書には，今後の主要課題として，

① わが国周辺水域の漁場の高度利用と資源の維持培養

② 資源と漁獲努力量との間の不均衡の是正

③ 消費者ニーズの動向に即応しうる生産，流通・加工体制の確立

④ 国土の均衡ある発展に資する活力ある漁村社会の形成

をあげていた。

そうした課題の解決に向けて，昭和63年度（1988）から第3次「沿整」と新「沿構」（後期対策）が6か年計画でスタートした。前者には，（社）マリノフォーラム21で開発された新技術を使って海洋牧場の造成を図るための海域高度利用システム導入事業が新しいメニューとして加えられ，後者には，交流イベントの開催などのソフト事業のほか，地域産物展示施設・健康管理増進施設などのハード事業が新しく加えられ，漁村の活性化を図るためのさまざまな対策が盛り込まれたのであった。

なお，遊漁人口が増加したこの時代，大きな事故も発生した。昭和63年（1988）7月23日，大型遊漁船「第1富士丸」と潜水艦「なだしお」が衝突し，「第1富士丸」が沈没して30名が死亡するという海難事故が発生し，世間は大騒ぎとなった。これを契機として，遊漁船業の健全な発展を図るための制度化が急がれるところとなり，議員立法によって同年（1988）12月23日，『遊漁船業の適正化に関する法律』（法律第99号）が制定・公布された。本法の目的（第1条）は，遊漁船業を営む者に「登録制度」を導入し，規制による業務の適正な運営の確保並びにその団体の適正な活動を促進することを通じて，遊漁船利

用者の安全の確保や漁場の安定的な利用関係を確保するところに置かれ，翌年（1989）10月1日に施行された。

(2) 平成不況期の漁業動向と漁業政策

ここでいう「平成不況期」とは，バブル崩壊後の平成4年（1992）から14年（2002）の経済低迷期間，いわゆる「失われた10年」のことを指すのであるが，漁業の世界においても，この時期は生産量，生産額とも急激な下降線をたどった。すなわち，中小漁業や沿岸漁船漁業の利益及び所得は継続的に低下し，漁協の経営悪化も進行するといった，まさに「漁業の氷河期」とも言うべき時期に当たる。

全国の漁業生産量と生産額の推移をみると，平成4年（1992）の927万トン（2兆6,070億円）が14年（2002）には588万トン（1兆7,188億円）まで減少し，生産量は昭和30年代前半の水準にまで落ち込んだ。これは，主としてマイワシの減少と遠洋漁業からの撤退が進んだことによるが，それまで安定的に推移していた沿岸漁業（養殖業も含む）も減少に転じ，生産額では4年（1992）の1兆3,789億円が14年（2002）には1兆200億円になっている。この主な原因は，それまで順調に生産を伸ばしてきた海面養殖業が漁場の制約や餌料の高騰などによって減少に転じたことによる。この養殖業対策として，国は，平成11年（1999）5月21日，『持続的養殖生産確保法』（法律第51号）を制定し，漁協等による養殖漁場の改善を促進することとあわせて，特定疾病のまん延防止のための措置を講じた。

また，漁業就業者数は減少が続き，平成4年から14年（1992〜2002）の10年間で34万2,000人から24万3,000人へと3割減少する一方，男子就業者の60歳以上の割合は33％から47％へと増加し，この時期に高齢化が一層顕著になった。

水産物の流通・消費においては，国内の生産量の減少によって水産物の輸入量と輸入金額が継続的に増加し，平成4年（1992）の297万トン（1兆6,803億円）が14年（2002）には382万トン（1兆7,622億円）になった。このため，

この時期の食用魚介類の自給率（重量ベース）は急速な低下を示し，4年（1992）の70％から14年（2002）には53％にまで落ち込みをみせた。また，年間1人当たり魚介類消費支出額は4年（1992）の40,639円から14年（2002）の32,615円へと減少の一途をたどった。

国際的には，平成5年（1993）に北太平洋遡河性魚類委員会（NPAFC）の『北太平洋における遡河性魚類の系群の保存のための条約』が発効し，北太平洋公海におけるサケ・マス類の漁獲が原則禁止になった。また，7年（1995）には，『ベーリング海におけるスケトウダラ資源の保存及び管理に関する条約』（CCBSP）も発効し，スケトウダラの資源管理に向けた協議が本格化した。

そして，平成8年（1996）7月20日からは，「海の憲法」とも呼ばれる『国連海洋法条約』がわが国についても効力が生じ，この条約に基づく国内法の整備によって，わが国の周辺200海里に「排他的経済水域」が設定された。また，同条約に基づき，わが国は当該水域における総漁獲可能量（TAC）を定め，水産資源の適切な保存・管理に関する義務を負うこととなり，9年1月1日以降，TACに基づく漁業管理を開始した。さらに，こうした「排他的経済水域」の設定に伴って，11年（1999）1月には韓国との間で，翌年（2000）6月には中国との間で新しい漁業協定を発効させるなど，この時期は本格的な200海里体制に向けた大きな動きがあった。

こうしたなか，わが国水産業の持続的な発展を確保するためには，新たな海洋秩序に即応した水産行政の基本政策の確立が必要となり，平成11年（1999）12月，今後の水産政策の指針となる「水産基本政策大綱・水産基本政策改革プログラム」が策定された。この大綱・プログラムに沿って基本法案のとりまとめに向けた法制的検討が進められ，内閣法制局における審査，各省協議を経て，13年（2001）3月16日，「水産基本法案」が閣議決定されたのであった。

1）「水産業協同組合法」の一部改正

国は，平成5年（1993）4月，『水産業協同組合法の一部を改正する法律』（法律第23号）を公布し，水産資源の管理という観点から，漁協等の事業につい

て従来の「漁場の利用に関する施設」の一環として，新たに水産資源の管理に関する事業を本法の中で明確に位置づけた（法第11条第1項第6号及び第87条第1項第6号）。そして，この事業を行う組合は，水産動植物の採捕の方法，期間その他の事項を適切に管理することにより水産資源の管理を適切に行うため，「資源管理規程」を定めようとする場合には，行政庁の認可を受けなければならないとされた（法第15条の2第1項）。

　この「資源管理規程」とは，漁協等による水産資源の自主的な管理を図るための制度であり，①漁業法に基づく公的な規制措置ではなく，自主的に設けられたものであること，②水産資源の管理を目的とすること，③漁業権漁業に限らず，組合員の営むすべての漁業が対象となることという点において，「漁業権行使規則」とは異なるものであった。また，『海洋水産資源開発促進法』に規定する「資源管理協定」とは，水産資源の自主的な管理を図るという目的は共通するものの，「資源管理協定」が漁協を含む複数の漁業者団体等の間で締結されるものであるのに対して，この規程は漁協等内部の申合わせであるという点で異なるものとされた。なお，この認可基準において，「特に注意を要するものは，『私的独占の禁止及び公正取引の確保に関する法律』（「独占禁止法」）との関係であり，漁獲量の制限，漁船の隻数の縮減等需給又は価格の調整に結びつくおそれのある方法は，同法に違反するおそれがあるので，認可することは適当ではない」と，都道府県知事あてに水産庁長官名で通達されている（平成5年10月15日付け，5水漁第3323号）。

2) 「持続的養殖生産確保法」の制定

　海面養殖業では，過剰な餌料投与や魚病の発生等によって養殖漁場環境の悪化が進行し，養殖生産の不安定化や消費者ニーズに応じた水産物の供給が困難になっているとして，国は，平成11年（1999）5月，『持続的養殖生産確保法』（法律第51号）を制定し，漁協等による養殖漁場の改善を促進することと併せて，特定疾病のまん延防止のための措置を講じた。

　本法では，農林水産大臣は，持続的な養殖生産の確保を図るための「基本方

針」を定めなければならないとされ，養殖漁場の改善目標，改善を図るための措置等を規定することとされた（第3条）。そして，この「基本方針」に基づいて，漁協等が「漁場改善計画」を作成し，それを都道府県知事が認定する仕組みが示された（第4条）。また，本法では，都道府県知事は，養殖漁場の状態が著しく悪化していると認めるときは，漁協等に対して「漁場改善計画」の作成その他改善のために必要な措置をとるべき旨の勧告をし，従わない場合は公表することができる等が規定された（第7条）。その他，特定疾病についての届け出義務（第7条の2），養殖水産動植物の移動制限等（第8条），立入検査等（第10条）等も法定されている。

3） 国連海洋法条約の締結と国内法の整備

　わが国は，平成6年（1994）11月に発効した『国連海洋法条約』の締結に向けて，8年（1996）の第136回国会での審議を経たのち，6月20日に国連事務総長に対し批准書が寄託され，同年7月20日にわが国についての効力が発生した。

　この『国連海洋法条約』は，領海・排他的経済水域（EEZ）・大陸棚等の海洋に係る諸問題を包括的に規律した条約であるため，これに対応すべき国内法は広範にわたり，既存の法律の一部改正も含めれば，以下に示す8本の法律を整備することになった（表2-10）。

　わが国は，本条約の締結に際し，領海基線より200海里の排他的経済水域（EEZ）を新たに設定するとともに，わが国の大陸棚の範囲を明らかにするため，平成8年（1996）6月14日，『排他的経済水域及び大陸棚に関する法律』（法律第74号）を制定した。さらに，この法律を受けて，排他的経済水域（EEZ）における漁業に関する沿岸国の管轄権を行使するため，同日付けで『排他的経済水域における漁業等に関する主権的権利の行使等に関する法律』（法律第76号）を制定し，排他的経済水域（EEZ）における外国人の漁業等を規制することになった。

　また，沿岸国は，排他的経済水域（EEZ）における漁獲可能量（TAC；Total

Allowable Catch）を定め，水産資源の適切な保存・管理に関する義務を負うことになるため，平成8年（1996）6月14日，『海洋生物資源の保存及び管理に関する法律』（法律第77号），（以下，『TAC法』という。）を制定した。それまで，わが国における水産資源の管理は，『漁業法』及び『水産資源保護法』に基づいて，漁獲能力を漁船の隻数・規模等で規定し，さらに操業区域・期間等を規制するという方法（通称「入口規制」）をとってきたが，『TAC法』の制定によって，従来の漁業管理制度と相まって，新たに漁獲可能量制度（通称「出口規制」）を導入することになったのだ。

　この『TAC法』では，農林水産大臣は，排他的経済水域（EEZ）における海洋生物資源の保存と管理を行うため，中央漁業調整審議会（現在は，水産政策審議会）の意見を聴いて，海洋生物資源全般の保存と管理に関する基本方針・特定海洋生物資源の動向・漁獲可能量・実施すべき施策等を内容とする「基本計画」を定めるべきことが規定された（第3条）。そして，その「基本計画」においては，資源動向をはじめとする科学的データに基づき，漁業経営に与え

表2-10　国連海洋法条約関連法律

関　連　法　律	備　　　　考
『領海法』の一部改正	接続水域の設定，直線基線の採用
『排他的経済水域及び大陸棚に関する法律』	排他的経済水域の設定，大陸棚に関する規定
『排他的経済水域における漁業等に関する主権的権利の行使等に関する法律』	水産関連3法
『海洋生物資源の保存及び管理に関する法律』	
『水産資源保護法』の一部改正	
『海上保安庁法』の一部改正	海上の取締りに関する規定
『海洋汚染及び海上災害の防止に関する法律』の一部改正	海洋環境の保全に関する規定
『核原料物質，核燃料物質及び原子炉の規制に関する法律及び放射性同位元素等による放射線障害の防止に関する法律』	

る影響等を勘案した上で,「特定海洋生物資源」の魚種別の漁獲可能量（TAC）を決定するとともに，過去の漁獲実績等を勘案した上で，これを大臣が管理する漁業と都道府県知事が管理する漁業とに配分し，さらに，前者については漁業種類ごと，後者については都道府県ごとに割り当てることとされた。

　一方，都道府県知事は，海区漁業調整委員会の意見を聴いて，国の「基本計画」に即して，知事が管理する漁業について実施すべき施策等を内容とする「都道府県計画」を定めることが規定された（第4条）。同計画には，都道府県に割り当てられた「特定海洋生物資源」の漁獲可能量（TAC）を管理するための計画のほか，都道府県の地先水面における海洋生物資源の保存と管理に関する方針が含まれている。また，「基本計画」において「特定海洋生物資源」に指定されていない魚種の中で，都道府県が海域を指定して，独自に年間漁獲量の限度（都道府県漁獲限度量）を定めることにより，資源の保存と管理を行おうとする魚種については，「指定海洋生物資源」として指定し，「都道府県計画」においてその内容を定めることができることなどが規定された（第5条）。

　また，『TAC法』で管理する対象魚種については，わが国が漁獲対象としている魚種は多岐にわたり，総ての魚種に設定することは事実上不可能であるため，主要魚種のうち経済的価値・資源状態・周辺水域での外国漁船の漁獲状況・科学的データや知見の蓄積等を勘案し，その中から優先度の高いものを「特定海洋生物資源」として政令で指定することとした。そして，『海洋生物資源の保存及び管理に関する法律施行令』（平成8年7月5日政令第213号）に基づき，サンマ・スケトウダラ・マアジ・マイワシ・サバ類・ズワイガニの6魚種が指定（「第1種特定海洋生物資源」）され，平成9年（1997）1月からTAC制度の運用が開始されたのである。

　そして，その他の魚種については，その後の漁業や資源の動向・TAC制度の定着度合・科学的知見の蓄積状況等に応じて順次指定していくとされ，平成10年（1998）にはスルメイカが追加されて7魚種になったのだが，その後は20年近くも新たに追加された魚種はなく，他国に比べて指定魚種の少なさが課題になっている。その背景には，監視体制の整備と正確な漁獲量把握に要す

る管理費用の増大に加え，投棄魚や混獲魚問題への対応の困難性があるとされている。

なお，この『TAC法』では，漁業者自らがTAC等の管理に参加し，官民一体となった体制を構築していく必要があるとの認識の上に立って，「特定海洋生物資源」等を漁獲する漁業者が，TAC等の管理について，公的管理を補完するための協定を相互に締結し，同協定に基づく自主的な管理に取り組むことを認める制度も導入している（第13～15条）。

4) 水産基本法の制定

「水産基本法案」の国会審議については，平成13年（2001）4月5日に衆議院本会議において趣旨説明及び質疑が行われた後，『漁業法等の一部を改正する法律案』及び『海洋生物資源の保存及び管理に関する法律の一部を改正する法律案』とともに，水産三法として一体的に取り扱われ，農林水産委員会において提案理由説明のあと延べ6日間の質疑が行われた。

まず，衆議院農林水産委員会における審議では，自由民主党・自由党・民主党等の7会派の共同提案による修正案が提出され，可決された。これによって，

① 水産動植物の生育環境の保全及び改善を図るための措置として「森林の保全及び整備」を明示すること（第17条関係），

② 水産業及び漁村の有する多面的機能が将来にわたって適切かつ十分に発揮されるようにするため必要な施策を講ずるものとすることを明らかにすること（第32条関係）

を内容とする修正が行われることになった。そして，同法案は，5月31日に衆議院本会議において全会一致で修正決議され，参議院に送付された。

次いで，参議院では，6月6日に本会議において趣旨説明及び質疑が行われた後，農林水産委員会において延べ3日間の質疑が行われ，6月22日に参議院本会議において全会一致で可決，成立した。そして，「水産基本法案」は，6月26日の公布閣議を経て，6月29日に『水産基本法』（平成13年法律第89号）として公布され，同日から施行されたのである。

本法は，『沿岸漁業等振興法』制定後の諸情勢の変化を踏まえ，今日及び将来において，水産業がわが国経済社会において果たすべき役割として，最も基本的かつ重要な事項を明らかにするものであるとして，資料2-20の事項を規定している。

また，政府は，水産に関する施策の総合的かつ計画的な推進を図るため，「水産基本計画」を策定することとしており，それは本法の下で推進される具体的な施策の中期的な指針としての性格を有するもので，水産をめぐる情勢の変化を勘案し，おおむね5年ごとに見直しがなされることとなっており（第11条），その中には資料2-21の事項を盛り込むことになっている。

そして，本法では，水産に関する基本的な施策の方向として，資料2-22の事項を規定している。

以上のほか，本法には，施策実施のために必要な法制上，財政上及び金融上の措置（第9条），年次報告等（第10条），水産政策を担う行政機関のあり方（第

資料2-20 『水産基本法』の基本理念（第2条及び第3条関連）

(1) 水産物の安定供給の確保
　① 将来にわたり，良質な水産物を合理的な価格で安定的に供給する。
　② 水産物の供給に当たっては，水産資源の持続的な利用を確保するため，海洋法に関する国際連合条約の的確な実施を旨として水産資源の適切な保存及び管理を行うとともに，水産動植物の増殖及び養殖を推進する。
　③ 国民に対する水産物の安定的な供給については，水産資源の持続的な利用を確保しつつ，わが国の漁業生産の増大を図ることを基本とし，輸入を適切に組み合わせて行う。
(2) 水産業の健全な発展
　① 水産業については，国民に対して水産物を供給する使命を有することにかんがみ，水産資源を持続的に利用しつつ，高度化・多様化する国民の需要に即した漁業生産と水産物の加工・流通が行われるよう，効率的かつ安定的な漁業経営の育成，漁業・水産加工業・水産流通業の連携の確保，及び漁港，漁場その他の基盤の整備により，水産業の健全な発展を図る。
　② 漁村が漁業者を含めた地域住民の生活の場として水産業の健全な発展の基盤たる役割を果たしていることにかんがみ，生活環境の整備その他福祉の向上により，漁村の振興を図る。

第 2 章　日本の漁業制度の歴史　　　*93*

資料 2-21　水産基本計画（第 11 条関連）

① 　水産に関する施策についての基本的な方針
② 　水産物の自給率の目標（漁業生産及び水産物の消費の指針として，漁業者等が取り組むべき課題を明確化。食料・農業・農村基本法に掲げる食料自給率の目標との調和を保つ。）
③ 　水産に関し，政府が総合的かつ計画的に講ずべき施策
④ 　その他水産に関する施策を総合的かつ計画的に推進するために必要な事項

資料 2-22　水産に関する基本的施策（第 12～32 条関連）

(1) 　水産物の安定供給の確保に関する施策（第 12～20 条）
　① 　排他的経済水域等における水産資源の適切な保存及び管理
　② 　排他的経済水域等以外の水域における水産資源の適切な保存及び管理
　③ 　水産資源に関する調査及び研究
　④ 　水産動植物の増殖及び養殖の推進
　⑤ 　水産動植物の生育環境の保全及び改善
　⑥ 　排他的経済水域等以外の水域における漁場の維持及び開発
　⑦ 　水産物の輸出入に関する措置
　⑧ 　国際協力の推進
(2) 　水産業の健全な発展に関する施策（第 21～32 条）
　① 　効率的かつ安定的な漁業経営の育成
　② 　漁場の利用の合理化の促進
　③ 　人材の育成及び確保
　④ 　災害による損失の補填等
　⑤ 　水産加工業及び水産流通業の健全な発展
　⑥ 　水産業の基盤の整備
　⑦ 　技術の開発及び普及
　⑧ 　女性の参画の促進
　⑨ 　高齢者の活動の促進
　⑩ 　漁村の総合的な振興
　⑪ 　都市と漁村の交流等
　⑫ 　多面的機能に関する施策の充実

33条),水産関係団体の再編整備(第34条),政府の諮問機関としての「水産政策審議会」の設置(第35〜39条)等が規定されている。そして,附則には,昭和38年(1963)に制定された『沿岸漁業等振興法』の廃止等が明示された。なお,本法と『沿岸漁業等振興法』との比較を図示すると,図2-2のようになる。

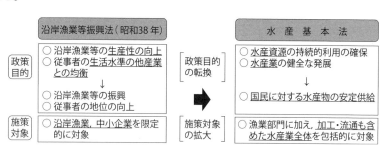

図2-2 水産基本法と沿岸漁業等振興法との比較(政策目的の転換,施策対象の拡大)

5) 漁協の経営悪化と合併促進

この時期,漁業をめぐる大きな動きと漁村を取り巻く極めて厳しい環境下で,漁協の経営は信用・販売・購買等の主要事業の取扱量が減少して事業収支の悪化を招き,平成5年度末(1993)には全国沿海地区漁協2,043のうち30.5%が赤字組合となり,1組合平均で約1,100万円の繰越欠損金が発生していた。当時の漁協の約8割は市町村未満の区域を範囲としており,1組合当たり正組合員数と職員数は163人と9.3人で,農協と比べて1組合当たり正組合員数は約1/13,職員数では約1/11と,経済事業体としての漁協の小規模・零細性がクローズアップされた。

この時代,国はバブルの生成・崩壊の過程で発生した不良債権処理問題への対応を迫られ,平成8年(1996)6月21日,『金融機関等の経営の健全性確保のための関係法律の整備に関する法律』(法律第94号)を施行し,金融機関に対して自己資本の充実(自己資本比率4%以上)などを内容とする「早期是正措置」を平成10年(1998)4月から導入するとしたことから,漁協におい

ても信用事業を継続するためには，そうした条件を備える資本の充実が求められた。このため，全国漁協系統組織は，それまで『漁協合併助成法』（平成5年第5次延長法）などで進めてきた漁協合併を大幅に見直すこととし，平成9年（1997）5月，10年後を目途に「1県1漁協又は1県複数自立漁協」の実現を目標とする「漁協系統事業・組織改革のための指針」を機関決定し，都道府県においても基本計画を策定し，新たな組織強化の取組を開始した。

　しかし，厳しい経済・社会環境のなかで事業規模の縮小が続く一方，漁協合併等による事業管理費の削減は遅々として進まず，漁協が本来行っている事業の収支を示す事業利益については，平成15年度（2003）に黒字の漁協は4分の1にすぎず，全体では143億円の赤字になり，赤字幅は年々拡大する傾向にあった（表2-11）。

　もっとも，経常利益については補助金や補償金等によって補填され，黒字の漁協が3分の2，漁協全体では97億円の黒字という状況にあったが，そうした事業外利益で赤字を補填しなければならない極めて不健全な経営体質に陥っていた。なお，平成15年度（2003）末における1組合当たり正組合員数と職員数は170人と10人であり，その組織や事業規模は，出資金と販売事業を除いて，農協の1／20〜1／30と格差は更に広がっていた。このため，国は，漁協の合併推進，財務改善を図るための「総合対策」を推進したほか，漁協の広域合併を促進し，資源管理体制及び生産販売体制の強化を図るため，一定の資源管理の取組を行う広域合併漁協が水産物の加工・販売施設等の設置に要する経費について低利融資（利子助成）を実施するなどの措置を講じたのだった。

表 **2-11**　沿海地区漁協の数，事業総利益，事業管理費，事業利益の推移（単位：億円）

	沿海地区漁協数	事業総利益	事業管理費	事業利益
平成元年（1989）	2,134	1,455	1,301	154
5 年（1993）	2,043	1,388	1,434	▲ 45
10 年（1998）	1,871	1,287	1,378	▲ 91
15 年（2003）	1,501	1,063	1,206	▲ 143

第3章　日本の現行漁業制度

Ⅰ．漁業制度の概要

　わが国の漁業制度を理解するには，漁業に関する法律にはどのようなものがあり，それらがどのような目的をもち，相互にどう関連づけられているのかを知る必要がある。たとえば，金田禎之編著「解説・判例漁業六法」では，漁業六法として，『漁業法』・『水産資源保護法』・『外国人漁業の規制に関する法律』・『水産業協同組合法』・『漁船法』・『漁港漁場整備法』を取り上げている。これらの法律のほか，現在の水産施策全体を理解しようとすれば，『水産基本法』・『海洋生物資源の保存及び管理に関する法律』・『海洋水産資源開発促進法』・『沿岸漁場整備開発法』・『漁業協同組合合併助成法』・『漁業経営の改善及び再建整備に関する特別措置法』・『遊漁船業の適正化に関する法律』・『持続的養殖生産確保法』・『海洋基本法』なども必要になる。参考として，これらの法律を成立順に並べてその目的を見てみると，表3-1のように整理される。

（1）　用語の定義

　一般の人が先に掲げた法律を読んでも，漁業に関連する用語は馴染みのない特殊なものが多いため，大変解りづらい。たとえば，「漁業」と「水産業」，「漁業者」と「漁業従事者」と「漁民」などの言葉は，それぞれ異なった意味があるため，それらの違い（用語の定義）を正確に理解した上で法律を読む必要がある。

　ここで言う「漁業」とは，水産動植物の採捕又は養殖の事業をいい（漁業法第2条第1項），「水産業」とは，水産物を取り扱う業種の総称であり，漁業だけでなく水産加工業や水産流通業などの水産物を利用する産業を含んでいる

（水産基本法第3条）。また，「漁業者」とは，漁業を営む者をいい，「漁業従事者」とは，漁業者のために水産動植物の採捕又は養殖に従事する者をいう（漁業法第2条第2項）。そして，「漁民」とは，漁業者又は漁業従事者たる個人をいい（漁業法第14条第11項），法人は含まれない。

(2)　漁業の制度的分類

わが国の漁業を制度的に分類すれば，「漁業権漁業」，「許可漁業」及び「自由漁業」の3つに分かれる。そこで，それぞれの概要を以下で説明する。

1)　漁業権漁業

「漁業権漁業」とは，一定の水面において営む漁業であり，都道府県知事の免許を必要とするものであるが，それには定置漁業，区画漁業及び共同漁業がある（漁業法第6条第1項）。なお，免許とは特定の資格を持った者に権利や地位を与える行政行為であり，漁業者に対する漁業権の免許は，行政法学でいう「特許」に当たる。

これらの漁業権は物権とみなされ，土地に関する規定が準用される（漁業法第23条）。また，「漁業権漁業」は，免許の方法によって「組合管理漁業権」と「経営者免許漁業権」に分かれる。

このうち「組合管理漁業権」とは，漁業協同組合（又はその連合会）が免許を受け，組合が漁業権行使規則又は入漁権行使規則を定めて（漁業法第8条），それに基づいて組合員が行使する漁業権のことをいい，それには共同漁業権（漁業法第6条第5項）と特定区画漁業権（漁業法第7条）が該当する。

一方，「経営者免許漁業権」とは，経営者（法人又は個人）に対して直接免許される漁業権であり，それには定置漁業権（漁業法第6条第3項）と区画漁業権（漁業法第6条第4項）がある。

また，共同漁業は漁具・漁法等の違いによって第1種〜第5種に，区画漁業は養殖方法の違いによって第1種〜第3種にそれぞれ分かれている。そして，これら漁業権漁業の免許は，その種類ごとに優先順位によってすることが漁業

98   Ⅰ．漁業制度の概要

表3-1　主な漁業関連法の目的一覧

法律名	成立年	目　　的
水産業協同組合法（通称「水協法」）	昭和23年 (1948)	漁民及び水産加工業者の協同組織の発達を促進し，もつてその経済的社会的地位の向上と水産業の生産力の増進とを図り，国民経済の発展を期することを目的とする。
漁業法	昭和24年 (1949)	漁業生産に関する基本的制度を定め，漁業者及び漁業従事者を主体とする漁業調整機構の運用によつて水面を総合的に利用し，もつて漁業生産力を発展させ，あわせて漁業の民主化を図ることを目的とする。
漁港漁場整備法（旧漁港法）	昭和25年 (1950)	水産業の健全な発展及びこれによる水産物の供給の安定を図るため，環境との調和に配慮しつつ，漁港漁場整備事業を総合的かつ計画的に推進し，及び漁港の維持管理を適正にし，もつて国民生活の安定及び国民経済の発展に寄与し，あわせて豊かで住みよい漁村の振興に資することを目的とする。
漁船法	昭和25年 (1950)	漁船の建造を調整し，漁船の登録及び検査に関する制度を確立し，且つ，漁船に関する試験を行い，もつて漁船の性能の向上を図り，あわせて漁業生産力の合理的発展に資することを目的とする。
水産資源保護法	昭和26年 (1951)	水産資源の保護培養を図り，且つ，その効果を将来にわたつて維持することにより，漁業の発展に寄与することを目的とする。
外国人漁業の規制に関する法律	昭和42年 (1967)	外国人がわが国の港その他の水域を使用して行う漁業活動の増大によりわが国漁業の正常な秩序の維持に支障を生ずるおそれがある事態に対処して，外国人が漁業に関してする当該水域の使用の規制について必要な措置を定めるものとする。
漁業協同組合合併助成法	昭和42年 (1967)	適正な事業経営を行うことができる漁業協同組合を広範に育成して漁業に関する協同組織の健全な発展に資するため，漁業協同組合の合併の促進に関する基本的な構想及び漁業協同組合の合併の促進に関する基本的な計画について定めるとともに，漁業協同組合の合併についての援助，合併後の漁業協同組合の事業経営の基礎を確立するのに必要な助成等の措置を定めて，漁業協同組合の合併の促進を図ることを目的とする。
海洋水産資源開発促進法	昭和46年 (1971)	沿岸海域における水産動植物の増殖及び養殖を計画的に推進するための措置並びに漁業者団体等による海洋水産資源の自主的な管理を促進するための措置を定めること等により，海洋水産資源の開発及び利用の合理化を促進し，もつて漁業の健全な発展と水産物の供給の安定に資することを目的とする。
沿岸漁場整備開発法（通称「沿	昭和49年 (1974)	水産動物の種苗の生産及び放流並びに水産動物の育成を計画的かつ効率的に推進するための措置を講ずるとともに，沿岸漁場の安定的な利用関係の確保を図るための措置を講ずるこ

第3章　日本の現行漁業制度　　99

整法」）		とにより，漁港漁場整備法による措置と相まつて，沿岸漁業の基盤たる沿岸漁場の整備及び開発を図り，もつて沿岸漁業の安定的な発展と水産物の供給の増大に寄与することを目的とする。
漁業経営の改善及び再建整備に関する特別措置法（通称「漁特法」）	昭和51年（1976）	漁業の経済的諸条件の著しい変動，漁業を取り巻く国際環境の変化等に対処するため，漁業経営の改善，漁業経営の維持が困難な中小漁業者がその漁業経営の再建を図るため緊急に必要とする資金の融通の円滑化，特定の業種に係る漁業についての整備の推進等の措置を講ずることにより，効率的かつ安定的な漁業経営の育成を図ることを目的とする。
遊漁船業の適正化に関する法律（通称「遊漁船業法」）	昭和63年（1988）	遊漁船業を営む者について登録制度を実施し，その事業に対し必要な規制を行うことにより，その業務の適正な運営を確保するとともに，その組織する団体の適正な活動を促進することにより，遊漁船の利用者の安全の確保及び利益の保護並びに漁場の安定的な利用関係の確保に資することを目的とする。
海洋生物資源の保存及び管理に関する法律（通称「資源管理法」）	平成8年（1996）	わが国の排他的経済水域等における海洋生物資源について，その保存及び管理のための計画を策定し，並びに漁獲量及び漁獲努力量の管理のための所要の措置を講ずることにより，漁業法又は水産資源保護法による措置等と相まって，排他的経済水域等における海洋生物資源の保存及び管理を図り，あわせて海洋法に関する国際連合条約の的確な実施を確保し，もって漁業の発展と水産物の供給の安定に資することを目的とする。
持続的養殖生産確保法	平成11年（1999）	漁業協同組合等による養殖漁場の改善を促進するための措置及び特定の養殖水産動植物の伝染性疾病のまん延の防止のための措置を講ずることにより，持続的な養殖生産の確保を図り，もって養殖業の発展と水産物の供給の安定に資することを目的とする。
水産基本法	平成13年（2001）	水産に関する施策について，基本理念及びその実現を図るのに基本となる事項を定め，並びに国及び地方公共団体の責務等を明らかにすることにより，水産に関する施策を総合的かつ計画的に推進し，もって国民生活の安定向上及び国民経済の健全な発展を図ることを目的とする。
海洋基本法	平成19年（2007）	（前略）海洋に関し，基本理念を定め，国，地方公共団体，事業者及び国民の責務を明らかにし，並びに海洋に関する基本的な計画の策定その他海洋に関する施策の基本となる事項を定めるとともに，総合海洋政策本部を設置することにより，海洋に関する施策を総合的かつ計画的に推進し，もってわが国の経済社会の健全な発展及び国民生活の安定向上を図るとともに，海洋と人類の共生に貢献することを目的とする。

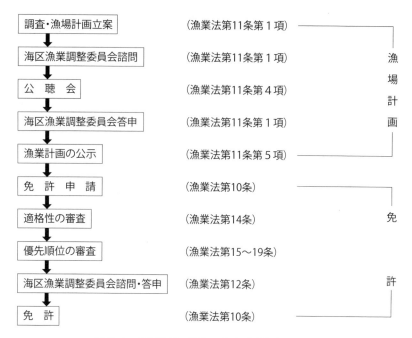

図 3-1　漁場計画の調査・立案（漁業法 11 条）

法には細かく規定されている（第 15〜19 条）。

　また，漁業権の設定については，個別申請は認めておらず，漁業権の種類によって 5 年又は 10 年の免許期間ごとに一斉に手続きがなされるようになっている。すなわち，漁業法の第 11 条では，都道府県知事は，その管轄する水面について，漁業上の総合利用を図り漁業生産力を維持発展させるため，漁業調整その他公益に支障を及ぼさない限り，当該漁業権の存続期間満了の 3 か月前までに漁場計画（免許の内容等の事前決定）を樹立しなければならないことが規定されている。したがって，知事は，漁場の利用方式について事前に十分な調査・検討を行い，海区漁業調整委員会の意見をきいて，漁場の利用計画を定め（公示），それによって漁業権の免許を申請させ，申請者の適格性を審査し，優先順位にしたがって免許することになっている。その漁場計画の調査・立案から免許に至る一連の手続きを示せば，図 3-1 のようになる。

2) 許可漁業

漁業の許可とは，水産動植物の繁殖保護または漁業調整の必要から，自由に営むことを一般的に禁止し，行政庁が出願を審査して特定の者に禁止を解除するものである。つまり，「許可漁業」は，農林水産大臣又は都道府県知事の許可を受けなければ営むことのできない漁業であり，それは「大臣許可漁業」と「知事許可漁業」に分かれる。

まず，「大臣許可漁業」には，指定漁業と特定大臣許可漁業等がある。指定漁業とは，農林水産大臣による一元的な規制措置（総トン数・隻数の制限等）が必要なため，漁業法の規定により政令（漁業法第52条第1項の指定漁業を定める政令）で具体的に指定された漁業であり，沖合底びき網漁業，以西底びき網漁業，遠洋底びき網漁業，大中型まき網漁業等，現在13種類が指定されている。一方，特定大臣許可漁業等は，漁業法（第65条第1項）及び水産資源保護法（第4条第1項）の規定に基づき省令（特定大臣許可漁業等の取締りに関する省令）で指定された漁業であり，現在は，ずわいがに漁業等5種類の「特定大臣許可漁業」と，かじき等流し網漁業等4種類の「届出漁業」がある。

次に，「知事許可」には，法定知事許可漁業と一般知事許可漁業がある。法定知事許可漁業とは，都道府県間調整や資源保護等の必要性から漁業法（第66条第1項）に基づき農林水産大臣が統一的に規制措置（都道府県ごとの許可隻数の最高限度・総トン数・馬力数の限度等）ができるようになっているものであり，中型まき網漁業，小型機船底びき網漁業，瀬戸内海機船船びき網漁業及び小型さけ・ます流し網漁業が該当する。一方，一般知事許可漁業は，漁業法（第65条第1項）及び水産資源保護法（第4条第1項）の規定に基づき，漁業取締りその他漁業調整及び水産資源の保護培養上の必要性から，都道府県知事が「漁業調整規則」及び「内水面漁業調整規則」を制定し，各種の制限措置を講じている漁業であり，その中には上記の「漁業権漁業」や「許可漁業」以外の多種多様な漁業が含まれている。なお，知事がこれらの規則を定めようとするときは，農林水産大臣の認可が必要になっている（漁業法第65条第7項）。

3) 自由漁業

「自由漁業」とは，上述のような一定の制限の下に行われる「漁業権漁業」や「許可漁業」とは異なり，自由に誰でもが行うことのできる漁業であり，小規模な一本釣り漁業や延縄漁業のようなものが該当する。

なお，都道府県の「漁業調整規則」及び「内水面漁業調整規則」には，一般の人がレクリエーションで行う「遊漁」についての規制措置が定められており，一般的に，海面で遊漁者が使える漁具・漁法は，さお釣り及び手釣り，たも網及びさで網，投網（船舶を使用しないものに限る。），やす及びは具，徒手採捕に限定されており，それ以外の漁具・漁法は禁止されている。以上で述べた日本の現行漁業制度を図示すれば，図3-2のように整理される。

II. 漁業調整機構の概要

わが国における漁業制度の最大の特色の一つは，戦後漁業法において初めて登場した「漁業調整委員会等」（漁業法第82条～119条）の制度である。先述のように，漁業法第1条では，「漁業者及び漁業従事者を主体とする漁業調整機構の運用によつて水面を総合的に利用し，もつて漁業生産力を発展させ，あわせて漁業の民主化を図ることを目的とする。」と規定され，水面の総合利用による漁業生産力の発展と漁業の民主化を図るには，漁業調整機構（すなわち「漁業調整委員会制度」）の運用は欠くべからざるものと位置づけられている。

この漁業調整委員会は，国又は都道府県に設置される行政委員会であり，海区漁業調整委員会，連合海区漁業調整委員会及び広域漁業調整委員会の3種類がある（第82条第1項）。そして，海区漁業調整委員会は都道府県知事の監督に，連合海区漁業調整委員会は設置された海区を管轄する都道府県知事の監督に，また，広域漁業調整委員会は農林水産大臣の監督に属することになっている（同条第2項）。なお，海区漁業調整委員会は，海面（琵琶湖，霞ヶ浦等の大臣が指定する湖沼を含む。）につき，大臣が定める海区ごとに置かれることになっており（第84条第1項），現在，海区数は全国で64海区ある。また，

第3章　日本の現行漁業制度

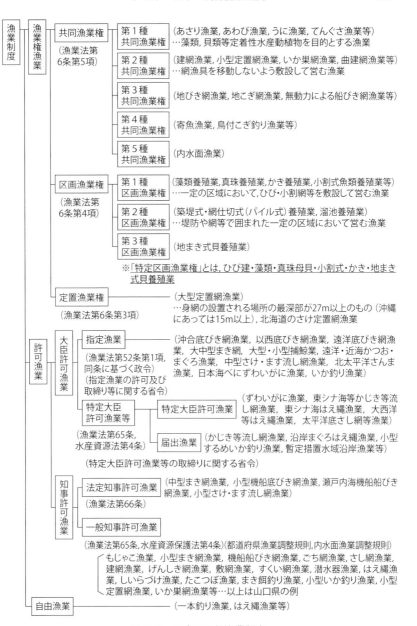

図 3-2　日本の現行漁業制度

広域漁業調整委員会は，都道府県の区域を越えた広域的な海域を管轄する組織として，太平洋，日本海・九州西海域及び瀬戸内海の3海域に置かれている（第110条第1項）。

　一方，内水面に対しては，都道府県ごとに内水面漁場管理委員会が置かれ（第130条第1項），都道府県知事の監督下に置かれている（同条第2項）。

　漁業調整委員会の委員構成については，海区漁業調整委員会は漁民の選挙によって選ばれた公選委員9人（指定海区では6人），知事が選任する学識経験委員4人（同3人）と公益代表委員2人（同1人）の計15人（同10人）となっている（第85条第3項）。また，広域漁業調整委員会は，関係管区の都道府県で互選される海区漁業調整委員，大臣が選任する関係漁業者代表及び学識経験者で構成され，海域ごとの定数（太平洋28人，日本海・九州西29人，瀬戸内海14人）が定められている（第111条）。

　一方，内水面漁場管理委員会の委員構成は，内水面において漁業者を代表する者，同内水面で水産動植物を採捕する者，学識経験がある者のうちから，都道府県知事が10人（内水面の複雑性に応じて大臣が告示によって増減できる）を選任する規定になっている（第131条）。

　そして，これら委員会の最大の特徴は，知事又は大臣の諮問機関，建議機関であるばかりではなく，自ら裁定・指示・認定などを行う決定機関としての権能を付与されているところある。具体的にいうと，諮問事項には，漁場計画の作成，漁業権の免許，その他漁業権に関する一切の行政庁の処分に加え，知事又は大臣の行う免許・許可等の処分がある。また，建議事項としては，漁場計画を樹立すること，免許後の漁業権に制限条件を付けること，委員会指示に従わない者に対して従うべき命令を出すこと等の建議がある。さらに，入漁権の設定・変更・消滅等についての裁定，水産動植物の採補に関する制限・禁止や漁場利用の制限等に関する委員会指示，漁業権の適格性に関する事項の認定等が法定されている。

　このように，「漁業調整委員会」とは，漁場の管理，漁業の制限等に関して幅広い権能を有しており，選挙で選ばれた漁民の代表が中心となって各種の紛

争や問題を調整し，解決していくという，戦後に初めて導入・制度化されたものである。

以上で述べた漁業調整機構の概要を図示すれば，図3-3のようになる。なお，図中にある「水産政策審議会」とは，『水産基本法』第35条に基づき設置されるものであり，農林水産大臣又は関係各大臣の諮問に応じ，水産基本計画の策定・水産白書の作成・漁業管理問題など，水産施策に関する重要事項を調査審議するために国に設置された諮問機関である。

それでは，上述の一般的な用語の定義や基本的な漁業制度を踏まえて，次章から日本で独自に発展してきた漁業権制度を中心に，わが国における漁業制度の現状とその抱える問題点について，それぞれの項目ごとに具体的な事例を挙げながら解説する。

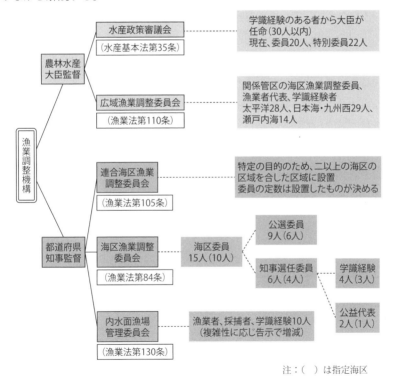

図 3-3　漁業調整機構の概要

第4章　漁業権とは何か

　日本の漁業の許可制度は，水産業協同組合法（昭和23年法律第242号）に基づき設立された漁業協同組合または漁業協同組合連合会（有明海のノリ養殖の場合など）に，都道府県から漁業権を与えるところがユニークである。この漁業権を受けた漁業協同組合等が，漁業権の利用の仕方を定めた「漁業権行使規則」に基づき，組合員である漁業者に対して，共同漁業権漁業，養殖業，定置漁業を営む権利の行使を認める。ただし，資本を要するもの，長年の慣行に基づくもの，漁業以外の漁業者の集まりや法人が営む者については，漁業権の免許を直接与えている。この方式は，多くの場合，慣行に基づく制度としているため，目的合理性を持った制度となっていないものも見られる。

　漁業権は日本独特の制度といわれる。基本的には，江戸時代以降の漁業と操業の実態を反映し，浦浜が単位となって共同で漁獲行為を行ったことに由来する。原点は，今で言う共同漁業権である。同様の例は，江戸時代から藩が所有する森林に入域して薪を採集したり，河川の水利を水田用に共同で利用したりすることに見られる（資料4-1）。

Ⅰ．漁業権の種類

(1)　共同漁業権

　共同漁業権は漁業権の根幹をなすもので，基本的に漁業協同組合に与えられる。これは戦前，網元や資本家などに漁業権が保有され，多くの漁民が経済的苦境に立たされたことの反省に基づく。しかし，これらの民主化がGHQや水産局の主導型で行われたことに，この民主化運動の限界がある。網元や漁業資本家などは，対象にする漁業の継続維持のために運動を強め，戦前の専用漁業

第4章　漁業権とは何か　　107

資料 4-1　漁業法における漁業権・入漁権の定義

（漁業権の定義）

第六条　この法律において「漁業権」とは，定置漁業権，区画漁業権及び共同漁業権をいう。

2　「定置漁業権」とは，定置漁業を営む権利をいい，「区画漁業権」とは，区画漁業を営む権利をいい，「共同漁業権」とは，共同漁業を営む権利をいう。

3　「定置漁業」とは，漁具を定置して営む漁業であつて次に掲げるものをいう。

一　身網の設置される場所の最深部が最高潮時において水深二十七メートル（沖縄県にあつては，十五メートル）以上であるもの（瀬戸内海（第百十条第二項に規定する瀬戸内海をいう。）におけるます網漁業並びに陸奥湾（青森県焼山崎から同県明神崎燈台に至る直線及び陸岸によつて囲まれた海面をいう。）における落とし網漁業及びます網漁業を除く。）

二　北海道においてさけを主たる漁獲物とするもの

4　「区画漁業」とは，次に掲げる漁業をいう。

一　第一種区画漁業　一定の区域内において石，かわら，竹，木等を敷設して営む養殖業

二　第二種区画漁業　土，石，竹，木等によつて囲まれた一定の区域内において営む養殖業

三　第三種区画漁業　一定の区域内において営む養殖業であつて前二号に掲げるもの以外のもの

5　「共同漁業」とは，次に掲げる漁業であつて一定の水面を共同に利用して営むものをいう。

一　第一種共同漁業　藻類，貝類又は農林水産大臣の指定する定着性の水産動物を目的とする漁業

二　第二種共同漁業　網漁具（えりやな類を含む。）を移動しないように敷設して営む漁業であつて定置漁業及び第五号に掲げるもの以外のもの

三　第三種共同漁業　地びき網漁業，地こぎ網漁業，船びき網漁業（動力漁船を使用するものを除く。），飼付漁業又はつきいそ漁業（第一号に掲げるものを除く。）であつて，第五号に掲げるもの以外のもの

四　第四種共同漁業　寄魚漁業又は鳥付こぎ釣漁業であつて，次号に掲げるもの以外のもの

五　第五種共同漁業　内水面（農林水産大臣の指定する湖沼を除く。）又は農林水産大臣の指定する湖沼に準ずる海面において営む漁業であつて第一号に掲げるもの以外のもの

（入漁権の定義）

第七条　この法律において「入漁権」とは，設定行為に基づき，他人の共同漁業権又はひび建養殖業，藻類養殖業，垂下式養殖業（縄，鉄線その他これらに類するものを用いて垂下して行う水産動物の養殖業をいい，真珠養殖業を除く。），小割り式養殖業（網いけすその他のいけすを使用して行う水産動物の養殖業をいう。）若しくは第三種区画漁業たる貝類養殖業を内容とする区画漁業権（以下「特定区画漁業権」という。）に属する漁場においてその漁業権の内容たる漁業の全部又は一部を営む権利をいう。

権に比べて，沖合漁業の操業海域を，沿岸域にまで設定した。また，浮魚を共同漁業権の対象から除いた。このことが，現在の沿岸の資源管理の問題点に繋がっていると考えられる。

　共同漁業権とは，一定の漁場を共同で利用して漁業を営むことである。その地区で，漁業者が入会で利用することを意味する。一般に漁業協同組合が漁業権を有し，漁業権行使規則を定めた上で，その組合員が漁業行使権を受け，漁業資源を漁獲する。経営者に付与される漁業権や漁業の許可とは一線を画す。漁業協同組合による漁業の管理という点は，共同漁業権に特有なものではなく，養殖を営む特定区画漁業権にもみられるものであるが，後者においては，共同の管理が本質的なものではない。

(2)　区画漁業権と特定区画漁業権

第1種区画漁業権

　一定の区域内において，石や瓦やその他の資材を敷設して営む養殖業で，これが最も一般的な養殖業である。これらは「ひび建養殖業」「カキ養殖業」「真珠養殖業」「真珠母貝養殖業」「藻類養殖業」「小割式養殖業」がある。

表4-1　漁業権の種類

第1種共同漁業権	地先漁場での採貝漁業と採藻漁業などである。加えて農林水産大臣の指定する定着性の水産動物を目的とする漁業。
第2種共同漁業権	網漁具を移動しないよう敷設して営む漁業（小型定置網漁業，固定式刺網漁業，敷網漁業，袋待網漁業）
第3種共同漁業権	地びき網漁業，地こぎ網漁業，無動力船による船びき網漁業，飼付漁業（ボラ，ブリ等），つきいそ漁業
第4種共同漁業権	寄魚漁業，鳥付こぎ釣り漁業であるが，現在ではほとんど存在しない。
第5種共同漁業権	アユ漁業など内水面（農林水産大臣の指定する湖沼を除く）又は農林水産大臣の指定する湖沼に準ずる海面において営む漁業であり，孵化放流等による資源の増殖が義務付けられる。

第2種区画漁業権
　石や瓦や竹・木などによって囲まれた一定の区域内において魚類を養殖するものをいう。人工的な築堤や網仕切り式などがある。
第3種区画漁業権
　その他の養殖業をいう。地まき式貝類養殖業（第1種共同漁業権としても扱える）。
特定区画漁業権
　組合に免許される組合管理に属する漁業権であり，組合員がその漁業権を行使できるものである。これらは，ひび建養殖業，藻類養殖業，垂下式養殖業（真珠養殖業を除く），小割式養殖業，貝類養殖業であり，入漁権（他の組合の管理漁業権を契約によってその全部又は一部を利用できる権利）を設定できるものである。基本的に漁業協同組合に漁業権免許の優先順位がある（図4-1）。その結果現在のわが国ではこれらの養殖業のうち約96％がこの特定区画漁業権のもとで，上記の種類の養殖業を営んでいる。

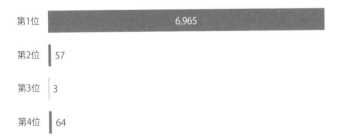

図4-1　特定区画漁業権の免許数と優先順位
(資料：水産庁「海面における漁業権の優先順位に関する実態調査」から作成)

(3) 定置漁業権

　身網の設置水深が最高潮時に27メートル（沖縄県においては15メートル）以上である大型の定置漁業を営む権利であり，漁網で魚類の進路を妨げることにより漁獲する漁業。北海道にあってはサケの漁獲用の定置網はこれに該当す

る。なお，瀬戸内海におけるます網漁業や陸奥湾における落とし網漁業とます
網漁業は，深いところの大型のものであっても，すべて定置漁業の対象とはな
らない。

Ⅱ．漁業権の適格性と優先順位

漁業権の申請があると都道府県知事は，申請者の免許に関する適格性を審査
する。申請者が複数あるときは適格性（必要最小限の要件；労働法令の遵守や
漁村の民主化を阻害しないもの等）のほかに優先順位が考慮され，その結果，
優先順位に該当する者に漁業権が免許される。ノルウェーなど先進諸外国は経
営，技術と環境への配慮が要件である。

(1) 優先順位

定置網漁業と区画漁業の免許は，その種類ごとに優先順位によってすること
が漁業法には細かく規定されている（第15～19条）。なお，同列のものつい
ては漁業の経験があるかどうかなどが勘案される。共同申請では出資過半数を
占めるもので決定する（表4-2，4-3）。

表4-2　定置漁業権の優先順位

第1位	地元漁協又は地元漁民7割以上を含む法人（漁民会社等）
第2位	地元漁民7人以上で構成される法人（生産組合，漁民会社）
第3位	漁業者又は漁業従事者（法人を含む）
第4位	その他の者（新規参入者等）

表4-3　特定区画漁業権

第1位	地元漁協又はその連合会
第2位	上の申請がなかった場合は，地元漁民7割以上を含む法人（漁民会社等）
第3位	地元漁民7人以上で構成される法人（生産組合，漁民会社）
第4位	漁業者又は漁業従事者（法人を含む）
第5位	その他の者（新規参入者等）

（2）　経営者免許の漁業権

経営者免許漁業権には，定置漁業権と区画漁業権（特定区画漁業権に属する
ものを除く。真珠養殖業と第2種区画漁業権）が該当する。これらの漁業を営
むには相当の資金を必要とし，誰でもやれるという性質のものではないので，
直接経営者に対して免許される。

（3）　組合管理漁業権

組合管理漁業権には，特定区画漁業権と共同漁業権があり，漁業協同組合（又
は連合会）が免許を受け，組合が漁業権行使規則を定めて，組合員にその行使
を行わせることができる漁業権を言う。

（4）　漁協への優先的な免許の付与

基本的に地先の定着性の水産資源を漁獲する権利（共同漁業権）は，漁業者
を構成員とし，その地先の漁業資源を漁獲することができる漁業協同組合に与
えられる。共同漁業権を実際に行使するのは漁協の組合員たる漁業者である。
以前は，準組合員と地域住民にも，ワカメなど漁獲の行為は開放していたが，
昭和37年の漁業法改正以降漁業を専業的に営む者に対してのみ漁獲を認める
傾向が強くなり，閉鎖性を増してきている。また，昭和37年の漁業法の改正
で設定された「特定区画漁業権」とは，漁業協同組合の組合員たる特定の者に
当該漁業権の行使を認めるというものであるため，民間企業が養殖業に参入す
る場合は，組合員としての限定的な漁場行使しか認められないため，経営を圧
迫している場合が多い。また，定置漁業権でも免許の第1優先順位は，漁業協
同組合の自営である。しかし，定置網の敷設と運営には多額の資金と技術力が
必要であり，会社や個人が営む場合が多い。その場合でも，宮城県の漁協のよ
うに共同経営者（出資上は主たる出資者となり漁業法上の優先順位第1位で承
認されるが，実態上は民間の経営。）となり，利益等の配分に預かっている。

（5）　現行の規定による新規参入の実態

　いわゆる，特定区画漁業権に一般の市民や個人が県から直接免許を得て新規参入を果たした例はない。漁網会社や種苗会社等が事実上特定区画漁業権の養殖業の経営を支配しているケースは一部地区においてみられる。漁業権漁業ではなく，一般の漁船漁業では都市の住民が，都会から移住して数年で漁業の組合員資格を取得していることがある。その場合，共同漁業権の行使が許される。しかしながら，当該地域で，遠洋漁業の乗組員であったものが，減船で沿岸に帰り，そこで海苔や牡蠣などの養殖業に参入するケースは，一般的にみられる。

　また，都市から移住した者が，長年住みつきそこで準組合員や組合員資格を取得し，共同漁業権と特定区画漁業権を行使できる場合があるが，企業や個人が，即座に新規参入するケースは皆無といってよい。

（6）　特定区画漁業権の区割りの決め方

　特定区画漁業権の下で養殖業を営む場合，都道府県が漁業者から（事実上漁協から）どのような要望があるのかのヒアリングを実施する。その結果を受けて都道府県が「海区調整委員会」の意見を聞く。その意見を聞いた上で，都道府県は最終案「区割りなどを含む免許と行使案」を，再度「海区調整委員会」に諮る。そこで，免許の条件に，出願者が適していることが確認されれば，都道府県としての免許をする。また，ある県では，区割りの案は当該漁協の全体の免許海面の設定は行うものの，その各漁業者への区割りについては，当該漁協にゆだねるケースもあり，その場合，漁協が漁業者の要望を聞き「漁場の区割り」を決定する。

Ⅲ．漁業権の性質

（1）　漁業権の適用範囲

　漁業法第3条では，「公共の用に供しない水面には，別段の規定がある場合

第4章　漁業権とは何か　　　　113

を除き，この法律の規定を適用しない。」とあり，次いで第4条には，「公共の
用に供しない水面であって公共の用に供する水面と連接して一体を成すものに
は適用する。」と規定されている。したがって，公共の用に供する水面に漁業
権が設定されるのはもちろんであるが，たとえば私有地内に深く入り込んだ濠
や池のような水面であっても，漁業権が設定された水面と連接一体を成す水面
（分限がないような場合）であれば，漁業権は適用される。

　なお，ここで「水面」というのは，水の表面だけではなく，水の表面から水
底までの水体全体を含む。さらに，土地の所有権が法令の制限内においてその
土地の上下に及ぶ（民法第207条）ため，それと同じ趣旨で，その水体利用
に必要な範囲において空中と地中も「水面」に含むとするのが妥当であると解
されている。

(2)　漁業権の性質

　漁業権は「物権」とみなし，土地に関する規定（表4-4）を準用するとされ
（第23条第1項），入漁権も物権とみなされる（第43条第1項）。しかし，漁
業権は，相続又は法人の合併による場合を除き，原則として移転の目的にはな
れず（第26条第1項），担保の目的とすることについても制限を受けている（第
23～25条）。また，入漁権は，譲渡又は法人の合併による取得の目的となる外，
権利の目的となることができない（第43条第2項）。

　漁業権が「物権」であるために必要とされる権利の公示は，「免許漁業原簿」
への登録によってなされる（第50条）。この漁業登録は登記に代わるものであ
り，第三者に対抗する要件なので，登録の有無が漁業権の行使に支障を及ぼ

表4-4　「物権」における土地に関する規定の主なもの。

・登記を対抗要件とする。
・先取特権及び抵当権の規定が準用される。
・土地収用法が適用される。
・民事訴訟法等の法律の適用上において，不動産物件と同じ扱いを受ける。

すものではなく，その権利の存否，内容及び範囲を公示する行政上の手続きにすぎない。

ただし，漁業権は，「物権」であるとは言っても，「水面を総合的に利用し，もって漁業生産力を発展させ，あわせて漁業の民主化を図る」という法の目的（第1条）にのっとり，その設定から内容及び行使に至るまで，漁業調整その他公益の観点から種々の制約を受ける。

つまり，漁業権とは，水面の支配権でも所有権でもなく，それぞれの漁業の免許の内容（漁場の位置，区域，漁業種類，漁業時期，漁法等）の範囲内において排他的独占的に漁業を営む権利をいい，いわば水面の「利用権」，「採捕権又は養殖権」であると言える。

さらに言えば，漁業権は直接に水産動植物に対する権利ではなく，これらの所有権又は占有権の取得は，漁業権とは別個の「無主物先占」その他の「物権法」の一般原則によっている。たとえば，定置漁業権と共同漁業権の場合は，水産動植物の採捕の時に採捕者が「無主物先占」によって，その所有権を取得する。一方，区画漁業権の場合は，権利者が占有する水面に自己所有の稚魚稚貝等を放養するため，当初からその所有権を持ち，又は自己の所有物に海藻の種等を付着させることで，「附合」又は「無主物先占」によってその所有権を取得するということになる。

（3）　漁業権の性質に関する学説

諸説あるが，近年は「漁場利用権説」が有力である。この説は，漁業行為をするためには，漁場を使用し漁場から収益することが不可欠であるので，漁業権は漁業行為の目的で漁場を利用できる権利であるというものである。一方，「漁場支配権説」というものがあるが，それは，漁業権は特定の方法で特定の水産動植物を採捕又は養殖するために，特定の漁場を直接的かつ排他的に支配し，その採捕養殖によって経済的利益を享受できる権利であるというものである。

(4)　漁業協同組合と漁業を営む権利に関する学説

漁業組合とその組合員が漁業を営む権利に関する学説は，大きく，「総有説」と「社員権説」に分かれる。

まず，「総有説」とは，共同漁業権の実質は漁業の入会権ないし入会漁業であり，漁協又はその組合員の総有であるという説である。この説は，江戸時代以降における漁場の占有利用権は「総百姓共有」であったという考え方に立脚している。したがって，漁業補償においては，特別の慣習がない限り，補償金は関係組合員全員に帰属し，共同漁業権の放棄と補償金の配分の手続きには，関係組合員全員の同意が必要であるという考えを原点としている。

一方，「社員権説」とは，組合員の漁業を営む権利は，漁協の持つ共同漁業権に基づき，それから派生する権利であり，漁協という団体の構成員としての地位と不可分のものであるとして，組合の制定する漁業権行使規則の定めに制約される「社員権的権利」であるという説である。したがって，補償金は組合に帰属し，共同漁業権の放棄と補償金の配分の手続きは組合の決議によるという考えを原点としている。

IV．漁業権の補償

(1)　漁業補償

漁業補償は，公有水面の埋立・干拓や工場排水等による水質汚濁によって漁業権，入漁権，その他の漁業に関する権利が侵害され，損害が生じたときになされる。

それら権利の侵害が公用収用や公用使用によるときは，憲法第29条第3項に基づいて公法上の「損失補償」が適用され，侵害が不法行為によるときは，民法第709条（不法行為）等に基づく「損害賠償」が適用される。

一般的に，民法の損害賠償は，損害が発生した後のことを規定している「事

後補償」であるが，漁業の場合には，海面に設置する工作物や埋立工事などが実施される前に，工事中や工事完成後に漁業に与えるであろう損害の額を算定して，「事前補償」が行われる。

　既に述べたように，漁業権は「物権」とみなし，土地に関する規定を準用するとされ，入漁権も物権とみなされる。しかし，漁業権は，水面の支配権でも所有権でもなく，それぞれの漁業の免許の内容（漁場の位置，区域，漁業種類，漁業時期，漁法等）の範囲内において排他的独占的に漁業を営む権利をいい，いわば水面の「利用権」，「採捕権又は養殖権」である。漁業権はこうしたある程度制限された権利であるが，不法に権利内容の実現を侵害する者に対して，漁業権者は不法行為に基づく損害賠償を請求でき，また「物権的請求権」（返還請求権・妨害排除請求権・妨害予防請求権）を行使してこれを排除できる。

　また，漁業調整その他公益上の必要による漁業権の変更，取消，行使停止命令については，これによって生じた損失を通常生ずべき損失として漁業権者に補償しなければならない（漁業法第39条第6項）。また，漁業権の行使権の侵害に対しては，「親告罪」が適用される（漁業法第143条）。

　漁業権漁業の補償は，漁業権の対価補償（収益価格によっている）と通損補償（漁業権等の消滅又は制限により通常生じる損失の補償）でなされる。一方，「許可漁業」と「自由漁業」の場合は，当該漁業の利益が社会通念上，権利と認められる程度まで成熟しているものについて，漁業権漁業の場合と同様に補償が行われる。なお，漁業補償された海面でも公有水面であるので，関係する法律は全て適用され，漁業法第11条第1項の規定に基づいて必要がある場合は，再び漁場計画が樹立され，免許されることもある。

(2)　漁業補償額の算定方式

　漁業補償額の「算定方式」として，埋立・干拓の場合に実際に用いられているのは，電発方式，公共方式，農地方式，建設省方式である。

　「補償金の配分」については，判例はどの構成（「総有説」或いは「社員権説」）を採用するかにかかわりなく，補償金は組合の一般財産とは異なり，損失を被

る組合員に配分されるべきものであるとする点でほぼ一致し，また，共同漁業権の放棄と補償金の配分の手続きについては，少なくとも組合総会の「特別決議」（水協法第50条）を必要とする判例（最判平成元年7月13日）がほとんどである。

V．特区と漁業権

（1）　特区設立の経緯

2011年5月，宮城県の村井嘉浩知事は，政府の「東日本大震災復興構想会議」において，漁業法の特例を提言した。大津波襲来の日から二か月後に提言されたこの特例は，「宮城水産業復興特区」を創設し，震災で壊滅的な被害を受けたカキやホタテの養殖業など沿岸漁業の再生に向けて，民間参入・民間資本導入の促進をねらったものである。

（2）　特定区画漁業権の特質

養殖業を行うときも，他の漁業同様，特定区画漁業権が必要で，都道府県知事が免許を与える。漁業法では，この特定区画漁業権は，

①　漁協又はその連合会

②　地元の漁業者の70％以上が所属する法人（漁民会社等）

③　地元漁業者七人以上が株主または社員の法人（生産組合，漁民会社）

④　漁業者と漁業従事者（法人を含む）

⑤　その他の者（新規参入者等）

という優先順位で漁業権を与えることを定めている。宮城県内では，全県をその範囲とする宮城県漁業協同組合（以下，県漁協）が，独占的に特定区画漁業権を県から受け，各漁協の支所に与えてきた。

宮城水産業復興特区の構想は，養殖に関する漁業権のうち，①から③のあいだの優先順位を撤廃し，県漁協と並んで，地元の漁業者が7名または70％以

上でつくる漁業生産組合等にも，県が直接に漁業権を与えることができるものである。たとえば，民間資本と地元の7名以上の漁業者で一つの会社をつくって養殖事業を行う，民間会社は出資の半分以下を提供し，販売力などのノウハウを提供して，漁業者たちが会社組織として事業を行う。漁業者は投資者であるが一般の会社の役員やサラリーマンのような形で一緒に，会社を経営しそして事業に従事する，という考えである。

知事が構想を発表すると，既得権を持つ県漁協は，猛反発。なかでも，漁業者が大きな抵抗を示したのは，「漁師のサラリーマン化」だった。「漁師が給料取りになる考えは受け入れられない。漁師には競争心があり，そのなかで互いに調和を取りながら生きているのだ」と，風土の違いを主張した。

知事は，「収入の安定化，けがや病気で漁に出られないときの保障もあり，高齢化が進むなかで後継者不足を解消する一助にもなる」とし，「農協に頼らない農業法人が力をつけてきており，将来の水産業を考えるなら，漁業もシフトチェンジする時期が迫っており，震災前から第一次産業の大規模化，集約化，経営効率の向上が必要だった」とも語った。

漁業権を得ている漁協に対し，組合員は漁場（カキ養殖用のいかだ）を区分として与える見返りとして，漁場の行使料（一漁業者当たり20～120万円程度）を払う。さらに，カキを出荷する際は漁協を通すので，組合員は手数料として生産高の5.5%を漁協に支払う。この手数料は，養殖用の資材や船，ガソリンを購入するときも支払う。

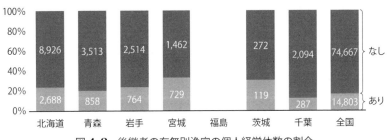

図4-2　後継者の有無別漁家の個人経営体数の割合

県が漁協以外に漁業権を与えると、このような行使料と手数料が漁協に入らなくなる。漁協以外を通じた他の組織や会社の養殖事業への参入は、漁協にとって大切な収入源が減ることにつながる。

宮城県に限らず、漁協の組合員数は、年々減少傾向にある。宮城の県漁協は、震災でカキの生産量も組合員数も減り、組合員の減少に歯止めがかからない状況である。（図 4-2）。

(3) 桃浦は水産特区の第 1 号

宮城県石巻市桃浦地区では、水産特区制度を利用してその実現第 1 号となった。民間企業の資金とノウハウを生かしたカキの養殖が始まっている（図 4-3）。同地区は、震災前の 2010 年には、年間約 200 トン、2 億 5,700 万円のカキの水揚げがあった。19 人が養殖を手がけていたが、1 人は亡くなり、現在 15 人で復興を目指している。そこで、15 人の漁業者が各 30 万円ずつ、県内企業の「仙台水産」が 440 万円、計 890 万円の資本金で「桃浦かき生産者

左上：カキの処理上、右上：筆者（小松）と漁業者との会談の様子
左下：桃浦の漁業者、右下：桃浦漁港
写真 4-1 宮城県桃浦の水産特区の取組（2012 年 12 月 10 日）（写真：小松）

合同会社」を2012年に立ち上げて，カキの養殖から加工・販売まで一貫して取り組んでいる。法人化で，後継者と経営の継続を見込める。また，漁業者は，販売まで責任を有する経営者の一員である。現在では，漁業者会社員，サラリーマンとして，タイムカードを押し，制服を着用し，生産計画の策定に参画し，販売用のカキの加工にも従事し，販売促進の一翼を担っている。

法人化により，会社への入社希望者が多く，若い従業員が増加した。近隣の会社では，「桃浦かき生産者合同会社」の実績と評判を聞きつけ，販売面での共同を提案する会社や，特区というストーリー性に着目した仙台や東京圏の会社が取引を提案するなど，経営は順調な滑り出しをみせている。

写真4-2　桃浦かき生産者合同会社の高圧カキ剥き機（2016年2月）

（4）　漁業権の制約と特区の現況

ところで，東日本大震災後，宮城県の村井知事は「企業に漁業権を与え，その力を借りて復興を果したい」と述べたが宮城県漁協が猛反対をした。水産業復興特区法（2011年12月）は成立したが，経営の概念がなく，旧態の漁業法の漁業権を与える優先順位を，第1位の漁協と，漁業者が7名以上参加する漁業法人を単に同列に扱うものである。漁業者と㈱仙台水産から構成される漁業法人（2012年8月設立）に対して，宮城県は漁業権を与えたが，その事業を制約する内容だ。同社は牡蠣の養殖業に限定され，漁協組合員に与えられるアワビやワカメを漁獲する共同漁業権の行使も認められない。これからの宮城の漁業の復興と将来のシンボルが，足枷をかけられた。それでも，生産も2億円を超え，地域と外部からの雇用も拡大し，外食レストランチェーンなどに販

第 4 章　漁業権とは何か　　*121*

売先も拡大し，剥き手不足と衛生改善用の超高圧のかき剥き機（写真）の開発
も進み，桃浦漁業会社の経営は順調だが，後が続かないとは奇妙である。宮城
県漁協は震災後 15 組織程度ある漁業生産組合等に特区の申請をしないように
圧力をかけたとされる。また，村井知事も県漁協の反対で委縮し，桃浦に続く
事例を作り上げたいとの意欲が見えない。震災後 5 周年を迎え，今後も旧態通
りの生産では生産が減少しよう。

（5）　漁業法人の増加

　その中で法人・企業の新規の参入がカギである。農業では生産法人が約 1,700
法人に達する。農業法人は農地を借り受けて農業を営み，生産物を販売もでき
る。漁業は農業以上に閉鎖的で経済的な利潤の追求をせず，赤字を出しては政
府補助金に依存する体質だ。本来は漁業者が自立すべきところ，自らの赤字の
補充に使っている。

　「特区の基準を旧態制度の遺物である優先順位は撤廃し，経営能力と技術力
とすること。牡蠣だけでなくホタテ等の養殖種も対象とし，共同漁業権も与え
ること」が重要である。2016 年 2 月 21 日には安倍晋三首相も桃浦漁業合同会
社を視察した。政府は真に三陸地方の漁業・養殖業の振興と地方創生を推進す
ることだ。2018 年 8 月 31 日の漁業権更新期（9 月 1 日から施行）には桃浦の
ような漁業法人の増加が必要であるが，宮城県漁協の反対があり現実はそう
なっていない。

第5章　漁業の許可

Ⅰ．概　論

　漁業権漁業は日本に特有な法制度である。江戸時代から，日本は沿岸漁業と沖合の漁業に分けて長い間漁業の許可を与えてきた。沿岸漁業については，漁村のまとまりを単位として漁業の許可を与えてきた。戦後は漁業協同組合をその地域のまとまりとして，其処に，漁獲の権限を与え，漁協がその権限を保持し，それをそこに所属する組合員に与えた。都道府県より漁業協同組合に免許されたものを漁業権といい，組合員がその漁業権を行使する。

　一方，沿岸から離れた沖合では，日本は沿岸漁業とは制度上異なる遠洋漁業と沖合漁業に分けて長い間漁業の許可を与えてきた。沖合海域は，江戸時代から入会とし，誰でもが漁業を行えたが，明治時代に入ると沖合漁業及び遠洋漁業に従事する者に対して漁業許可を与えた。

　昭和37年の漁業法改正以降は，大型船で沖合にて操業するものは農林水産大臣が，それより小型で都道府県の海域で操業するものは知事が許可する。

　農林水産大臣は大型で国際規制の影響を受ける漁業を対象として漁業法（昭和24年法律第267号）の第52条（指定漁業の許可）により漁業を管理する。ほかに大臣が管理すべき第65条の特定大臣許可漁業（旧承認漁業）がある（資料5-1）。

　法定知事許可漁業とは知事許可漁業の中で水産資源の保護と繁殖の点から，2つの都道府県以上にまたがる管理を行う必要があるものである。この場合，農林水産大臣が都道府県ごとに，一定の許可隻数や総トン数などに規制を設ける。たとえば，中型まき網漁業，小型機船底びき網漁業，瀬戸内海機船船びき網漁業と小型さけ・ます流し網漁業は，上記の趣旨から漁業法の第66条第1

第5章　漁業の許可　　123

資料 5-1　漁業法が定めている農水大臣が管理する漁業（法 52 条，65 条）

（指定漁業の許可）

第五十二条　船舶により行う漁業であつて政令で定めるもの（以下「指定漁業」という。）を営もうとする者は，船舶ごとに（母船式漁業（製造設備，冷蔵設備その他の処理設備を有する母船及びこれと一体となつて当該漁業に従事する独航船その他の農林水産省令で定める船舶（以下「独航船等」という。）により行う指定漁業をいう。以下同じ。）にあつては，母船及び独航船等ごとにそれぞれ），農林水産大臣の許可を受けなければならない。

2　前項の政令は，水産動植物の繁殖保護又は漁業調整のため漁業者及びその使用する船舶について制限措置を講ずる必要があり，かつ，政府間の取決め，漁場の位置その他の関係上当該措置を統一して講ずることが適当であると認められる漁業について定めるものとする。

3　第一項の政令を制定し又は改廃する場合には，政令で，その制定又は改廃に伴い合理的に必要と判断される範囲内において，所要の経過措置を定めることができる。

4　農林水産大臣は，第一項の政令の制定又は改廃の立案をしようとするときは，水産政策審議会の意見を聴かなければならない。

5　母船式漁業に係る第一項の許可は，母船にあつてはこれと一体となつて当該漁業に従事する独航船等（以下「同一の船団に属する独航船等」という。）を，独航船等にあつてはこれと一体となつて当該漁業に従事する母船（以下「同一の船団に属する母船」という。）をそれぞれ指定して行うものとする。

6　農林水産大臣は，第一項の許可をしたときは，農林水産省令で定めるところにより，その者に対し許可証を交付する。

（漁業調整に関する命令）

第六十五条　農林水産大臣又は都道府県知事は、漁業取締りその他漁業調整のため、特定の種類の水産動植物であつて農林水産省令若しくは規則で定めるものの採捕を目的として営む漁業若しくは特定の漁業の方法であつて農林水産省令若しくは規則で定めるものにより営む漁業（水産動植物の採捕に係るものに限る。）を禁止し、又はこれらの漁業について、農林水産省令若しくは規則で定めるところにより、農林水産大臣若しくは都道府県知事の許可を受けなければならないこととすることができる。

2　農林水産大臣又は都道府県知事は、漁業取締りその他漁業調整のため、次に掲げる事項に関して必要な農林水産省令又は規則を定めることができる。

一　水産動植物の採捕又は処理に関する制限又は禁止（前項の規定により漁業を営むことを禁止すること及び農林水産大臣又は都道府県知事の許可を受けなければならないこととすることを除く。）

二　水産動植物若しくはその製品の販売又は所持に関する制限又は禁止

三　漁具又は漁船に関する制限又は禁止

四　漁業者の数又は資格に関する制限

124 I. 概 論

項で法定知事許可漁業として規定され，操業する漁船ごとに操業海域を管轄する都道府県知事の許可を受けなければならない（資料5-2）。そして，農林水産大臣は漁業調整のために必要があると認めるときは，知事が許可する漁船の隻数の最高限度や総トン数などを定めて，統一的に規制することができるようになっている。

次に，漁業法第65条（漁業調整に関する命令）第1項及び水産資源保護法第4条第1項の規定に基づいて，漁業調整あるいは水産資源の保護培養を図るうえから，営む者の数を制限する必要がある漁業に関しては，知事許可漁業（一般知事許可漁業）として，都道府県の「漁業調整規則」の中に指定されている。一般知事許可漁業は数が多く，種々雑多であり，大臣許可漁業，法定知事許可漁業，一本釣漁業・延縄漁業等の自由漁業を除けば，ほとんどの漁業がこの中に含まれている（資料5-3）。

従前は，漁業権・入漁権に基づく場合は許可を得ることを要しないとしていたが，平成19年の改正で，原則として，知事による許可を得ることとされた。たとえば，「小型まき網漁業」とは総トン数5トン未満の船舶により巻き網（長方形の網により，魚群を巻いて漁獲する漁業）により漁獲する漁業である。

資料 **5-2** 法定知事許可漁業（漁業法第66条）
（許可を受けない中型まき網漁業等の禁止）
第六十六条 中型まき網漁業、小型機船底びき網漁業、瀬戸内海機船船びき網漁業又は小型さけ・ます流し網漁業を営もうとする者は、船舶ごとに都道府県知事の許可を受けなければならない。

資料 **5-3** 水産資源保護法が定める都道府県知事による漁業の許可
（水産動植物の採捕制限等に関する命令）
第四条 農林水産大臣又は都道府県知事は、水産資源の保護培養のために必要があると認めるときは、特定の種類の水産動植物であつて農林水産省令若しくは規則で定めるものの採捕を目的として営む漁業若しくは特定の漁業の方法であつて農林水産省令若しくは規則で定めるものにより営む漁業（水産動植物の採捕に係るものに限る。）を禁止し、又はこれらの漁業について、農林水産省令若しくは規則で定めるところにより、農林水産大臣若しくは都道府県知事の許可を受けなければならないこととすることができる。

第5章　漁業の許可　　　125

このように，わが国の許可制度は，漁船の大きさ，国際規制を受けるとか操業上の位置により誰（大臣か知事）が漁船に対して許可を発給するのかの法制度であり，漁業の調整はあっても資源の管理と保護の概念が客観的かつ明確には組み込まれていない。資源の大きさや漁獲上限に対して，どれだけの漁船の操業を許可するのかといった内容とはなっていない。すなわち漁業法の規制は，許可の発行者を明示するが，資源の健全性と持続性の担保・達成を目的とはしていない。現行のシステムでは資源悪化や乱獲は防止できないのが現状である。

II．農林水産大臣許可による漁業

（1）　指定漁業の内容（漁業法第52条）

指定漁業とは，漁業法（昭和24年法律第267号）の第52条（指定漁業の許可（P.123 資料5-1））に基づき，政令によって業種の指定を受けた沖合・遠洋の漁業のことをいう。

指定漁業は次の2つの要件を備えた漁業について，政令で具体的に指定された漁業を言う。

① 　水産動植物の繁殖保護または漁業調整のため，漁業者及びその使用する
　　　船舶について，制限措置を講ずる必要がある漁業であること。

② 　政府間の取り決め，漁場の位置，その他の関係上，当該措置を統一して
　　　講ずることが適当である漁業であること。

このような要件は戦後直後の指定遠洋漁業（法第52条）が定められた際には，その性格が理解されたが，昭和37年の改正を経た現在では，承認漁業（法第65条；漁業調整）の規定による漁業が次第に大臣許可漁業とされる一方，大中型まき網や沖合底びき網漁業などは国内で操業が完結していても指定漁業となっているなど，その意味合いが次第に失われてきている。

指定漁業の改変については，関係の漁業者の利害に重大な影響を及ぼすものであることから，「水産政策審議会」の諮問を要件としており，行政権の乱用

を防止する仕組みになっている。

漁業許可の売買，継承と頭付き補充

　許可の売買は，指定漁業の創設の以前（昭和37年）は認められていた（資料5-4）。しかし当時は，水産資源の保護や漁業調整の観点から許可の枠が特定の数に制限される中で，高い値段で許可が売買されることが行われた。これを問題視し，指定漁業の間では，許可の売買を一定の要件を満たす相続や法人の合併と，分割による承継に限定された。

　法第62条は「指定漁業の許可または起業の認可を受けたものが死亡し分割した時は，その相続人，合併後存続する法人もしくは合併によって成立した法人又は分割によって当該船舶を継承した法人は，当該指定漁業の許す又は起業の認可を受けた者の地位を承継する。」としている。

　しかし現実には，漁業の許可等は，そうした制限にかかわらず，広く売買された。特に北洋で利益を上げた漁業者や法人ないしは，国際的な減船によって補償金を得て漁業を継続して営もうとする者は，遠洋まぐろ漁業などの許可を購入した。これらは，高度経済成長期以降活発に行われたが，取り立てて，これを違法の扱いをすることもなく放置され，事実上許可の売買は，慣行として昭和37年以前と同様になされてきた。

　しかしながら，最近は，遠洋漁業は国際協定などにより締め出され，また国際的に操業の条件が厳しさを増しており，許可の売買のうまみと件数は年々減少し，最近では，ほとんど見られない。また，それらを仲立ちしたブローカーもほとんどが廃業した。

　資料5-4　指定漁業の許可及び取締りに関する取扱い方針（昭和38年農令第5号）
　第1章にて，指定漁業とはいかなるものかを定義し，沖合底びき網漁業等資源の管理と国際規制に対応して，漁業許可を実施する方針を示す。
　第2章では，許可と企業の認可の申請，変更と書換えと再交付にかかる手続きと書類を明記している。
　第3章では，操業の区域，期間，漁具と船舶の使用制限及び資源の管理の制限の遵守を要請。水揚げ港，許可船舶に対する停泊と検査命令への遵守を佐定め，その後指定漁業ごとの操業の条件と区域などを明示している。
　第4章は雑則で第5章は罰則である。その後各申請書の様式が定められる。

第 5 章　漁業の許可　　　127

　現在，政令（法第52項第1項の政令で定める漁業）で指定されている漁業
は次のとおり。各漁業の詳細は第8章を参照のこと。

① 　沖合底びき網漁業

② 　以西底びき網漁業

③ 　遠洋底びき網漁業

④ 　大中型まき網漁業

⑤ 　大型捕鯨業

⑥ 　小型捕鯨業

⑦ 　母船式捕鯨業

⑧ 　遠洋かつお・まぐろ漁業

⑨ 　近海かつお・まぐろ漁業

⑩ 　中型さけ・ます流し網漁業

⑪ 　北太平洋さんま漁業

⑫ 　日本海べにずわいがに漁業

⑬ 　いか釣り漁業

（2）　大臣許可漁業の許可の手続き

1）　起業の認可（漁業法第54条）

　漁業の許可を受けようとするものが，すでに漁船を有する者は直ちに漁業の
許可を申請して，それを受ければよいが，漁船の使用権を有していないものは，
それを取得する前に，あらかじめ起業の認可を受けることができる。これは，
許可の事前承認ないしは，条件付き許可であり，漁業者が漁船の取得や建造に
多額の費用をかけて，許可が得られなかったことがないようにするための措置

資料 5-5　漁業法第54条

（起業の認可）
第五十四条　指定漁業（母船式漁業を除く。）の許可を受けようとする者であつて現
　に船舶を使用する権利を有しないものは，船舶の建造に着手する前又は船舶を譲り
　受け，借り受け，その返還を受け，その他船舶を使用する権利を取得する前に，船
　舶ごとに，あらかじめ起業につき農林水産大臣の認可を受けることができる。

である。したがって，義務的な規定ではなく「起業の認可を受けることができる」の任意規定になっている（資料5-5）。

条文中「船舶を使用する権利」とは，正当な法律に基づいて，使用できることをいうのであって具体的には，使用権，賃借権または使用貸借権による権利である。これらの使用権を取得する方法としては，

　①自分で建造すること，

　②他人の所有する船舶を譲り受けること，

　③貸借権等を設定して，他人に貸していたものを返済してもらうこと，

　④他人の船舶を借り受けること

がある。しかし，現在でもかかる規定が必要かどうかは大きな問題である。ましてや，実際に操業しないで，漁業の許可を保有し続ける手段として，この起業の認可が使われている。将来に新許可を発給できる際に，それらの漁業者や経営者が再申請すればよいことで，いつまでも起業の認可で許可をつないでおくことではない。また，直近年での操業隻数は，最近の枠によって規定されるべきで，過去の許可数で規定されるべきではないと考えられる。

2) 許可又は起業の認可をしない場合（漁業法第56条）

一般的に，許可の基準に合致すれば，農林水産大臣は申請者に対して，速やかに，許可をしなければならないが，第56条では次の事情に該当する場合は許可をしない。すなわち，

　①　申請者が不適格性を有する場合

　②　申請にかかる漁業の不当な集中に至る恐れがある場合

　③　母船式漁業おいて船団に属する者の同意がない場合

である。①の不適格性とは，法第57条において，

　(i)　漁業に関する法令を順守する精神を著しく欠くものであること

　(ii)　労働に関する法令を順守する精神を著しく欠くものであること

　(iii)　船舶が条件を満たさないものであること

　(iv)　漁業を営むに足る資本その他の経理的基礎を有しないこと

(v) 適格性を有しないものがどんな名目によるものであっても，実質上当該
　　漁業の経営を支配する恐れのあること

である。しかし，経営上の理由から漁業の許可が取消され，一斉更新時に許可
されなかったという例はほとんど見られない。

　漁業法の法体系とその内容は，その許可や漁業権を与えるための，手続き規
則を定めている。たとえば，漁業権の場合は，漁業権の免許の優先順位を定め
て，申請者が最小限の要件である適格性を満たせば，その優先順位にしたがっ
て漁業権の免許がなされることを法は義務付けている。

　同様に，漁業の許可の場合も，以下のような公示方式を定め，法第52条に
定める漁業種類について，申請に基づき，許可を行うことを規定する。その意
味で，漁業法は，行政庁の義務として，漁業に関して最も重要な許可と漁業権
の免許の方法を定めたものである。

3) 公示方式（漁業法第58条）（資料5-6）

　指定漁業の許可方式の特色は，許可または起業の認可をすべき船舶の隻数，
総トン数等を許可に先立って，あらかじめ公示する公示方式を採用し，公示に
基づいて許可することを原則として規定していることである。これは公示する
ことによって許可と認可の透明性を高めようとしたものである。これにより，
行政庁の恣意的な許可を抑えることができ，また，申請者にとって，いたずら
に許可の申請の機会を失うことをなくするためである。

　農林水産大臣は指定漁業の許可または起業の認可をする場合において，あら
かじめ，当該指定漁業の種類のトン数階層ごとに，許可する漁船の隻数を定め
て，示す必要がある。農林水産大臣は，許可をしても水産動植物の繁殖と保護
に支障がない場合には，当該許可しなければならない。

　1982年の国連海洋法の署名と1994年の発効以降，世界は，科学的基準によ
る持続的方式による漁業管理に移行しつつある。すなわち，定量的な漁獲量を
定めて，その漁獲を漁船に許可をする方式に変更された。わが国は1996年に
批准した。しかしわが国の公示方式は，一般に前回の許可数からの実漁船の増

減を斟酌し，その数値に基づき公示の隻数を定めているので，科学的根拠に基づき漁獲量を制限するための許可隻数との観点を取ることが，図られていない。公示は漁船隻数という漁獲努力量の規制であって，漁獲量というアウトプット規制となっていない。

この点は別の法律である「海洋生物資源の保存及び管理に関する法律」（いわゆる TAC 法律）により，国連海洋法の成立後わが国においても，総漁獲量規制の概念が導入されたが，漁業法と一体となった適切な運営がなされていない。

4)　公示に基づく許可等（漁業法第 58 条の 2）（資料 5-6）

公示の期間中に，許可及び起業の認可にかかる申請が行われた場合であって，その申請内容が，①公示の内容と合致しない場合と，②法第 56 条第 1 項（適

資料 5-6　漁業法第 58 条・58 条の 2

（公示）

第五十八条　農林水産大臣は，指定漁業の許可又は起業の認可をする場合には，第五十五条第一項及び第五十九条の規定による場合を除き，当該指定漁業につき，あらかじめ，水産動植物の繁殖保護又は漁業調整その他公益に支障を及ぼさない範囲内において，かつ，当該指定漁業を営む者の数，経営その他の事情を勘案して，その許可又は起業の認可をすべき船舶の総トン数別の隻数又は総トン数別及び操業区域別若しくは操業期間別の隻数（母船式漁業にあつては，母船の総トン数別の隻数又は総トン数別及び操業区域別若しくは操業期間別の隻数並びに各母船と同一の船団に属する独航船等の種類別及び総トン数別の隻数）並びに許可又は起業の認可を申請すべき期間を定め，これを公示しなければならない。

第五十八条の二　前条第一項の規定により公示した許可又は起業の認可を申請すべき期間内に許可又は起業の認可を申請した者の申請に対しては，同項の規定により公示した事項の内容と異なる申請である場合及び第五十六条第一項各号のいずれかに該当する場合を除き，許可又は起業の認可をしなければならない。ただし，当該申請が母船式漁業に係る場合において，当該申請が前条第一項の規定により公示した事項の内容に適合する場合及び第五十六条第一項各号のいずれかに該当しない場合であつても，当該申請に係る母船と同一の船団に属する独航船等についての申請の全部又は当該申請に係る独航船等と同一の船団に属する母船についての申請が前条第一項の規定により公示した事項の内容と異なる申請である場合及び第五十六条第一項各号のいずれかに該当するときは，この限りでない。

格性を有しない場合等）に該当する場合を除き，農林水産大臣は，許可をしなければならない。

5）許可の申請

　指定漁業では，許可等をすべき隻数や総トン数をあらかじめ定め，そのことを事前に公表をする必要があり，このことを漁業法第58条では公示という。これは，許可と起業の認可を申請する者に対してあらかじめ，明らかなる情報を提供することが目的である。

　許可等の申請期間については，最低3か月の期間が与えられる。しかし，国際交渉などの成り行きで，操業の機会が失われる可能性がある場合には，この期間を短く定めることができる。

6）許可等の承認

　農林水産大臣は，申請者の申請内容が，公示の内容に合致し特別に問題が生じない場合を除き，許可等をしなければならない。問題が生じる場合とは，申請者が適格性を有しない場合，または，申請者に許可することにより，許可の集中を招く恐れがある場合である。また現在は，全くなくなったが，母船式漁業の場合，母船と独航船は一体の内容を明確にした申請がなされる必要があり，結果としてその内容の許可等でなければならない。

　申請の総隻数が公示隻数を超える場合には，公正な方法でくじを行う。ノルウェー等の諸外国の場合，入札によって決めるか，経営や事業内容を勘案して優秀な会社などに許可等を与えている。

7）増トンの計算方法と手続き

　漁業法第61条では，指定漁業の船伯について，増トンや操業海域に変更をする場合においては農林水産大臣の許可を受けなければならないと規定している（資料5-7）。

　ところで，わが国は，各漁業種類を，隻数と総トン数の上限を定め，その範

132 　　　　　　Ⅱ．農林水産大臣許可による漁業

囲内において許可等を行ういわゆる「インプット・コントロール」を行っている。この考え方に立ち，農林水産大臣は当該総トン数の上限の範囲内であれば，個別の漁船については，増トンを認めることを上記の様に法律で定めている。したがって，増トンを希望する者は，そのトン数階層に属する同漁業種類の船舶の許可等を取得し，それを自ら増トンしたい船舶に充当することが原則であ

資料 5-7　漁業法第 59 条・61 条

（許可等の特例）

第五十九条　次の各号のいずれかに該当する場合は、その申請の内容が従前の許可又は起業の認可を受けた内容と同一であるときは、第五十六条第一項各号のいずれかに該当する場合を除き、指定漁業の許可又は起業の認可をしなければならない。

　一　指定漁業の許可を受けた者が、その許可の有効期間中に、その許可を受けた船舶（母船式漁業にあつては、母船又は独航船等。以下この号から第三号までにおいて同じ。）を当該指定漁業に使用することを廃止し、他の船舶について許可又は起業の認可を申請した場合

　二　指定漁業の許可を受けた者が、その許可を受けた船舶が滅失し、又は沈没したため、滅失又は沈没の日から六箇月以内（その許可の有効期間中に限る。）に他の船舶について許可又は起業の認可を申請した場合

　三　指定漁業の許可を受けた者から、その許可の有効期間中に、許可を受けた船舶を譲り受け、借り受け、その返還を受け、その他相続又は法人の合併若しくは分割以外の事由により当該船舶を使用する権利を取得して当該指定漁業を営もうとする者が、当該船舶について指定漁業の許可又は起業の認可を申請した場合

　四　母船式漁業について第一号又は第二号の規定により許可又は起業の認可が申請された場合において、従前の母船若しくは独航船等を当該母船式漁業に使用することを廃止し、又は従前の母船若しくは独航船等が滅失し若しくは沈没したため従前の母船と同一の船団に属する独航船等又は従前の独航船等と同一の船団に属する母船に係る母船式漁業の許可又は起業の認可がその効力を失つたことにより、その許可又は起業の認可を受けていた者が、当該許可若しくは起業の認可に係る独航船等若しくは母船又はこれらに代えて他の独航船等若しくは母船を当該申請に係る母船と同一の船団に属する独航船等又は当該申請に係る独航船等と同一の船団に属する母船として許可又は起業の認可を申請したとき。

（変更の許可）

第六十一条　指定漁業の許可又は起業の認可を受けた者が、その許可又は起業の認可を受けた船舶（母船式漁業にあつては、母船又は独航船等。以下この条及び次条において同じ。）について、その船舶の総トン数を増加し、又は操業区域その他の農林水産省令で定める事項を変更しようとするときは、農林水産大臣の許可を受けなければならない。

る。この際，増トンのための補充の対象となる船舶の廃止が伴う場合は，法第59条（許可等の特例）第1項の手続きを合わせて行う。

　増トンの計算方式としては，大型化する漁船の属するトン数階層の上限に対し，現在所属する漁船の上限があり，原則としてその差額を計算し，そのトン数分を購入等により取得し，増トン補充する。

　この増トンには，漁獲努力量の増加に結びつかない増トンもあり，それは居住区の拡大などである。この際は特段に他の船舶からの補充トン数の取得を必要とせず，行政庁の定める増トン数の手続きに従って行うことが適切である。

8)　許可名義人と連帯保証。

　漁業許可は，現に漁業を営む許可を所有しているものが，許可の名義人であることが一般的であるが，名義人が必ずしも当該漁業を営むとは限らない。しかし，許可の保有者としての責任が付いて回るし，通常は経営責任も発生している。この経営者は自己の漁業経営の円滑な実施のために，施設資金と運転資金の確保が必要であり，金融機関からの借り入れが必要な場合が多く，その際には連帯保証人が必要となるか，信用保証協会からの保証が必要である。漁業者の場合，概して漁業者同士で連帯保証を行っているケースがあり，自己が許可を得て操業する漁業の経営だけでなく，連帯保証人の経営が，その漁業経営に大きな影響を及ぼすケースが多い。

9)　許可名義人と経営者・船舶所有者と運行責任者と各種名義人

　このように漁業経営の場合，ケースしだいでは，漁業の経営の実態が複雑に入り組んでいる。船舶の所有が経営者と別途なのは，漁船の投資が膨大だからであり，経営者と当該所有者と契約期間との内容などを厳密に承知する必要があるからである。また運行責任者（漁労長）などの腕と能力が生産金額とコストに大きな影響を及ぶすので，この点についても十分に把握することが重要である。しかし，ITQを導入した外国ではこれらの点の重要性は低下ないし消滅した。

10) 漁船賃貸関係

漁船の貸借については漁業法上の規則に基づいて行う場合は合法である。漁業が漁船という投資を伴うものであることから，貸借の関係を認めている。

11) 許可の失効

漁業法第62条の2（資料5-8）によれば，許可の失効とは，一度完全に成立した許可等が，行政庁の意思に基づかず，許可等の内容を保持することができなくなり，その結果その効力を失うことを言う。失効は，有効期間が満了する場合，個人が死亡した場合，または会社を解散した場合はこれに該当するが，相続人や合併により相続した場合には，この許可は失効しない。許可を受けた者が，操業の権利を放棄する場合も，許可は失効する。また船舶を，その漁業に使用せず，廃止したと認定される場合も失効とされる。

12) 許可の失効の基準（内容）

許可が失効する基準は以下のとおり。

ⅰ）船舶の使用の廃止による失効：許可の使用者が当該船舶の使用を廃止した時。

ⅱ）消滅や沈没による失効：許可や企業の認可を受けた船舶が沈没または消滅した時，6か月以内に申請すれば，許可・認可を受けることができる。

資料 5-8　漁業法第62条の2

（適格性の喪失等による許可等の取消し）

第六十二条の三　農林水産大臣は，指定漁業の許可又は起業の認可を受けた者が第五十六条第一項第二号又は第五十七条第一項各号（第四号を除く。）のいずれかに該当することとなつたときは，当該指定漁業の許可又は起業の認可を取り消さなければならない。

2　農林水産大臣は，指定漁業の許可又は起業の認可を受けた者が第五十七条第一項第四号に該当することとなつたときは，当該指定漁業の許可又は起業の認可を取り消すことができる。

3　前二項の規定による許可又は起業の認可の取消しに係る聴聞の期日における審理は，公開により行わなければならない。

第5章　漁業の許可　　135

ⅲ）使用権の喪失による失効：使用する船舶の使用権を失った時。
母船式の場合は，母船ないし独航船の一部が廃止されたときは一体として許可
が失効する。

13)　許可等の取り消し

漁業法第56条第1項第2号又は第57条第1項各号（資料5-9）のいずれ
かに該当する場合，すなわち，許可等を受けた者が適格性（漁業法令の遵守や
労働法令の遵守）を有するものでなくなった場合や当該漁業の不当な集中を招
き，資源の管理上，当該許可が問題を生じる恐れがあるときなどには，農林水
産大臣は許可等を取り消さなければならない。

（3）　特定大臣許可漁業（漁業法第65条第1項・当該農水省令）

指定漁業が行われ，漁業が禁止される海域では，指定漁業に該当しないもの
について農林水産大臣の許可を得て，操業することができる（「特定大臣許可
漁業等の取締りに関する省令」）。特定大臣許可漁業としては，ずわいがに漁業，
東シナ海等かじき等流し網漁業，東シナ海はえ縄漁業（まぐろはえ縄漁業を除

資料5-9　漁業法第56条・57条第1項

（許可又は起業の認可をしない場合）
第五十六条　左の各号の一に該当する場合は、農林水産大臣は、指定漁業の許可又は
　　起業の認可をしてはならない。
　　二　その申請に係る漁業と同種の漁業の許可の不当な集中に至る虞がある場合
（許可又は起業の認可についての適格性）
第五十七条　指定漁業の許可又は起業の認可について適格性を有する者は、次の各号
　　のいずれにも該当しない者とする。
　　一　漁業に関する法令を遵守する精神を著しく欠く者であること。
　　二　労働に関する法令を遵守する精神を著しく欠く者であること。
　　三　許可を受けようとする船舶（母船式漁業にあつては、母船又は独航船等）が農
　　　林水産大臣の定める条件を満たさないこと。
　　四　その申請に係る漁業を営むに足りる資本その他の経理的基礎を有しないこと。
　　五　第一号又は第二号の規定により適格性を有しない者が、どんな名目によるので
　　　あつても、実質上当該漁業の経営を支配するに至るおそれがあること。

く），大西洋等はえ縄等漁業（まぐろはえ縄漁業を除く）と太平洋底刺し網等漁業（公海で行うものでまぐろはえ縄漁業を除く）がある（特定大臣許可漁業等の取締りに関する省令第1条第2項）。

（4）　届出漁業（漁業法第65条・当該農水省令）

　届出漁業とは指定漁業，特定大臣許可漁業以外の漁業であって，操業の期間開始前に所定の届け出をして営む漁業を言う。かじき等流し網漁業，沿岸まぐろ延縄漁業，小型するめいか釣り漁業，暫定措置水域沿岸漁業等がある（特定大臣許可漁業等の取締りに関する省令第1条第3項）。2014年（平成26年）から沿岸まぐろ延縄漁業が届出漁業となった。

　現在において母船式漁業はなくなってしまったが，かつては母船式さけ・ます漁業，母船式まぐろ漁業や母船式かに漁業があった。現在では母船式捕鯨業が残っているが，実際は鯨類捕獲調査事業に従事する母船式船団として残っているのであって，政令上の母船式捕鯨業としての大臣許可を得ているものではない。

　母船式漁業の許可は母船及び独航船（キャッチャーボート）ごとにそれぞれ行われ，その許可をしたときにはその社に対してそれぞれ許可証を交付する。しかし，母船式という一体性から，母船には付属する独航船を指定して，独航船には所属する母船の名称を明記して許可証を交付する。

資料**5-10**　漁業法第65条第1項

（漁業調整に関する命令）

第六十五条　農林水産大臣又は都道府県知事は、漁業取締りその他漁業調整のため、特定の種類の水産動植物であつて農林水産省令若しくは規則で定めるものの採捕を目的として営む漁業若しくは特定の漁業の方法であつて農林水産省令若しくは規則で定めるものにより営む漁業（水産動植物の採捕に係るものに限る。）を禁止し、又はこれらの漁業について、農林水産省令若しくは規則で定めるところにより、農林水産大臣若しくは都道府県知事の許可を受けなければならないこととすることができる。

（5） 試験操業許可の目的と内容

1） 試験操業許可とは

試験操業については，漁業法施行規則（昭和25年3月農林省令第16号）で定められている。その第1条（試験研究等の場合の適用除外）において，調査研究や漁場の開発等の起業化試験は，漁業法第52条（指定漁業の許可）などの適用除外となる。しかしながら，これには農林水産省令で，目的や試験操業の内容等が規定される。

基本的には，新漁場の開発や，漁場が存在することが分かっていても，それが企業化できるのか等の可能性を確かめることが目的である。特に漁場開発では，巻き網漁場を大西洋，インド洋や南太平洋で開発し，企業化するケースが多かった。また試験操業の許可は，同一の魚種を対象とする場合，資源の競合やマーケットでの価格と消費の競合が明らかにみられる場合，自らが属する業界と異なる競合団体からの反対がある。その場合，本許可に直ぐ移行することは困難なので，試験許可の操業を許可しながら，反対業界との調整と話し合いに勤めることがある。

また一方，将来の資源の持続的利用のために，目的を掲げて，試験研究を，資源，生物特性とマーケットなどで行うことがある。これは鯨類捕獲調査の場合である。

2） 漁業許可と試験操業許可との関係

漁業の本許可は漁業法第52条の指定漁業につき，許可の申請をして，特段問題のないものについては許可される。試験操業許可は，漁場としても起業化としても，まだ開発や試験の途上にあり，企業や漁業経営体が同許可を取得し，単独で操業を可能とする段階に至っていないもの。

一方で，試験操業が漁業の開発や水産物の販売その他で，企業化のめどが立つ場合には本許可に移行することが妥当である。他方，ほかの業界との調整がつかない場合，長期間にわたり，試験操業許可の扱いのままである，海外まき

138   Ⅲ. 知事許可漁業

網漁業のケースもある。

3) 一斉更新時の本許可との関係

　これまで，巻き網漁業において，日本近海で操業していたものが，漁獲努力量の過剰で，他の漁場や漁法への転換を強いられる場合があった。こうした場合，当初試験操業許可として，水産庁がその操業を許可し，次第に，その試験操業許可に基づき，実績が強化され，反対派の理解が得られることを見はからって，本許可に移行されるといった手続きが取られる。これは，指定漁業の一斉更新時に明確にその意図を明らかにする必要があり，試験操業から，本許可に移行する場合には，一斉更新の中で取り扱う。

　ところで，海外まき網漁業の場合，本許可は大中型まき網漁業として，取得しており，太平洋の中心地の南太平洋での操業区域は分離されたが別途の指定漁業にはなっていない。したがって，未だに国内の関係する業界との調整が困難であることを示している。このため，何度も一斉更新の機会がありながら「海外まき網漁業」は独立した指定漁業にはなっていないとの変則性を抱えている。

Ⅲ. 知事許可漁業

(1) 法定知事許可漁業

　知事許可漁業の中には水産資源の保護と繁殖の点から，2都道府県以上にまたがる管理を行う必要があるものがある。ある特定の県の知事が当該許可を乱発した場合，それが他県にも影響を及ぼす場合である。この場合，取り締まりは都道府県が行うのが適切ではあるが，一定の歯止めを国の観点から規制を付しておく必要がある。この場合，農林水産大臣が都道府県ごとに，一定の許可隻数や総トン数などに規制を設けるものである。

　たとえば，中型まき網漁業，小型機船底びき網漁業，瀬戸内海機船船びき網

漁業と小型さけ・ます流し網漁業は上記の趣旨から，漁業法の第66条第1項で法定知事許可漁業として規定され，操業する漁船ごとに知事の許可を受けなければならない。この際，農林水産大臣は知事が許可する船舶の総トン数などを定め，これを超える許可を知事が行うことを禁止することができる。

1）中型まき網漁業

　総トン数5トン以上で40トン未満の船舶により，巻き網を使用して行う漁業を言う。しかし，指定漁業に定められるものを除く。中型まき網の許可の対象は網船だけであって，火船などの付属船はこの対象とはならない。しかし，総量規制がなく，漁獲努力量の規制がないこの状態は，現代に即しているかどうかの検証が必要である。

　一般には，総トン数40トン以上の巻き網船が「指定漁業」としての扱いを受けるが，北部太平洋の海域で従来より操業する15トン以上の巻き網船は，指定漁業の扱いを受ける。

　また，隻数と総トン数のほか，大臣許可の「指定漁業」と競合する可能性のある北部太平洋の海域では，船舶の馬力の総キロワット数を定めている。

2）小型機船底びき網漁業

　小型機船底びき網漁業は，総トン数15トン未満の動力漁船により底引き網を使用して行う漁業をいう。「底びき網漁業」とは，囊状の網を海底に着底させ開口をしながら曳航して，漁獲物を得る漁業である。この漁業は，
　　①　手繰第1種漁業（網口開口装置を有しない網具を使用）
　　②　手繰第2種漁業（ビームを有する網具を使用）
　　③　手繰第3種漁業（桁を有する網具を使用）
　　④　打瀬漁業
　　⑤　その他の小型機船底びき網漁業
がある。
　地域によりその漁業の形態はまちまちであり，全国一律の規制をかけること

は必ずしも適切ではないため，細目については都道府県が規制を定めることとされている。漁業の先進地である瀬戸内海と瀬戸内海以外では，隻数などの制限がトン数階層によって異なる。また，東京湾や瀬戸内海などの半閉鎖海で操業する漁船については，馬力の最高の限度が定められている。

3) 瀬戸内海機船船びき網漁業

瀬戸内海機船船びき網漁業とは，瀬戸内海において総トン数5トン以上の動力漁船を用いて，中層と上層を曳網する曳網や曳寄網を使用して行う漁業をいう。いわば，表中層のトロール網漁業である。瀬戸内海では曳船を使用しないパッチ網漁業もある。また，網船が無動力船で曳網を使用する船びき網漁業がある。

4) 小型さけ・ます流し網漁業

小型さけ・ます流し網漁業とは総トン数30トン未満の動力漁船により流し網を使用してサケ・マスを漁獲する漁業をいう。流し網とは，網の位置を碇等で固定せず，海流や潮力などを利用して流して使用する刺し網をいい，漁獲目的の水産動物の遊泳を遮断することによって漁獲する漁具をいう。資源の関係からは，ロシア系サケ・マスを漁獲することから，「指定漁業」の中型さけ・ます流し網漁業と同一の範疇で考える必要があるが，一方で，経営規模が弱小なことから地方の実情に応じて配慮することが好ましい。

(2) 一般知事許可漁業

漁業法第65条第1項及び水産資源保護法第4条第1項の規定に基づき，漁業取締その他漁業調整及び水産資源の保護培養上の必要性から，各都道府県においては，「漁業調整規則」と「内水面漁業調整規則」が制定され，各種の規制措置が講じられている。これら規則によって，営む者の数の制限を必要とする漁業に関しては，知事の許可漁業に指定されている（一般知事許可漁業）。これらの中で，船舶の総トン数又は馬力数が漁獲努力に大きく影響するような

漁業は，法定知事許可漁業と同様に，船舶ごとに許可を必要とするものもある。

　一般知事許可漁業は非常に数が多く，また多種多様であり，これまで説明した大臣許可漁業と法定知事許可漁業のほか，自由漁業を除けば，ほとんどの漁業がこの中に含まれている。

　なお，許可漁業については，従前は漁業権・入漁権に基づく場合は許可を得ることを要しないとしていたが，平成19年の改正で，原則として，知事による許可を得ることとされた。

　主な一般知事許可漁業を示せば，次のとおりである。

1) 小型まき網漁業

　小型まき網漁業とは，総トン数5トン未満の船舶により巻き網を使用（長方形の網により，魚群を巻いて漁獲）して行う漁業。同じ巻き網漁業でも総トン数5トン以上40トン未満の漁船により行う中型まき網漁業と，総トン数40トン以上の漁船により行う大中型まき網漁業がある（指定漁業）。

2) 機船船びき網漁業

　機船船びき網漁業とは一般に，漁船により船引き網を引いて行う漁業を言う。瀬戸内海においては，特に5トン未満の漁船において船引き網を使用して行う漁業をいう。（総トン数5トン以上は，瀬戸内海機船船びき網漁業である。）

3) ごち網漁業

　ごち網漁業とは吾智網を使用して行う漁業を言う。吾智網とは楕円形に一枚の網を結節により袋状になった網とその両端に決着された網からなり，引き網に包囲系を狭めることによって，タイなどを威嚇して袋状の部分に追い込み，網に刺したりして漁獲する漁法を言う。これは巻き網にも船引き網漁法にも属しないが，瀬戸内海ではタイの一本釣り漁法と競合することがある。

4) さし網漁業と固定式さし網漁業

　一般に，魚群の遊泳を阻止して，さかなを網目に刺したり網地にからませたりすることにより漁獲する漁法を言う。この中で漁具を碇等で移動しないように，固定して使用するものを固定式さし網漁業という。また，その他をさし網漁業という。固定式さし網漁業は法第6条第5項第2号に規定されている小型定置網と同列の範疇の第2種共同漁業権に該当するものである。

5) さけ・ますはえ縄漁業

　これは，延縄を使用してシロザケやサクラマスなどのサケ・マスを漁獲する漁業を言う。これに類似した漁業に「小型さけ・ます流し網漁業」があり，これは流し網を使用して漁獲するものである。これらは漁場の競合をする場合が多い。

6) しいらづけ漁業

　しいらづけ漁業とは，漬け木を置いてシイラを集め，巻き網や一本釣りなどで漁獲する漁業をいう。この場合巻き網を使用する場合には，更に中型まき網漁業や小型まき網漁業などの漁業の許可を取得する必要がある。以前はこの漁業は法第6条5項第3号の第3種共同漁業権の内容として扱っていたが，漁場が距岸10数マイルに設定されることが多く，共同漁業権としては適切ではなくなり，1962年（昭和37年）の法改正時に第3種共同漁業権から外されて，知事許可漁業とされた。また，当該漁業を，他の漁業が使用する場合も多いので，海区調整委員会の指示で他の漁業の操業を制限する措置を取ることもある。

資料 **5-11**　漁業法第6条（漁業権の定義）

第六条
　5　「共同漁業」とは、次に掲げる漁業であつて一定の水面を共同に利用して営むものをいう。
　　三　第三種共同漁業　地びき網漁業、地こぎ網漁業、船びき網漁業（動力漁船を使用するものを除く。）、飼付漁業又はつきいそ漁業（第一号に掲げるものを除く。）であつて、第五号に掲げるもの以外のもの

7)　たこつぼ漁業

　「たこつぼ漁業」とはタコが海底の穴に閉塞する性質を利用し，海底にたこつぼを設置して，たこを捕獲する漁業をいう。この漁法は長期間海底に漁具を設置するので，底引き網との競合の問題が発生する。したがって第1種共同漁業権として，漁業権化されているが，それ以外は知事許可漁業として制度化されている。

8)　潜水器漁業

　潜水器漁業とは，酸素などを送り潜水時間を長期化させて，漁獲物を漁獲する漁業を言う。単に，遊泳のヒレをつけるのもは含まない。第1種共同漁業権の内容に原則として含まれるが，県によっては追加的に当該許可を取得することを義務付けている。魚介類を捕獲する場合，これらの漁業を，数的に制限する必要もあり，許可の台数などを定めている場合もある。

9)　地びき網漁業

　地びき網漁業とは，地曳網を使用して行う漁業を言う。地曳網とは両翼に綱をつけ袋状の網を陸地から引いて漁獲物を漁獲する漁具を言う。漁業法上では第3種共同漁業権の内容に含まれるものではあるが，船びき網漁業と異なり，あまり漁業の競合の可能性は少ない。

10)　小型定置網漁業

　小型定置網漁業とは，身網を設定して行う漁業であって，身網の設定される場所の最大水深が27メートル未満のものである。本来は共同漁業権の第2種として扱われるが，漁具を固定する場合は，知事許可漁業として扱われる。

第6章　漁業調整

Ⅰ．漁業の紛争の調整

　漁業調整とは，狭義には「漁業上の紛争の調整」である（新漁業法の解説（昭和37年））。

　漁業紛争は，漁具漁法が急速に発達した江戸時代以降各地で起きているが，とくに戦後から昭和40年代にかけては，わが国沿岸漁場周辺における超過密な漁船操業によって，各地で大きな漁業紛争が勃発した。

　たとえば，代表的な漁業紛争を挙げれば，高知・愛媛両県漁業者による宿毛湾沖の紛争，青森・秋田両県漁業者による久六島の争奪戦，佐賀・福岡両県漁業者による有明海の筑後川尻の紛争，山口・福岡・大分3県漁業者による周防灘紛争，機船底引き網漁業者と沿岸漁業者の間で起きた越佐海峡事件，サバ巻き網漁業者とイカ釣り漁業者の間で起きた八戸沖漁場のイカ・サバ紛争，サバをめぐる釣り漁業者と巻き網漁業者との利根川尻の漁場争奪戦などがある（金田禎之著「漁業紛争の戦後史」）。また，これら以外にも，紀伊水道における小型機船底引き網漁業の違反船問題，島根・山口両県漁業者による県境紛争等々，枚挙にいとまがない。

　それら漁業紛争の調整は，戦後漁業法の成立（昭和24年）に基づき，漁業者委員を中心とする「漁業調整委員会」システムの運用によって，原則として当事者間の話し合いに重点を置いて進められたことから，いずれも長い時間と労力をかけてねばり強く続けられ，未だに解決を見ていない問題が数多く存在している。

　しかし，漁業法の歴史並びに条文に鑑みれば，漁業調整とは，漁業法の目的である民主化の達成のための漁民への漁業権及び許可の付与（適格性と優先順

第6章 漁業調整　　*145*

位に基づく）と，漁業調整委員会を通じての漁民参加による意思決定の機能と
紛争調整の役割を言うのであるから，科学的合理性に基づく解決を目指すので
はないかぎり，最終的な目的達成には至り難いという本質的な問題を抱えてい
るのである。

　明治漁業法を改正した戦後漁業法は，漁民層が搾取された旧体制の打破と漁
民層が直接漁場の利用に参画することが大きな目的である。明治漁業法では先
願主義と更新主義により，実際に漁獲に従事しない網元や資本家が漁業資源を
支配・統制し，漁民層から経済的に搾取した。戦後は農地改革と同様に封建制
からの解放が目的であった。そして，，戦後70年以上が経過した現在，沿岸
漁業の生産性の低下と沿岸漁業者の経済的な困窮は変わらない。

II．漁業調整機能

（1）　科学に基づかない漁業調整

　漁業法は，「漁業者及び漁業従事者を主体とする漁業調整機能の運用によっ
て，水面を総合的に利用し……漁業の民主化を図ることを目的とする」（第1条）
としている。

　明治漁業法の改正は民主化が主な目的であって，科学がより発達した現在，
資源の科学的根拠に基づく持続的利用の概念の導入が求められるのであるが，
現在の日本の漁業法の中には存在しない。

　また，法では，「都道府県知事は漁業調整その他公益に支障を及ぼさないと
認めるときは，当該漁業の免許について，海区漁業調整委員会の意見を聞き
……」（第11条）と定められているが，このことは公益に反しない限り，漁
業権を免許する根拠となっており，資源と環境が悪化した時にでも漁業権の免
許や漁業の許可の発給を拒否できない，つまり，免許・許可は原則与えられる
べきことと解される。

　この場合における「海区漁業調整委員会」への諮問とは，漁業紛争を事前に

146　　　　　　　　　　　　　Ⅱ．漁業調整機能

調整するためのものであり，ここでは単に都道府県知事が免許を発給する際の
内容的制限と目標明記のない手続き規定を定めているにすぎない。このような
規定に基づき，数値目標とそれを実現する実施制度がないまま政策が実施され
た結果，沿岸資源の悪化と低位な生産性が続き，現在でも沿岸漁船漁業の所得
は190万円（平成27年水産白書）に低迷しているのである。

（2）　許可漁業と沿岸漁業との境界紛争

　元々は江戸時代から，漁業紛争は至る所にあった。しかし現行の漁業法の問
題は戦後の漁業制度改革が不十分なことに派生する。しかし戦後直後は水産資
源の客観的指標である資源量の把握ができない限界があった。連合国総司令部
（GHQ）は漁業協同組合が保有できる漁業権は，磯付きの資源である専用漁業
権に限定するとの強い意向を示したので，専用漁業権から派生した現在の共同
漁業権ができ上がった（第1種共同漁業権）。この際の最大の問題は，明治漁
業法の専用漁業権中で漁獲していた浮魚がまき網漁業などの大臣許可漁業等に

資料 6-1　漁業法第 11 条

第十一条　都道府県知事は，その管轄に属する水面につき，漁業上の総合利用を図り，
　漁業生産力を維持発展させるためには漁業権の内容たる漁業の免許をする必要があ
　り，かつ，当該漁業の免許をしても漁業調整その他公益に支障を及ぼさないと認め
　るときは，当該漁業の免許について，海区漁業調整委員会の意見をきき，漁業種類，
　漁場の位置及び区域，漁業時期その他免許の内容たるべき事項，免許予定日，申請
　期間並びに定置漁業及び区画漁業についてはその地元地区（自然的及び社会経済的
　条件により当該漁業の漁場が属すると認められる地区をいう。），共同漁業について
　はその関係地区を定めなければならない。
2　都道府県知事は，海区漁業調整委員会の意見をきいて，前項の規定により定めた
　免許の内容たるべき事項，免許予定日，申請期間又は地元地区若しくは関係地区を
　変更することができる。
3　海区漁業調整委員会は，都道府県知事に対し，第一項の規定により免許の内容た
　るべき事項，免許予定日，申請期間及び地元地区又は関係地区を定めるべき旨の意
　見を述べることができる。
4　海区漁業調整委員会は，前三項の意見を述べようとするときは，あらかじめ，期
　日及び場所を公示して公聴会を開き，利害関係人の意見をきかなければならない。

第 6 章 漁業調整 147

移行したことであり，このことが現在の大中型まき網と中型まき網漁業が距岸
1マイル程度の共同漁業権内外の沿岸漁場で操業し，漁業紛争を招く原因と
なっている。

(3) 沿岸漁業と指定漁業の軋轢

青森県の太平洋側及び日本海側の大臣指定漁業（沖合底びき網漁業と大中型
まき網漁業）の操業規制ラインは，指定漁業の許可及び取締り等に関する省令
（昭和38年1月22日農令5）の第17条によって操業区域や期間などの制限が
設けられている。第17条では，

> 「指定漁業者は，別にこの省令で定める場合のほか，それぞれ操業の区域若しくは期
> 間における特定の漁具若しくは船舶を使用し若しくは特定の漁法によってする操業若
> しくは特定の種類の水産動物の採捕に関する制限又は禁止の措置に違反して，当該指
> 定漁業を営んではならない．」

と規定されている。しかし，事実上指定漁業は沿岸のぎりぎりの海域で操業で
きる。

沖合底びき網漁業の禁止海域は日本海側については青森県の距岸1海里，0.7
海里，1海里，1.5海里，3海里，5海里以内などと地先別に定められている。
また，太平洋側の禁止区域は距岸1海里，1.4海里，1海里，5海里，5海里，
5海里以内などと定められている。これらの線は，共同漁業権内を横切り，沿
岸漁業の操業妨害と漁獲量の減少に影響を及ぼす。

大中型まき網漁業の操業禁止については，漁業法第52条第1項の指定漁業
を定める政令（昭和38年1月22日政令6）により青森県の尻屋崎灯台から千
葉県の野島崎灯台の最大高潮時海岸線の外側で操業が可能であり，事実上操業
規制区域がないに等しい。

岩手県や宮城県などでも共同漁業権区域内を大中型まき網漁業が操業し，沿
岸漁業とあつれきを生じている。

（4） 大型船は3海里以遠操業の外国

　八戸沖の操業調整に係る協定が青森県八戸市の漁業関係団体（八戸いか釣り漁業協議会など）と北部太平洋海区まき網漁業生産調整組合との間で大中型まき網漁業の操業（投網時の沿岸漁船との距離）や操業の申し合わせなどについて，操業海域及び時期などの協定が締結されているが，上記の禁止区域が前提である。

　ところで，アメリカ，オーストラリアとアイスランドなど諸外国では大型の漁船は3海里以遠か12海里以遠で操業し，更に，個別漁船毎漁獲割当（IQ）を持って，操業する。それで漁業紛争を減少させるとともに，資源の維持回復を果たしている。

（5） 漁業調整委員会

1) 海区漁業調整委員会

　海区漁業調整委員会は民主化を目的とした戦後漁業法の柱である。民主化とは資源の科学的根拠に基づく管理とは全く無関係である。ここに現在の漁業法の限界と問題が存在する。

　日本の沿岸漁業の歴史は，沿岸域の漁業紛争，資本漁業者と漁業従事者の対立の歴史でもある。沿岸の漁業者と漁業従事者の救済のための仕組みが，海区漁業調整委員会であり，資本制漁業からの抑圧と独占操業を排除する仕組みとされた。しかしこの委員会には，アメリカやノルウェーにみられる科学に基づく持続的利用の原則は全く入っていない。

　海区漁業調整委員会の大半の委員選任も戦後当初は一般の選挙によった。公選委員は7名で，知事の任命の者が3名であったが，昭和37年漁業法の改正で9名と6名に改正された。この委員会が知事による漁業権の免許，許可の方針の検討などを行うが，この委員の選挙に際して漁協などが候補者を割振っており，漁業協同組合長や幹部が選挙無しのストレートで選ばれることが多いため，結果的に現在では漁民社会の民意を的確に反映していない。学識経験者

第6章 漁業調整 149

の多くも漁業関係者か都道府県行政の出身者で，公益委員もまた，地方自治体の長などでは，専門性を有しかつ公平性を実現できる立場にはなく，科学的専門性を熟知している者はほぼ見られないのが現状である。

資料 6-2　漁業法第 82 条～85 条

（漁業調整委員会）

第八十二条　漁業調整委員会は，海区漁業調整委員会，連合海区漁業調整委員会及び広域漁業調整委員会とする。

2　海区漁業調整委員会は都道府県知事の監督に，連合海区漁業調整委員会はその設置された海区を管轄する都道府県知事の監督に，広域漁業調整委員会は農林水産大臣の監督に属する。

（所掌事項）

第八十三条　漁業調整委員会は，その設置された海区又は海域の区域内における漁業に関する事項を処理する。

（設置）

第八十四条　海区漁業調整委員会は，海面（農林水産大臣が指定する湖沼を含む。第百十八条第二項において同じ。）につき農林水産大臣が定める海区に置く。

2　農林水産大臣は，前項の規定により湖沼を指定し，又は海区を定めたときは，これを公示する。

（構成）

第八十五条　海区漁業調整委員会は，委員をもつて組織する。

2　海区漁業調整委員会に会長を置く。会長は，委員が互選する。但し，委員が会長を互選することができないときは，都道府県知事が第三項第二号の委員の中からこれを選任する。

3　委員は，次に掲げる者をもつて充てる。

　一　次条の規定により選挙権を有する者が同条の規定により被選挙権を有する者につき選挙した者九人（農林水産大臣が指定する海区に設置される海区漁業調整委員会にあつては，六人）

　二　学識経験がある者及び海区内の公益を代表すると認められる者の中から都道府県知事が選任した者六人（前号に規定する海区漁業調整委員会にあつては，四人）

4　都道府県知事は，専門の事項を調査審議させるために必要があると認めるときは，委員会に専門委員を置くことができる。

5　専門委員は，学識経験がある者の中から，都道府県知事が選任する。

6　委員会には，書記又は補助員を置くことができる。

2) 連合海区漁業調整委員会 / 海区漁業調整委員会の指示

海区漁業調整委員会とは，わが国独特の制度である。沿岸漁業の漁法，操業期間や操業海域などについて，知事がその権限に基づいて，諸規制を導入する際において，当該規制が漁業者の不当な不利益になることを回避するために，事前に漁業者の代表や学識経験者から意見を聴取することになっている。また委員会は，漁業の調整上必要があると認めるときで，その内容が妥当とされるときには，漁業の調整に関する委員会の指示を発出することができる。

漁業者が委員会の指示に従わないときには，委員会は都道府県知事に対し，その指示に従うよう命ずる旨の申請をすることができる。その際，都道府県知事は，当該申請の内容にかかる漁業者に対し，異議の申出の機会を与え（15日以内），異議の申出がないとき又は異議の申出に理由がないときは，その指示に従うよう命ずることができる（第67条第11項に規定する知事の裏付命令）。

---

5) 科学と経済重視のアメリカ地域漁業委員会：アメリカ漁業管理委員会はマグナソン・スティーブンス法（漁業法）に根拠があり，漁業資源の管理を連邦政府の役人の手から離して独立して行う目的で設立された。委員会は各州知事が任命する各州1名の漁業者代表，各州政府の専門職員，連邦政府の専門職員及び有識者など10数名で構成され委員は投票権が付与される。彼らは科学的根拠の議論も十分熟知している。

これを支える体制としてアメリカは全米5地区にNOAAに所属する水産科学センターがある。北西水産科学センター（シアトル），南西水産科学センター（ラホヤ）太平洋諸島水産化学センター（ホノルル），南東水産科学センター（フロリダ）と北東水産科学センター（ウッズ・ホール）である。これらセンターなどの科学調査や資源評価の結果をもとにして，全米8地区に設置された地域漁業管理委員会の統計・科学委員会（SSC）が総漁獲量（ACL）を検討・勧告する。また，同委員会に設置された諮問委員会（Advisory Panel：AP）は社会経済学的観点を考慮して，それ以下にTAC（漁獲可能量）設定を勧告し，委員会が設定して商務長官の承認を得る。

更に地域漁業管理委員会では広汎な関係者の意見を聴取する。

また，行政府，研究機関とNGOなどが率先して科学情報，政策やプログラムを提供し，公開・公表している。どこからでも多量で質の良い情報にアクセスが可能である。行政の地域機関と研究機関が漁業者やコミュニテイーに対して積極的に，情報の伝達と啓蒙のためのワークショップの開催に努めている。これらは全て公開で開催される。

第 6 章 漁業調整 　　151

　委員会指示は，限定的で，融通性が不足する漁業権の弾力的な運用や時代に
即した運用を期待して定められた条項である。したがって法令で容易に規定し
えない漁業権漁業，許可漁業と自由漁業の秩序ある弾力的な運用を目指したも
のである。しかしながら，海区漁業調整委員会の委員の構成が全体の 15 名で
そのうち 9 名がそれぞれの既得権を代表する漁業者から構成されている。残り
6 名の学識経験者も事実上漁業者等を都道府県の水産当局が選出しており，本
委員会がこれら既得権の代表者的な性格を有するところ，法第 67 条の趣旨が，
実際の運用に生かされているかどうか検討する必要がある。
　ところで漁業法第 67 条第 3 項は「都道府県知事の指示権」について規定し
ている。海区漁業調整委員会等の委員会は，それ自体，強制力を持たせていな
い。したがって，強制力も持たせるために漁業法は都道府県知事に対し，別の
権限を付与している。それが知事の裏付け命令権である。したがって，知事と
海区漁業調整委員会との間に，密接なコミュニケーションと意思の疎通がある
ことが重要となる。裏付け命令が仮に出せないような内容となることは，極力
回避する必要があり，弾力的な漁業権の執行等について，平素から海区漁業調
整委員会と都道府県知事との間で，綿密な話し合いがもたれることが，非常に
重要である。

資料 6-3　漁業法第 67 条第 1 項・3 項・7 項

（海区漁業調整委員会又は連合海区漁業調整委員会の指示）
第六十七条　海区漁業調整委員会又は連合海区漁業調整委員会は，水産動植物の繁殖
　保護を図り，漁業権又は入漁権の行使を適切にし，漁場の使用に関する紛争の防止
　又は解決を図り，その他漁業調整のために必要があると認めるときは，関係者に対
　し，水産動植物の採捕に関する制限又は禁止，漁業者の数に関する制限，漁場の使
　用に関する制限その他必要な指示をすることができる。
　3　都道府県知事は、海区漁業調整委員会又は連合海区漁業調整委員会に対し、第一
　　項の指示について必要な指示をすることができる。この場合には、都道府県知事は、
　　あらかじめ、農林水産大臣に当該指示の内容を通知するものとする。
　7　農林水産大臣は、第五項において準用する第十一条第六項の規定により指示をし
　　ようとするときは、あらかじめ、関係都道府県知事に当該指示の内容を通知しなけ
　　ればならない。ただし、地方自治法（昭和二十二年法律第六十七号）第二百五十条
　　の六第一項の規定による通知をした場合は、この限りでない。

委員会の指示は，漁業権漁業や許可漁業と自由漁業だけでなく大臣許可漁業にも適用されるものであり，また当該海域内の漁業者だけでなく他の海域から当該海域に入漁する漁業者に対しても対応できるものであることから，国は，当該指示が行われる前に一定の指示を行うことができる。都道府県知事は，委員会指示を行う前に，国に対して通報する必要があり，国の適切な介入の余地に根拠を与えている（第67条第3項及び第7項）。

3）　委員会指示による漁業調整

ⅰ）漁業権に基づく漁業

漁業権漁業はその性質上他を排除して営まれるものである。したがって，当該漁業権の性質を犯し，否定するような内容の海区漁業調整委員会の指示を出すことは不適切である。特に漁業権に対する制限と委員会指示との関連であるが，委員会指示は漁業権の内容を事実上制限することはできない。したがってあくまで委員会の指示は運用上のものに関する介入等に該当すると考えるのが妥当である。

ⅱ）許可漁業

許可漁業との関連についても一般的な制限または禁止事項については，法に規定する条項に従って，行うことが妥当と解釈される。また，許可漁業の本質に抵触する判断を委員会指示として下そうとするのも不適切である。したがって，一般的には，農林水産省令や都道府県知事の漁業調整規則により行うのが妥当であると解される。

ⅲ）自由漁業

自由漁業と雖も，漁業法その他の一般法の適用と制限を受けるが，自由漁業に関しても委員会の指示を適用することができる。自由漁業に対して都道府県知事がなしうる内容の指示を発出することは，可能ではあるが，一定の棲み分けが必要である。しかし特定の漁場などにおいて，漁業の競合などが生じた場合において，委員会指示に拠って，当面の漁業と漁場の整合性と規則を介入的に確保することなどは妥当な措置と考えられる。しかし，このような問題が継

第6章　漁業調整　　　*153*

続する際には都道府県は当然のことながら，都道府県の漁業調整規則などで恒
久的な制度を定める義務があると考えられる。

iv）委員会指示の周知徹底の手続き

特定の個人に対しては，郵便と書留などによる方法。また不特定多数の漁業
者に対しては都道府県の広報やテレビや新聞等のマスコミを通じて行うこと
が，適切である。

4）　指示の法的拘束力

それ自体には法的拘束力はないが，知事が改善命令を出し，その命令に従わ
ない漁業者には第139条に規定する罰則（1年以下の懲役若しくは50万円以
下の罰金又は拘留若しくは科料）の適用がある。

Ⅲ. 都道府県の漁業許可の仕組み

（1）　漁業調整規則

都道府県の漁業調整規則とは，明治漁業法が現漁業法に改正された際に，そ
れまで存在していた都道府県の漁業取締規則を現漁業法第65条に基づいて制
定されたものとみなし扱ったのが原点であり，もともと漁業紛争の解決や漁業
操業違反の防止の目的で作られたものである。

ところで，現漁業法第65条によれば，都道府県漁業調整規則は漁業秩序の
維持のための基本的なルールを定めたものであり，一般知事許可漁業や法定知
事許可漁業の許可の方針等を示しているが，その漁業調整規則の制定には農林
水産大臣の認可を必要とする（同条第7項）。

漁業の基本的原則は，欧米先進国では，科学的根拠に基づく水産資源の持続
的な利用であるが，漁業調整規則では，一般知事許可漁業や法定知事許可漁業
を定め，許可隻数を定めるなどの手続きが列記されているにすぎない。

漁業調整規則第1条には「この規則は，漁業法及び水産資源保護法その他漁

業に関する法令とあいまって，都道府県における水産資源の保護培養，漁業取締り，その他漁業調整を図り，あわせて漁業秩序の確立を期することを目的とする。」とされるが，科学的根拠に基づく資源の持続的利用と経済的利益の追求が明記されない。

日本は，1996年に「国連海洋法条約」を批准し，国内法として「海洋生物資源の保存及び管理に関する法律」が制定された。同法では，「漁業法又は水産資源保護法による措置等と相まって，排他的経済水域等における海洋生物資源の保存及び管理を図り・・」と規定されたが，漁業調整規則には同法の基本原則であるアウトプット・コントロールの概念は反映されずにそのままだ。

(2) 都道府県は国の下請機関

1999年7月に「地方分権の推進を図るための関係法律の整備等に関する法律」が成立したが，本法独自の法律は存在せず，475の法律について，その改廃が定められている。農林水産省関係は第8章（第239条から第306条）であるが，このままでは都道府県の独自性は発揮されない。

国は都道府県のモンロー主義を排するとしているが，知事許可漁業や漁業権漁業に対する関与は大臣許可漁業の優遇につながる。現に，都道府県内の総漁獲量（TAC）を知事が独自には決定できず，農林水産大臣の承認を受けなければならない規定になっている（海洋生物資源の保存及び管理に関する法律第4条第3項，資料6-4）。

また，国際的には数量的なアウトプット・コントロールに移行しているにもかかわらず，一般知事許可漁業と法的知事許可漁業の内容は漁場や期間の制約を課する旧態依然のものであり，結果的に水産資源の悪化を招いている。都道

資料 6-4　海洋生物資源の保存及び管理に関する法律第4条第3項
（都道府県計画）
第四条
　3　都道府県の知事は、都道府県計画を定めようとするときは、農林水産大臣の承認を受けなければならない。

府県の漁業は，知事許可漁業をはじめ衰退の一途であり，今の漁業調整規則には資源の持続的利用を図る上で漁業者が順守すべき内容も定められておらず，漁業秩序の確立も果たされていない。

　都道府県は，自らの海域の資源については生物的可能漁獲量（ABC）を算出し，総漁獲可能量（TAC）を設定することによって独自性と自立性を明確に打ち出し，自らの責任で持続的利用の政策を示すことだ。ハタハタやサクラエビも，研究機関は熱心ではあるが，モニターやTACの設定もなく行政のサポートもない状況であり，これでは知事許可漁業も先細りになるのは当たり前である。

第7章　水産業協同組合

Ⅰ．GHQ の農地改革と昭和の漁業

（1）　第2次世界大戦と農漁業

　日本が第2次世界大戦に参戦した時の日本の陸海軍の兵力は主に農漁村から供給され，軍部幹部と農業地帯の封建勢力が結びついて戦争の遂行に協力したと GHQ は考えた。

　約 100 年前日本の人口が 6,000 万人であった頃，3,000 万人の農民と 300 万人の漁業者がいた。終戦直後には農民数は 569 万人で漁業人口は 109 万人であった。この中で自作農は 37 ％，小作は 63 ％（自小作を含む）であった。漁業社会も，網元，問屋，津元の封建的支配階級と漁民・漁業労働者（水夫）の被支配階級に分かれた。農地改革によって 552 ヘクタール，1 人あたり 0.97 ヘクタールの土地しか与えられなかった。また，漁業の生産力も低く沿岸漁業が 80 ％で一人当たり約 3 トンしかなかった。現在も低い。（2002 年は漁業で 1 隻約 25 トン。ノルウェーは 284 トン）（表 7-1）

（2）　農地改革と漁業制度改革

　戦後の日本の改革は，憲法制定，政府機関の再編，公務員制度改革，財閥解体などがあるが，農地改革は重要な事項であった。GHQ（連合軍最高司令官総司令部）は「日本の農民は軍国主義を支えた重要な基盤だ」としてとらえ，農地改革によるその地位の改善は，農民の姿勢を平和主義的なものに転換させるために不可欠なものとしてとらえた。軍政府によってこれを推進するべきとしたのである。そして小作階級の全面的な解放すなわち，自作農の創設が必要

第 7 章　水産業協同組合　　　*157*

とした。しかし，2次にわたる農地改革後に，農地の所有権は不在地主等から
小作人に移ったが，その単位当たりの規模は1ヘクタール程度で，経済的な生
産基盤の脆弱性は変わらなかった。そして経済的自立の不足から補助金への依
存が始まった。これと並んで，農業団体に関する改革も推進された。すなわち，
戦前の政府の統制の下で軍国体制に協力した団体から，民主的な農業協同組合
に改革することであった。

（3）　沿岸漁業の経済的自立へ

　漁業制度改革は，農地改革と共に，日本の民主化の重要政策として取り上げ
られた。検討が開始されたのは，1946年（昭和21年）の秋に農地改革の具体
化とともにGHQの指示で漁業法と水産業協同組合法の改正に着手した。
　幾多の折衝を経て現在の漁業法（昭和24年法律）が成立した。本法では，「こ
の法律は漁業者及び漁業従事者を主体とする漁業調整機能の運用によって・・・
漁業生産力を発展させ，あわせて漁業の民主化を図ることを目的とする。」と

表 7-1　日本とノルウェーの水産業経営比較

2002年	A　日本	B　ノルウェー	A/B
生産数量（千トン）	5,880	3,409	1.72
生産金額（億円）	17,189	2,660	6.46
就業人口（万人）	24	1	17.36
65歳以上比率（％）	35	13	2.77
漁船数	23	1	19.25
20万トン未満（％）	99	95	1.04
漁港数	2,931	500（*1）	5.86
漁業協同組合数	1,480	6（*2）	246.67
生産コスト（万円/トン）	29	8	3.72
一隻当たりの生産量（トン）	25	284	0.09
一人当たりの生産金額（万円）	707	1,900	0.37

（*1）漁港数 = Fiskemottakere (Fish receiving posts)　　　　　（資料：日本経済調査協議会）
（*2）漁業協同組合数 =Fiskealgslag (Fish sales cooperations)

目的に定められた。また，水産業協同組合法（昭和23年法律）では，「漁民及び水産加工業者の協同組織の発達を促進し・・・」と目的が定められた。このことから，現行の漁業法と水産業協同合法は水産資源の科学的管理と経済的自立体制よりも，人間関係を重視し，人間関係で決定する体制を残したままになった。狭隘な生産現場を保持し，流動性と経済的自立の障壁となっているのが，民主化を目的とした現在の漁業法制度なのである。沿岸漁業への科学的管理の導入，経済的自立と地域社会の発展の取り組みにとって，今が正念場である。

II．水産業協同組合法の成立：漁協と農協

（1） 農地解放・漁業改革と協同組合改革

水産業協同組合法も農業協同組合法も戦後の1948年（昭和23年）に成立し，戦前の統制経済に貢献した漁業会や農業会とは建前上一線を画すことになる。アメリカは日本の戦前の軍国主義の推進の一端は，農村の封建化と統制経済にあるとの見解から，農地改革と漁業の改革を農業会と漁業会の流れをくむ農業協同組合と漁業協同組合の改革によって目指した。これらの旧組織は復活させたくなかったが，新たに国際協同組合運動の理念に沿った会員の自主的な運営に基づいた，民主化組織にしたいと考えた。

しかし，農林省は現実に戦後の食糧難が来ており，農漁村から食料を都市に供給できる組織は漁業会・農業会であり旧封建勢力を排して，農漁民を中心とする組織とすることを主張した。そのために農林省とアメリカと更には既得権益をできるだけ確保したいとする封建勢力の三つ巴の中で，農業協同組合と漁業協同組合が出来上がる。

（2） 漁業協同組合の特殊性

1900年に「産業組合法」（明治33年3月，法律第34号）が成立する。産

業組合は農村部の弱点である，販売や資材の購入力を補完する役割を農家が結束して組合を組織し経済事業を行う目的で，設立された。

ところで，漁業協同組合は戦前の昭和8年の漁業法の改正から，漁業協同組合とされたが，1886年（明治19年）に政府が，漁業権管理と漁業の調整をゆだねることを目的に設立した漁業組合が最初である。農業協同組合（当時の産業業組合）とは明確にその性格と事業が異なっていたのである。

1901年（明治34年）に漁業法が成立し，漁業権が法律上定められた。1910年（明治43年）には漁業権を物権として定め，経済的価値を与えて，担保の対象とし漁業組合での経済事業を実施できるようにとの要望が強くなった。農林省は経済事業と信用事業は産業組合と一緒に行うべきであるとの考えだったが，水産族の勢力が優勢で，漁業組合が行えるようにしたのが1933年（昭和8年）の改正であった。この時から漁業協同組合となり始める。

(3) 資源管理の目標と経済的自立の欠如

統制経済下に終戦を迎え，戦後の水産業協同組合は，民主化を基本原則として，国家組織や団体ではなく，組合員のための組合として，戦後新たに発足した。漁業法と水産業協同組合法は切り離され，別途の法律として成立する。しかし，民主化のための水産業協同組合法は妥協の産物であり，漁協と漁業者の経済的自立の目的が明確に描かれていない。具体的には，事業収入すなわち資源管理に基づく経済事業の目標が適切に定められていない結果，現在も約70％の漁協の経営が赤字に陥っているのである。現在は979組合（2013年3月時点）となっているが，漁協の合併もその目標を達成していない。そして職員規模9名以下の小規模組合が約7割もある。合併は，職員の合理化と事業の縮減だけで共同漁業権や特定区画漁業権の漁業権の統合もできず，肝心の事業統合と広域的な資源と漁場の管理には結び付いていない。今の合併の手法でよいのかと疑問である。

写真 7-1　漁協合併をしなかった北海道礼文町香深漁協
（矢印の建物：2015 年 7 月）

III．漁協の種類と組合員資格

（1）　水産業協同組合の種類と意味

　水産業協同組合法（水協法）では，組合の種類が定められている。それらは，地区漁協と業種別漁協の漁業協同組合，漁業生産組合と水産加工業協同組合などである（図7-1）。
　地区漁協は，当該組合内に住所を有し漁業を営むか従事する日数が一年を通じて90日から120日間として定款で定める日数を営む者を正組合員とし，地先の範囲に設立される（水協法第18条第1項）。
　一方，組合地区が市町村をこえるものにあっては，定款の定めるところにより，組合員を特定の漁業を営む者に限り資本力をもつ中小漁業経営者が組合員である業種別漁協がある（第18条第4項）。たとえば鰹鮪漁業協同組合などがある。また，漁民が生産面における労働の協同化を目的に集合して組合を組

第7章 水産業協同組合

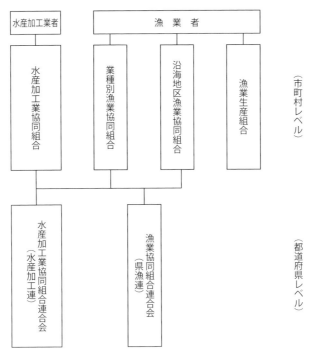

図 7-1 水産業協同組合法に基づく漁業協同組合など（著者作成）

織し，組合が自ら定置漁業や養殖業などを営む漁業生産組合がある（第78条）。この場合，組合の営む事業に常時従事する者の2分の1以上は組合員でなければならない（第81条）。資本力などで均質な漁業者が生産活動を共同で行う。

　水産加工業協同組合は，水産加工業者及び水産加工業を営む小規模な法人によって構成される協同組織であり，漁協と同じく流通面を主体とする経済事業の協同化を目的とする組合である（第93条）。経済活動に関しては漁協と同様に独禁法上の適用除外を受けることがきる。

　このほかにも，上記の連合会（第97条）や共済水産業協同組合連合会（第100条の2）などがある。

（2）　漁協の経済力の不足

アメリカがわが国の農漁村の民主化を目的としたため，農林省が小規模漁民組織の設立に力点を置き，漁業権の管理主体である地区漁協の既存封建勢力からの保護に重点を置いた。そのため，漁業生産組合，業種別漁協と水産加工組合の位置付けが脆弱で方向性も明確ではないことを農林省も当初から認めてい

資料 **7-1**　水産業協同組合法第 18 条第 1 項・第四項・第 78 条・第 81 条・第 93 条・第 97 条・第 100 条の 2

（組合員たる資格）

第十八条　組合の組合員たる資格を有する者は、次に掲げる者とする。
　　一　当該組合の地区内に住所を有し、かつ、漁業を営み又はこれに従する日数が一年を通じて九十日から百二十日までの間で定款で定める日数を超える漁民
　　二　当該組合の地区内に住所又は事業場を有する漁業生産組合
　　三　当該組合の地区内に住所又は事業場を有する漁業を営む法人（組合及び漁業生産組合を除く。）であつて、その常時使用する従業者の数が三百人以下であり、かつ、その使用する漁船（漁船法（昭和二十五年法律第百七十八号）第二条第一項に規定する漁船をいう。以下同じ。）の合計総トン数が千五百トンから三千トンまでの間で定款で定めるトン数以下であるもの
　　4　組合の地区が市町村又は特別区の区域をこえるものにあつては、定款の定めるところにより、前三項の規定により組合員たる資格を有する者を特定の種類の漁業を営む者に限ることができる。

（事業の種類）

第七十八条　漁業生産組合（以下本章において「組合」という。）は、漁業及びこれに附帯する事業を行うことができる。

（組合の事業の常時従事者）

第八十一条　組合の営む事業に常時従事する者の二分の一以上は、組合員でなければならない。

（事業の種類）

第九十三条　水産加工業協同組合（以下この章及び次章において「組合」という。）は、次の事業の全部又は一部を行うことができる。
　　一　組合員の事業又は生活に必要な資金の貸付け
　　二　組合員の貯金又は定期積金の受入れ
　　三　組合員の事業又は生活に必要な物資の供給
　　四　組合員の事業又は生活に必要な共同利用施設の設置
　　五　組合員の生産物の運搬、加工、保管又は販売

第7章　水産業協同組合　　163

た。

　地区漁協以外は，組合管理型漁業権を保有せず，経済事業に特化している。地区漁協は，規模も弱小のものが多く，設立地区が地先の狭い範囲に限定されて組合員の部落意識があり，部会を有することを認め，現在でも広範な事業の展開を妨げられている。

　　六　組合員の製品、その原料若しくは材料又は製造若しくは加工の設備に対する検査
　　六の二　組合員の共済に関する事業
　　七　組合員の福利厚生に関する事業
　　八　水産物の製造加工に関する経営及び技術の向上並びに組合事業に関する組合員の知識の向上を図るための教育並びに組合員に対する一般的情報の提供
　　九　組合員の経済的地位の改善のためにする団体協約の締結
　　十　前各号の事業に附帯する事業
　（事業の種類）
第九十七条　水産加工業協同組合連合会（以下この章において「連合会」という。）は、次の事業の全部又は一部を行うことができる。
　　一　連合会を直接又は間接に構成する者（以下この章において「所属員」と総称する。）の事業に必要な資金の貸付け
　　二　所属員の貯金又は定期積金の受入れ
　　三　所属員の事業に必要な物資の供給
　　四　所属員の事業に必要な共同利用施設の設置
　　五　所属員の生産物の運搬、加工、保管又は販売
　　六　所属員の製品、その原料若しくは材料又は製造若しくは加工の設備に対する検査
　　七　会員の監査及び指導
　　八　所属員の福利厚生に関する事業
　　九　水産物の製造加工に関する経営及び技術の向上並びに連合会の事業に関する所属員の知識の向上を図るための教育並びに所属員に対する一般的情報の提供
　　十　所属員の経済的地位の改善のためにする団体協約の締結
　　十一　前各号の事業に附帯する事業（事業の種類）
第百条の二　共済水産業協同組合連合会（以下この章において「連合会」という。）は、次の事業を行うことができる。
　　一　連合会を直接又は間接に構成する者（以下この章において「所属員」と総称する。）の共済に関する事業
　　二　前号の事業に附帯する事業

(3)　漁協の排他性

　また，地区漁協には水産加工業者，業種別組合，中小漁業法人も準組合員で定款により定めなければ加入できない。この為，漁協が加工業者と協同すべきものができない。

　協同組合は，小規模な経営者が結束して経済活動を行う目的を有しており，水産加工協と業種別組合はその原則に沿っていると思われるが，地区漁協は，弱小性のために経済活動の円滑な実施に支障をきたしている。経済活動の規模のメリットが生じず，合併が進んでも結果的に事業の統合が進まない。

(4)　規模拡大と経済の自立

　1962年（昭和37年），定置網漁業を営む漁業生産組合へ外部からの資本をより受けやすいように漁業法を改正した。併せて，漁業生産組合の活用による近代的養殖業の振興を，農林省は目指した。また弱小な地区漁協とは別に，農林省は都道府県公社を設立し，沖出しの生簀や垂下式養殖業などの漁業権を管理し，養殖業を構造改善・近代化しようとしたが，結局は既存漁協への特定区画漁業権の付与に落ち着いた。養殖業を含む沿岸漁業構造改善事業は，ソフト・制度面を中心とした改革も目指したはずが，ハード中心にとどまった。適切な制度改革行われないため，現在でも沿岸漁業と養殖業の衰退と高齢化が進行する。それから50年も経つが，根本的な制度の改革に関連する規模拡大・近代化は，東日本大震災後の水産特区による石巻市桃浦かき生産者合同会社に見られるのみである。

IV．誰が漁協の組合長になるのか

(1)　矛盾する漁協の機能・目的

　戦前の漁業組合や漁業会から戦後の漁業協同組合にスムーズに組織替えがで

第 7 章　水産業協同組合　　*165*

きたわけでない。漁業協同組合は，アメリカ占領軍（GHQ）の民主的組織を協同組合原則に則り設立したい意向と，零細漁民を中心とする漁民の組織づくりを実現したい水産庁の意向，既存の利権と制度を維持したい勢力の三つ巴の中でできた。

　結局，漁業協同組合の機能・目的は，①漁業権管理，②民主化，そして③経済事業（ビジネス）であった。

　しかし，これらの3つの機能・目的はお互いに相容れがたい性格を有する。

①　第一に漁業権管理は公的権力に代わり，漁場配分や漁法管理を行うことで行政権や警察権に近い内容を持つ。

②　民主化は，寡占的代表者の利益の排除をめざし，経済利益より公平と平等を優先する。

③　制度上，経済団体としてビジネスを実施する上で，弾力的かつ迅速な意思決定を行いにくい。

このように，経済組織としての機能は漁業権管理団体と民主化組織の性格から制約を受けることになる。

　GHQ天然資源局のゴードン氏は「今までの最も重大なる過誤は，新しい制度においては漁協がビジネスの組織であり，かつ，適切な経済基盤をつくるための策がなければならないことを自覚しなかったことである。」と述べている。

（2）　経済事業の優先

「経済事業の収益性を向上させ，経済的に自立させる」ために，戦後は漁協の合併を繰り返してきたが，未だに成果を上げていない。漁協組織がそのような構成と人材を登用する仕組みになっていないことによる。漁協の最高意思決定機関は総会ないし総代会であるが，事実上は理事会や経営管理委員会と代表理事である。経済的能力と才覚を優先して，人選が行われるべきであるが，地域において，ビジネス才覚と実績がある人材は，むしろ加工業や資機材の関連産業や業種別組合に属する人の方が多い。

（3）　組合長の選出

　加工業や資機材の関連産業や業種別組合に属する人たちは原則的に地区漁協の組合長になれない。漁業権管理と民主化の機能・目的が，これを原則的に妨げる組織を作り上げた。また，組合長に選出されるための要件や経済的な経験の定めがない（水産業協同組合法を参照）。

　それでも，最近は一部組合で外部から経営才覚を有する者を招聘（員外理事）したところもあるが，長続きせず排除される。また，磯漁経験のある小規模な漁師が経済事業運営の責任をゆだねられても，事実上困難である。合併した漁協では，共同漁業権や特定区画漁業権の所在する地域代表的に組合長が持ち回りで選出される例も見られる。

　組合長の多くが70歳台以上であり，職を若手に譲らず，若い組合員や，新しい経営感覚に富んだ人材の登用と活性には繋がらず排除している。一方，若い人は年配者に配慮して発言もしない。組合長には増殖協会などの兼職収入がある場合がある。問題は山積であり，現行の仕組みと法律では，漁協の経営の建て直しは不可能ではないかと思われる。民主化の要素に代わり，一般会社のように株式会社的な要素をもっと取り入れなければ，経済事業体として漁協の再生は困難だろう。

資料 7-2　水産業協同組合法第 34 条・第 39 条の 3

（役員）

第三十四条　組合は，役員として理事及び監事を置かなければならない。

（代表理事）

第三十九条の三　組合は，理事会（第三十四条の二第三項の組合にあっては，経営管理委員会）の議決により，理事の中から組合を代表する理事（以下「代表理事」という。）を定めなければならない。

V．漁協の事業とは何か

（1）　漁協の経済事業

　漁業協同組合（漁協）は，①民主化，②経済的自立，③漁業権管理という，相反する目的と機能を持つ。

　戦後は数度にわたり漁協合併助成法が延長され，そのたびに漁協合併がなされ，戦後直後で約3,600組合（1950年）存在した沿海地区漁協が，現在では962組合（2015年）まで減少したが，その効果は薄く相変わらず赤字の漁協が70%を占めている。

　漁協は水産業協同組合法第11条で「事業の種類」が規定されている（資料7-3）。2002年にはこの法の一部が改正され，この事業の第1項第1号に「水産資源の管理及び水産動植物の増殖」が追加され，「信用事業」，「購買事業」や「共同販売事業」及び，福利厚生と共済事業，教育と情報提供まで実施できる。

　漁協は自営事業（水協法第17条）も行うことができる。この典型は大型定置網の自営である。岩手県では，組合自営が太宗を占める定置網漁業が82か所（2015年水産庁調べ）もあり，サケを独占的に漁獲して組合員である漁業者にサケを漁獲させることを排除している。漁業協同組合とは，組合員に奉仕すること（法第4条）が目的である筈だ。組合員には自益権もある。

（2）　相矛盾する漁協の事業

　漁協の事業のうち経済事業にどの事業が該当するのかが必ずしも明確ではない。購買と共同販売は経済事業であるが，漁業権管理は法第11条の事業のどこに該当するのか不明瞭であり，経済事業ではない。

　現在の漁協は独立採算をとる収入源を経済事業から得ていない。収入は，①共同販売手数料収入が主体で，次が

②漁業権行使料であるが，漁業権管理は経済事業でない。そのほかに，

③補助金があるが，これは赤字補てん的で経済事業収入ではない。更に

④「事業外収入」で，これは，漁業権に絡む補償金や農林中金からの割戻金などである。これらも経済事業収入ではない。

(3) 漁業衰退が漁協経済事業へ悪影響

経済事業収入の大元は漁業生産である。沿岸漁業生産量（図7-2）を見れば，将来性の判断がつく。わが国の沿岸漁業生産量（養殖を除く）は，1984年を頂点に急速に凋落している。それらから地撒きのホタテガイと孵化放流で回帰

資料 **7-3** 水産業協同組合法第 11 条・第 17 条

（事業の種類）

第十一条　漁業協同組合（以下この章及び第四章において「組合」という。）は，次の事業の全部又は一部を行うことができる。

　一　水産資源の管理及び水産動植物の増殖

　二　水産に関する経営及び技術の向上に関する指導

　三　組合員の事業又は生活に必要な資金の貸付け

　四　組合員の貯金又は定期積金の受入れ

　五　組合員の事業又は生活に必要な物資の供給

　六　組合員の事業又は生活に必要な共同利用施設の設置

　七　組合員の漁獲物その他の生産物の運搬，加工，保管又は販売

　八　漁場の利用に関する事業（漁場の安定的な利用関係の確保のための組合員の労働力を利用して行う漁場の総合的な利用を促進するものを含む。）

　九　船だまり，船揚場，漁礁その他組合員の漁業に必要な設備の設置

　十　組合員の遭難防止又は遭難救済に関する事業

　十一　組合員の共済に関する事業

　十二　組合員の福利厚生に関する事業

　十三　組合事業に関する組合員の知識の向上を図るための教育及び組合員に対する一般的情報の提供

　十四　組合員の経済的地位の改善のためにする団体協約の締結

　十五　漁船保険組合が行う保険又は漁業共済組合若しくは漁業共済組合連合会が行う共済のあつせん

　十六　前各号の事業に附帯する事業

（漁業の経営）

第十七条　出資組合は，漁業を営むことができる。（自営）

第 7 章　水産業協同組合

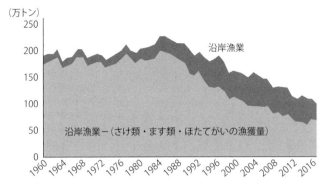

図 7-2　沿岸漁業生産量の推移（全国）1960-2016 年（資料：水産白書）

するサケ・マスを除くと，更に著しい凋落である。これらは主にオホーツク海と知床半島両側で漁獲され，北海道のオホーツク以外の沿岸漁業の傾向が分かるが，約 200 万トン（1984 年）から約 67 万トン（2016 年）と 3 分の 1 に激減している。これではオホーツク海と知床付近以外の日本各地の漁協の将来は見込みがなかろう。養殖業の生産も 134 万トン（2004 年）から 100 万トン（2013 年）に 25.4% も減少した。養殖業の減少は世界の主要漁業国では日本だけである。養殖業の 98.3% は漁協が管理する特定区画漁業権で営まれており（2015 年水産庁資料），この減少問題の根本はこの制度にもあると考えられる。

VI. 全漁連と系統組織

(1)　全漁聯の誕生

　1933 年（昭和 8 年）に漁業法の改正で経済事業の実施の強化が図られ，責任組織と出資制をとる漁協と漁聯が認められた。漁業組合系統組織の中心の全国漁業組合聯合会（全漁聯）が 1938 年（昭和 13 年）10 月 27 日には設立され，全漁聯・漁聯・漁協と系統 3 段階の組織ができ上がった。漁協や漁聯と全漁聯の事業量は政府のもとの統制で資材の購入や生産物の販売で拡大した。

全漁聯は, 漁村と漁協の指導的役割のほかに経済事業団体としての2重の役割を担った。しかし, 全漁聯が半ば天下り的に作られ, 漁聯と全漁聯の間もしっくりいかなかった。

(2) 全漁連の成立

GHQ は戦争中の統制経済と軍国主義に加担したとの見方から全国団体の設立には反対であった。県連合会以上の組織設立は水協法第 89 条で禁止されていた。戦後, 民主化や漁民の社会的向上の目的を図るためには, どうしても全国的な組織が必要であるとの声が強かった。1952 年 (昭和 27 年) に講和条約が成立しくびきがとれた。

1944 年 (昭和 19 年) に設立された「漁村金融協会」は, 1949 年 (昭和 24 年) 1 月に社団法人「漁村経済協会」として設立され, 後に「全国漁村経済協会」となった。この協会が行った事業は,

① 漁業権の補償金に対する課税反対運動
② 漁業証券資金化促進運動
③ 漁業証券の原資となる漁業権免許料の撤廃運動の展開
④ 燃油関税課税反対運動

の展開である。この運動の傾向は現在も類似する。

1952 年 (昭和 27 年) 11 月に水協法が改正され,「協会」を引き継ぎ「全国漁業協同組合連合会」(全漁連) となった。全漁連は, 当初から県漁連や地区漁協との経済事業での競合を, 燃油等の購買事業では, 一般事業との競合をかかえ, 燃油価格は現在も高価格である

(3) 漁業協同組合連合会 (漁連)

漁連は水協法第 87 条等に規定され, 指導事業, 販売事業と購買事業を行う漁連と信用事業を行う信用漁業協同組合連合会 (信漁連) がある。

漁連は, 戦後の地区漁協が乱立した時期に, 各都道府県に 1〜2 漁連を目処に中央主導で設立された。現在は漁協合併が進み, 多くの漁連で必要性が薄れ

ている。地区漁協との重複による販売・購買手数料などの追加徴収は組合員の負担となる。

(4) 現在の系統活動

全漁連の運動は，燃油高騰に対する価格差補填の予算措置や輸入自由化に関連して構造維持対策の予算獲得などが主なものである。また，一貫して，資源管理体制の強化や改革には反対の立場をとっているが，沿岸漁業や養殖の生産力が激減している（図7-3）。

ところで，「ホタテガイとサケを除いた日本沿岸の漁業生産量の，ピーク時と現在（2016年）の比較」

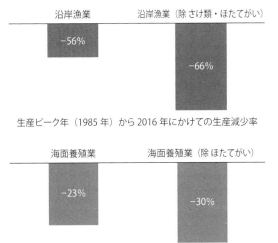

図7-3 激減する沿岸漁業・養殖業の生産量
（資料：水産白書から作成）

と「ホタテガイを除く海藻・エビ・カキ・魚類等海面養殖業の，ピーク時と現在（2016年）の比較」を見れば，それぞれ大幅に減少している。これを見れば，生産力の増大対策での収入増大が最も必要であることがわかる。職員や人件費の削減では効果がないか，むしろ職員のやる気が低下する。既存対策では効果が乏しいため，組合管理型漁業権を含めて既存の漁業管理や生産制度の根本的な転換と改革が必要である。

Ⅶ. 統制経済と全漁聯の発足

(1) 戦時経済体制への移行

　昭和恐慌の打撃から日本が脱出する過程は，満州事変を契機とする，準戦時経済から，戦時経済体制への移行である。漁業に要する資材はほとんどが輸入資材で，1937 年（昭和 12 年）12 月 7 日の盧溝橋事件（図 7-5）をきっかけとして，日本は長期的な戦争経済に突入することになった。このような統制経済は民需を圧迫し物価を急速に騰貴せしめるインフレ的体質に変化する。

　昭和恐慌で，漁業者は魚価低迷の恐怖で漁業生産力の向上へと走り，無動力船から動力船へと移行し石油の消費量が増大した。沿岸の漁業者一人あたりの生産量は極めて低かった。戦時食糧問題が緊急の課題になればなるほど漁村経済の基盤の改良が問題であった。

写真 7-2　盧溝橋事件の勃発地に立つ著者（2014 年 11 月）

（2）　統制経済のために全漁聯の設立

　このような統制経済の強化のために全国漁業組合聯合会（全漁聯）は，1938年（昭和13年）10月27日に出資金201万5千円で設立された。総合漁連なので，販売事業，購買事業，信用事業と指導事業のいずれも実施できたが，主要な事業は，石油や漁網鋼などの統制が実施された購買事業であった。

　ところで全漁聯は，2つの使命を持って設立された。一つは指導事業である。しかし，その原資となる資金が不足し経済事業からの収益で補おうとしたが，経済事業が漁業組合の事業として漁業法で認可さられたのが昭和8年であり，その後5年で全漁聯の設立であり，また，沿岸漁業の生産性が低く，経済事業の実力もなかった。

　第2の目的は，統制経済の導入で，石油や漁網鋼や綿の漁業資材の購買であったが，これも，全漁聯のような後発団体は，商業資本と対抗することが困難であった。

（3）　販売の促進のためのノルウェー生魚漁業組合

　全漁聯が設立された同じ1938年（昭和13年）に，ノルウェーでも生魚漁業組合が設立された。ノルウェーの浮魚漁業者が，州ごとの漁業組合，沿岸漁業組合などを通じ出資し，設立したニシン，マサバとシシャモなどの販売の促進を図る組織である。本組合はノルウェー漁業者が所有・運営する組織で，曳き網漁船主，巻き網漁船主，沿岸漁船主，トロール漁船主らからなる。

　1951年（昭和26年）の生魚類法（Raw Fish Act）では全ての浮魚の販売契約は組合のオークションを通じるべきと規定された。現在は，インターネットによる組合提供画面の独占的な入札システムによる浮魚オークションを24時間行っている。

　1990年以降，ノルウェーでは個別漁船割当（IVQ）が導入され，この組合が提供する価格の形成を見ながら加工業者は入札し漁業者は応札する。IVQが入札システムの円滑な運営を促進している。このほか底魚のための組織が地域

ごとに5つ設立されている。

　組合の運営費用は船別漁獲高の0.65％が基になっている。日本の5.5％の販売手数料に比べて極めて少額である。それでもこの組合は経営上自立しているし，組合員の漁業者の経営状況も良好である。資源を安定させ，そのもとで経済事業の促進に力を入れた結果である。戦前に始まった法律に基づき設立された両国の組合が，現在では大きく違ってしまった。

Ⅷ. 信用事業と共済事業とは

(1)　系統金融の始まり

　漁業の金融の特徴の一つとして，漁業協同組合による系統金融が挙げられる。漁業における系統金融が制度化されたのは1933年（昭和8年）及び1938年（昭和13年）の漁業法改正と昭和13年の産業組合中央金庫法の改正に遡る。戦前の系統金融の果たした役割は漁業組合の事業資金の調達にあり，漁業者への資金供給は重要でなかった。漁業組合が産業中金に加盟した当時は漁業における貸し出しの狙いを，漁業系統の組織強化に置き，それを通じて組合員の漁業経営の発展と，漁村経済の安定に役立たせようとしたのである。

(2)　戦後の系統金融

　戦後は漁業者に対する融資が積極的に行われた。また，1948年（昭和23年）の水産業協同組合法の制定で，信用漁業協同組合連合会が設立されたことも，系統金融（信用事業）に貢献した。戦後は銀行の企業への貸出しが制限され，漁業でもその傾向が顕著になり漁業者は系統金融に頼ることになった。この間に漁業者の系統金融からの融通を促進するために，中小漁業信用保証制度ができた。

　漁業では，非金融機関からの借り入れが過半数を占め，現在でも主要な産地市場の問屋との間で見られる。漁業者が漁期前に問屋から必要資金を借り入れ

て仕込みを行い，漁獲物の販売は問屋が引き受ける。これでは漁業者に水揚げの減少や経費高騰などに加え金融面の圧迫も加わる。

(3) 最近の信用事業

ところで，沿岸漁業者は系統金融への依存率が高いが，巻き網漁業や底引き網漁業は地方銀行への借り入れの依存率が高い。また，日本政策金融公庫（旧農林漁業金融公庫）の制度融資は，施設資金が中心である。しかし，昨今の漁業生産額の減少から，金融機関の選別融資もさらに進み，建造資金の貸出しでは，そもそも漁船を建造する資金的な余力も漁業者にないことから，政府の補助が多額に上る「頑張る漁業」と「儲かる漁業」というプロジェクト事業によってほとんどの漁船の建造が行われている。

(4) 共済事業

水産業協同組合法での共済事業（資料7-4）のほかに，漁業災害補償法（昭和39年法律）で漁獲共済と養殖共済などが定められているが，それは災害等による損失の一部補てんであり，資源の回復や養殖業の将来の発展に貢献する制度とは全く無関係である。現在の沿岸漁業・養殖業に求められるのは，生産の増大と付加価値の向上である。しかし，現行制度では，台風や高波などによる損失の一部補てんであり，この制度では多額の予算を計上し消化しながら，衰退する漁業・養殖業生産の減少を増加に転換させることはできない。

所得補償の概念を共済と損失の一部補てんから，発想を全く転換し，将来の

資料 **7-4** 水産業協同組合法第 11 条第 1 項第 4 号・第 11 号
第十一条第一項
1. 信用事業（第四号）
（1） 組合員事業又は生活に必要資金の貸付け。
（2） 組合員の貯金又は定期積金の受入れなど
2. 共済事業（第十一号）
（長期共済）① 漁業者老齢福祉共済（ねんきん）など
（短期共済）② 乗組員厚生共済（ノリコー）

資源回復のために，現在の漁獲量を削減しその効果により，将来の資源の増大と生産量・金額の増大を目指す所得補償制度（図7-4）に切り替える必要がある。所得が増大したのちには，利益の一部を返還すれば補助金の健全な活用にもつながる。当然ながら販売事業が増大し信用事業の改善にも直結する。

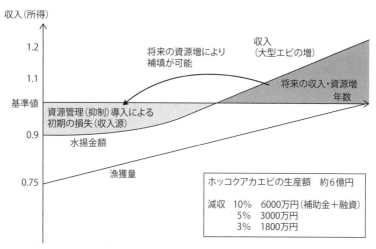

図 **7-4** 漁業所得補償のイメージ（委員長案）
（資料：第3回新資源管理制度導入検討委員会・小松委員長提出資料）

IX. 経済事業と漁業権管理

(1) 経済事業の創設へ

　1886年（明治19年）に漁業組合に漁業権の管理が委ねられ，明治43年漁業法でそれが確立してから，漁業組合は漁業権の管理が目的で，経済事業は危険であるとして，組合員の共同利用事業を除いて漁業の自営は禁止された。しかし，漁業権が物権とされ経済価値を有したことと，漁業組合は所得税と営業税が免除されたため，経済事業を営む漁業組合が出現した。

ところで，農漁村は小農・小漁民が問屋や高利貸しに支配された歴史であり，高利の資金を借り入れ，生産物を安く買いたたかれた。これに対して，政府は，信用事業と共同販売や共同購入の経済事業が必要であるとした。

　農林省は，信用事業，購買事業や販売事業の経済事業を行う産業組合を設立する産業組合法を提出し，1900 年（明治 33 年）に成立した。これを契機に各地に信用事業と販売や購買事業を別々に行う産業組合が成立した。1906 年（明治 39 年）に信用事業と経済事業は兼業可能とされた。産業組合は戦後の農業協同組合である

（2）　経済事業は産業組合

　漁業組合に経済事業の実施を認めるか否かは大きな議論となった。漁業権管理団体が経済事業を行うことはリスクが高いので，経済事業と信用事業は産業組合に委ねるべきであるとの考えがあったが，その考えの漁政課長の人事異動とともに，1933 年（昭和 8 年）に経済事業を漁業組合で行うべく漁業法が改正された。昭和の世界不況と戦時体制のために漁業組合で購買・販売事業の強化を行うものであった。1938 年（昭和 13 年）からは信用事業も漁業協同組合で行えた。

　戦後の漁業協同組合はすべての事業を引き継いだ。漁業権に関しては，戦後の改革時に，市町村が管理団体になる案が GHQ から出された。漁業権管理と経済事業の分離である。これに農林省が反対した。戦後漁協の経営収支は一貫して悪化の一途をたどり沿岸漁業の生産力の衰退と一致する。

　この衰退に対して政府は漁協合併を推進した。しかし漁協の経営は悪化の一途であった。合併助成法は何度も延長されたが効果がなかった。漁協の経済事業は，戦時下における統制経済協力のために展開したものであるため，漁協の共同購入・販売事業は，現在の経済社会環境に照らせば，その使命はすでに終了しているのではないか。組合員の自立した購入と販売が主力であっていい。

(3) 慢性赤字の経済事業の抜本改革

　アメリカでは，漁業協同（コーペラティブ）は船団が協力して漁獲枠を共有・融通する枠組みであるし，ノルウェーでは，漁協が会員漁船のため漁獲物の電子入札の場を加工業者に提供するものであり，直接物流には関与しない。アイスランドも漁業者がメンバーの船主協会は経済活動を行っていない。会員全体の経済状態を分析し貢献する。日本の漁協の経済事業の類は見られない。しかし，これらの国々の漁業は豊かである。

　日本では経済事業の事業収益が大幅に赤字（63億円の赤字；2012年）で，事業外利益（157億円；2012年）が多く，漁業権管理による補償金や農林中金からの割戻金と補助金などのその他の収入で赤字を補填している。これでは経済事業と呼べない。諸外国も参考に経済事業の抜本的な改革が必須である。もし改革ができないとすれば，漁業権管理のみで経済事業を行わなかった漁業組合の原点に戻ることだろう。

第8章 大臣許可漁業の種類と漁場の概要
―大臣指定漁業等種類別の漁業の状況

(1) 沖合底びき網漁業

沖合底びき網漁業はわが国の 200 カイリ内における中核的漁業で，総トン数 15 トン以上の動力漁船により底引き網を使用して行われる。操業形態は，「かけ回し」「トロール」「2 そうびき」の 3 種類に分類される。

基本的には，北緯 25 度 15 秒から以北の海域で，東経 128 度 29 分 53 秒から東の太平洋と日本海で行われる漁業である（図 8-1）。しかし，北緯 33 度 09 分 27 秒の線は東経 127 度 59 分 52 秒から以東の海域である。

一般的な操業パターンは，季節ごとに異なる魚種を対象に漁獲するが，和歌山県以北の太平洋と北海道と日本海では新潟県佐渡沖までは 1 艘引きの操業である。太平洋岸は基本的にオッタートロールで日本海側はかけ回しの漁法を用いる。

許認可隻数（2015 年 1 月）は，許可船（実働船）325 隻，認可船 19 隻で許認可隻数は 344 隻で直近 10 年間の間に 60 隻が廃業した。新潟県以西の日本海は 1 艘引きと 2 艘引きの操業が混在し，太平洋側では 2 艘引きの操業である。主な，対象魚種はホッケ，イカナゴ，ズワイガニ，マダラ，ニギス，イカ類，スケトウダラ，カレイ類である。地域によっては，ノドグロや甘えびなどのエビ類も漁獲する。底びき漁業の主な対象魚種は，カレイ類やスケトウダラなどのタラ類であるが，スケトウダラやホッケ，キチジなどの資源状況の悪化に伴い，以前はそれほど漁獲のウェートが大きくなかったイカ類やエビ類とカニ類への漁獲の圧力が増大してきている。その結果，イカ釣り漁業やエビかご漁業など他の漁業種類との競合が顕在化している。

また，スケトウダラやマダラなどは，広範囲にわたって分布回遊する魚種で

あり，特定の海域での資源の悪化が隣接する他の海域の漁業にも影響を及ぼしているケースが見受けられる。

戦前から，底びき網漁業は漁船が過剰で水産資源が枯渇する問題を抱えていた。概ね東経130度以西については，水産資源枯渇防止法（1950年）を定め

図8-1　沖合底びき網漁業の漁場と漁期（資料：水産庁）

て以西底びき網漁業の規制を実施した。当線以東では，中型機船式底引きなどが多数（2,836隻；1951年）存在し漁場は狭隘で資源が悪化した。沖合底びき網漁業は，①北洋など新漁場への転換，②減船・漁船数の削減と，③沿岸との漁場紛争の歴史であった。

　また，現在の海洋生物資源保存管理法（平成8年）は，県が海域や魚種を定めて県単独TAC（漁獲可能量）を設定しても，その県内の海域で操業する沖合底びき漁業などの指定漁業には適用できないという法の欠陥を抱える。

（2）　以西底びき網漁業—東シナ海に新国際機関の設立を

　以西底びき網漁業は，総トン数15トン以上の動力漁船により底引き網を使用して行われ，基本的には，わが国の沖合底びき網との漁場の競合を回避する都合上，東経128度29分52秒の線から以西のいわゆる東シナ海・黄海において操業する漁業を言う（図8-2）。この海域は，日中漁業協定と日韓漁業協定の対象水域である。操業形態は，「トロール」と「2艘引き」がある。

　なお，南シナ海（北緯10度以北，東経121度以西）での操業は，現在は行われていない。

　以西底びき網漁業は，わが国の漁業において，食料の供給という大事な役割を沖合底びき網漁業とともに果たしてきたが，日本漁船による乱獲と，最近における中国漁船の大型化と大量の進出により，最盛期には約1,000隻あった漁船隻数が大幅に減少して，平成25年では，わずか13隻となった。現在操業を行っているのは長崎県の10隻のみである。漁獲される魚種は，キグチ，タチウオ，スルメイカ，タイ類などであり，平成23年度の漁獲量は約5,000トンで金額は約15億円である。以西底びき網漁業は2艘で引く，漁獲能力が非常に高い漁法である。最近では，集魚灯を使い，トロール網と巻き網を合わせた巨大な漁獲能力の中国の虎網漁業（一時は290隻）により，底魚だけでなく，浮魚であるマアジやマサバも乱獲された。このことが資源の急速な悪化に結びついたと考えられる。

　既存の枠組みは，二国間の枠組みで，両国排他的経済水域には権限もなく中

第 8 章　大臣許可漁業の種類と漁場の概要

間に属する暫定水域（図8-3）の技術的な問題に対応しているが，本質的な環境保護と資源管理には，東シナ海にFAO憲章第14条ないしは台湾の加盟を

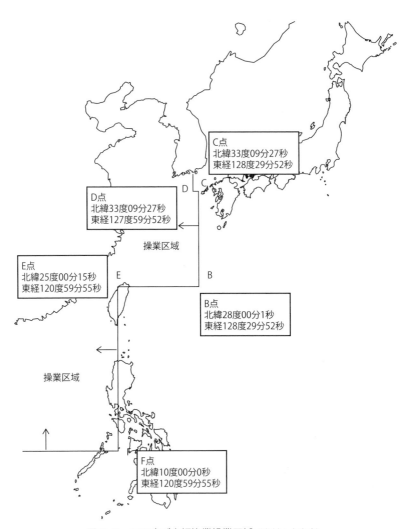

図 8-2　以西底びき網漁業操業区域（資料：水産庁）

第8章　大臣許可漁業の種類と漁場の概要

可能とする大局的な海洋生物資源の保存と管理のための国際機関の設立が急がれる。

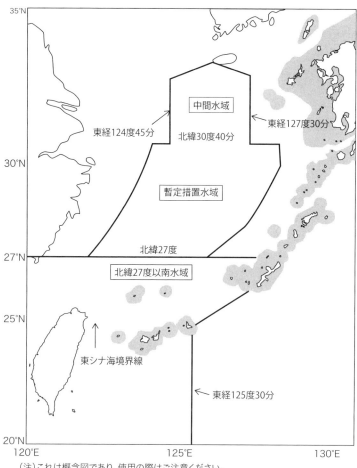

図 8-3　日中漁業協定水域概念図（資料：水産庁）

(3) 遠洋底びき網漁業

遠洋底びき網漁業は，以西底びき網漁業と沖合底びき網漁業以外の総トン数15トン以上の漁船をして操業する底引き網漁業で，許認可の総隻数は36隻（2013年）と200カイリの設定以前と比較して大幅に縮減された。主な操業海域は，ロシア海域，天皇海山海域，ニュージーランド海域，南インド洋である。その操業海域別にみてみる（図8-4）。

1) 北太平洋の海域

アメリカ水域を中心にスケトウダラを主対象魚種として操業してきたが，アメリカ200海里からは1988年に完全に締め出された。その後はベーリング公海で操業していたものの，ベーリング公海の資源がアメリカアリューシャン諸

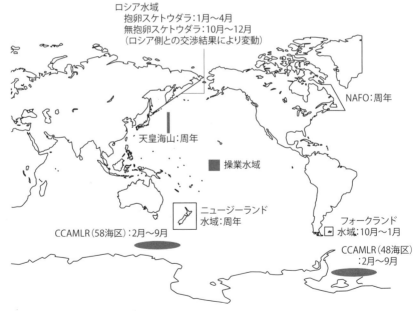

図8-4 遠洋底びき漁場の海域（資料：水産庁等のデータから作成）

島北側のボゴスロフ海域に産卵場があるスケトウダラ資源であることから，同資源が一定の資源量に達しない限り，ベーリング公海での操業をモラトリアムとする条約が1995年（平成7年）に発効した。この条約での漁業再開のハードルが非常に高いので，現在までのところ，モラトアムは解除されていない。

2) ロシア海域

ロシア海域では従前より日ソ地先沖合漁業協定に基づき操業を行ってきたが，平成2年からロシア側との民間契約に基づく操業も行われ，次第に当該操業が中心になった。しかし，この民間操業協定に基づく操業は，15年ロシア国内の国内法の改正により廃止された。その後，日露地先沖合漁業協定に基づき4隻が操業していたが，22年に過去の操業違反が発覚し，23年には操業が行われず，24年には2隻の操業となった。これらの漁船は釧路などを基地とする遠洋トロール漁船であり，釧路港の水揚げの減少などの影響がある。

3) 天皇海山

最近漁場が縮小している遠洋底びき網漁業にとっては，現在残された数少ない操業場である。6隻が操業したが，東日本大震災の際に1隻が流出して現在では5隻が操業している。キンメダイやクサカリツボダイを主対象としている。しかしこれらの魚種はその漁獲の年変動が顕著であり，魚価も比較的低位である。この海域は脆弱な生態系を有しているため，これらと漁業資源の持続利用のために，平成24年2月に「北太平洋における公海の漁業資源の保存及び管理に関する条約」（略称：北太平洋漁業資源保存条約）が採択され，4か国の批准で27年7月19日に発効した。これにより地域漁業管理機関の設立が決まり，東京に事務局を置いている。

4) 北太平洋以外の水域

世界の漁場から締め出され，南極のオキアミも経営採算が合わず撤退している。現在はニュージーランド水域と南インド洋水域のみである。ニュージーラ

ンド水域は，最近外国船の操業を認めないとして，自国船への登録が厳格に結びついたものとなった。

5) 南インド洋操業

2009年度と2010年度の水産総合研究センターの開発調査事業を経て，2010年度から当該海域で操業。2012年6月に南インド洋漁業協定が発効した。

6) 経緯と歴史

戦後直後はわが国沿岸域では，中型機船式底びき網漁業など（中型機船底びき網漁船2,836隻と小型機船底びき網漁船3万6,644隻；1951年）が多数存在し，漁場は狭隘で資源が悪化した。1960年に北海道水産試験場の冷凍すり身技術の開発で，急速にベーリング海とアラスカ湾の北洋漁業への転換の道が開け，「北洋海域への中型機船底びき網漁業転換要項」が定められた。61年から3カ年で専業船100隻と兼業船50隻の合計150隻の大型転換であった。これがいわゆる「北転船」である。

1965～'66年，洋上すり身生産の本格的な操業が開始されると，遠洋底びき網漁業（北方トロール），母船式底びき網漁業と北転船の3業種の生産が約288万トンに達した。そのような日本による漁場と操業と加工技術の開発が，1988年に日本の漁船のアメリカ水域からの締め出しの後，1998年にアメリカ漁業振興法（AFA）で法的な地位を獲得したアメリカの母船式漁業と工船トロールと基地式操業の協同方式（Cooperative）に繋がった。

（4） 大中型まき網漁業

大中型まき網漁業とは，総トン数40トン以上の動力漁船により巻き網を使用して行われる漁業である。80トン型，135トン型がある。ただし千葉県沖付近では総トン数15トン以上。主船，運搬船と火船などを構成要素とする大船団出操業をするために，コストがかさむ傾向がある。

大中型まき網漁業とは不思議な名称であるが，本来であれば，その漁船の大

きさから判断して、銚子付近の巻き網漁船（千葉県の漁船にあっては総トン数15トン以上）で中型巻き網漁業とするべき漁業が、総合的に判断して、大型巻き網漁業のくくりにしたものであり、このような名称になった。

2012年10月現在の許認可数は146であり、各漁法別許認可数は船団2艘巻きで18、船団1艘巻きで83、単船巻きで45である。海区別では北部太平洋海区が最も多く同海区の操業隻数は92隻である。

1982年に、新たに太平洋中央海区（海外まき網漁業）を設定した（図8-5）。その後1992年に、インド洋でも海外まき網漁業を設定した。中部太平洋マグロ類漁業委員会で海外まき網漁業に対して諸規制が加わった。2009年（平成21年）には北緯20度と南緯20度の間の条約水域で、7〜8月の2か月

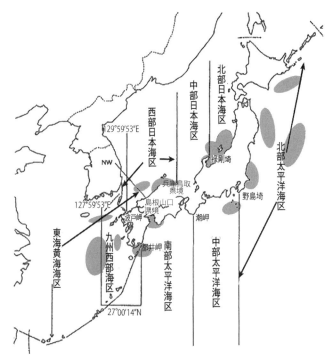

図 8-5　大中型まき網漁業の操業海域（資料：水産庁等のデータから作成）

間集魚装置（FAD）の使用禁止とオブザーバーの乗船が決定された。2010年には同水域でのすべてのエアーポケットでの操業の禁止とFADの7〜9月までの3か月間の使用の禁止が決定された。

（5）　海外まき網漁業の現状と問題点
―中西部カツオ・マグロ漁業の概観

　巻き網漁業のうち，太平洋中央海区の南太平洋に海外まき網が大中型まき網漁業として許可されている。海外まき網として349トン型の漁船がある。ここでは，わが国にとって最重要漁業の一つとなった海外まき網漁業について概観する。

　荒廃を免れて残っているのが中西部太平洋のカツオ・マグロの資源である。2013年の中西部太平洋におけるこれらの漁獲量は262万トンであった。しかし，巻き網漁業による漁獲は史上最高の190万トンを記録している。1980年代から急速に発展し，拡大した巻き網漁業により，キハダとビンナガや成長率が遅いメバチの産卵親魚資源量が悪化した。メバチはたった16％（2014年科学委員会への報告）にまで低下している。このため，伝統的な漁法の日本やPNG（パプアニューギニア）の一本釣り漁業や日本やインドネシアの延縄漁業が大幅に縮小した。スールー海やセレベス海のインドネシア内海で漁獲されるものは，ほとんどが延縄や一本釣り漁業によるものである。ここのカツオのサイズは20〜40cmと小型化し，漁獲も急激に減少している。日本への北上回遊も減少し2017年には漁にならないところもあった。

　巻き網漁業での漁獲は，1980年代に中西部海域の40％の漁獲を占めていたが，現在は70％以上占める。漁船数は日，韓，アメリカと台湾が142隻で減少傾向にある。島嶼国は増加し，現在は95隻。総漁船数は297隻（2013年）である。漁獲努力量は増加している。これも懸念材料だ。

　公海で操業できなくなったフィリピン船がPNGに，台湾船が島嶼国にリフラッギングしている。日本は，PNGとミクロネシアを中心に漁場を形成する。アメリカは広範囲の漁場を使用し韓国と台湾は日米の中間の漁場使用を行う。

（6）　捕鯨業

1）　母船式捕鯨業

　母船式捕鯨業は，歴史的に見れば北太平洋でも一時許可されたが，資源量と漁場の制約から中断し，母船式捕鯨業は南極海が主たる漁場となった。もともと捕鯨は北太平洋と北大西洋の沿岸の捕鯨から発展したが，沿岸域が乱獲され，ノルウェーがいち早く南極海に乗り出した。そこで，サウスジョウジア島などを根拠地としていたが，イギリスがノルウェーを締め出したため，ノルウェーが，スリップウェー付きの母船で鯨体を処理したのが始まりである。

　日本は，1934年（昭和9年）に南極海で日本水産の図南丸が創業したのが最初である。母船式捕鯨業は，鯨体を処理加工する母船と鯨体を捕獲しそれを母船に渡鯨するキャッチャーボートからなる。現在は，国際捕鯨取締条約が設置した国際捕鯨委員会が商業捕鯨のモラトリウムを採択（1982年）したままになっており，南極海における母船式捕鯨は一時中断したままとなっている。モラトリウムの廃止すなわち商業捕鯨の持続的再開が，日本政府にとっての最大の目標である。

2）　大型捕鯨業

　これは，銛づつを使用して大型鯨類を捕獲する漁業をいう。この際の対象鯨種はミンククジラ以外のヒゲクジラとハクジラである。この漁業も，現在商業捕鯨のモラトリウムが採択された状況では，一時中止状態になっている。

3）　小型捕鯨業

　銛づつを使用してミンククジラとマッコウクジラ以外のハクジラ（イルカ類）を捕獲する捕鯨業を言う。現在はIWCの規制対象外のツチクジラやゴンドウクジラやイルカ類を捕獲している。ミンククジラに関しては，2002年以降沿岸域の調査捕鯨として捕獲を許可されているが，その趣旨は近海の鯨類資源と魚類資源との競合の問題の調査である。

4) 最近のIWCと国際司法裁判所の判決

わが国は，2014年11月18日に，国際捕鯨委員会（IWC）に対して新南極海鯨類科学調査計画（NEWREP-A）を提出した。この調査は，

① 改訂管理方式を適用した南極海ミンククジラの捕獲枠算出のための生物学的情報等の高度化

② 生態系モデルの構築を通じた南極海生態系の構造等研究

が目的で，サンプル数が333頭と縮小予定した。

また，日本の調査捕鯨が敗訴した14年3月の国際司法裁判所（ICJ）の判決では，わが国第二期の南極海調査捕鯨計画（JARPA）の，

① 南極海生態系のモニター

② 鯨種間の競合の解明

③ クジラの系統群の時空間構造の解明及び

④ ミンククジラ管理方式改善

の4つの目的が，IWCの科学委員会などが定めた決議にも合致していると評価されている（ICJ判決パラ127）。

5) 日本の敗訴と調査の中止命令

国際司法裁判所では，JARPAからJARPA-IIになっても調査項目が同じだったことも問題視された。更に欠点として

① サンプル数設定の説明に透明性がないこと

② サンプル数の設定は恣意的であること

が指摘された。850頭と算出されたミンククジラの捕獲は初年度を除き，翌年度からは約500頭となり，シーシェパードの妨害以前から捕獲頭数が大きく削減され，最近では100～200頭程度まで捕獲数が減っていた。またナガスクジラは合計18頭，ザトウクジラはゼロで，捕獲削減と停止理由の科学的な説明がなかった。日本代表団は口頭尋問で「調査のサンプル数が減少したが，調査年数を増加させればよい」と答弁した。

以上のことから，条約8条第1項の科学調査ではないとされ，中止に追い

込まれたのである（ICJ判決パラ227）。加えて，日本政府は資源が豊富な鯨類資源の持続的利用の主張とICRW付表第10(e)項の違法性を争っていない（ICJパラ233）。

南氷洋鯨類捕獲調査はミンククジラのみの330頭のサンプル数に縮減し，1984年時点に後退した。また，北西太平洋鯨類捕獲事業もニタリクジラとマッコウクジラを取り止め，ミンククジラの捕獲サンプル数を大幅に縮減し，調査目的も海洋生態系の解明を排除して大幅に後退している。

(7) かつお・まぐろ漁業

この漁業は，高度回遊性魚種であるカツオ・マグロ類を，延縄を用いて漁獲する漁業である（図8-6）。漁船の大きさと操業海域によって，遠洋かつお・まぐろ漁業と近海かつお・まぐろ漁業と沿岸かつお・まぐろ漁業とに分かれる。

遠洋まぐろ漁業は，総トン数の規制が変遷するものの，現在では120トン以上の延縄漁船を用いて，原則として近海まぐろ漁業の操業海域以外の遠洋の海域で操業するものである（図8-7）。

近海まぐろ漁業は，総トン数120トン以下の漁船で操業するもので，2005年に指定漁業の省令の改正により，「新近海」と「新小型」の海域を設定

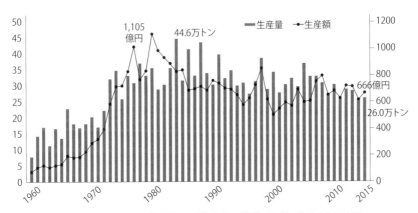

図8-6 日本のカツオ生産量及び生産額の推移（資料：農林水産省統計）

し合計10海域になった。そして「新近海」の下限のトン数が10トンとなった（図8-8）。

沿岸まぐろ漁業については，第1種と第2種に分け，第1種については2002年から指定漁業とされた。また第2種については届け出漁業となった。

マグロ漁業は，歴史的に見れば同一の漁業許可であったが，高度経済成長期に，マグロの価格が上昇したため，マグロ延縄漁業の漁権の価値が高騰し，かつ，カツオ一本釣り漁業と漁獲対象が異なることから，延縄漁業と一本釣り漁業を分離するに至っている。また近年では，マグロ類の資源状況が悪化し，カツオについても，海外まき網漁業での漁獲量とそのために投入される漁獲努力量が，格段に高い。インプット・コントロール主体の最近の国際情勢では，日本のみならず，世界のマグロ延縄漁業とカツオ一本釣り漁業はその縮減を強いられており（図8-9，P.194写真8-1），インドネシアやフィリピンの漁船数も減少している。

また，わが国の近海マグロ延縄漁業のユニークな漁獲対象としては，気仙沼を根拠地とする近海マグロ延縄漁業によるヨシキリザメとアオザメ漁がある。

(8) 中型さけ・ます流し網漁業

総トン数30トン以上の動力漁船により流し網を使用してシロザケ，ベニザ

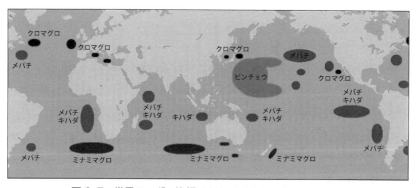

図8-7 世界のマグロ漁場（資料：水産庁等のデータから作成）

第8章 大臣許可漁業の種類と漁場の概要

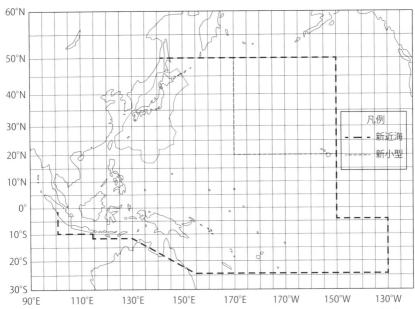

注:総トン数10トン以上20トン未満の動力船による場合には,わが国のEEZ,領海及び内水域並びにわが国のEEZによって囲まれた海域からなる海域(南鳥島に係るEEZ及び領海は除く)は操業区域から除く。

図 8-8　近海かつお・まぐろ漁業区域図(資料:水産庁)

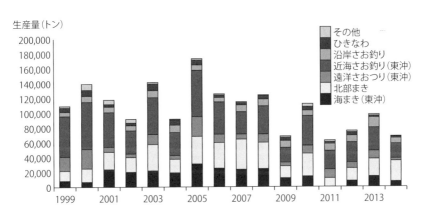

図 8-9　東沖漁場(東経 150〜158°,北緯 35〜40°)カツオ推定生産量
(資料:農林水産省統計・漁業情報サービスセンター)

写真 8-1　年々衰退するマグロ漁船の基地気仙沼（2016年1月）

ケ，カラフトマス，ギンザケとマスノスケをとることを目的とする漁業。ロシア海域内では，紅鮭，シロザケ，カラフトマス，ギンザケとマスノスケを漁獲対象とする。日本海の日本200カイリ内においてロシア系のカラフトマスとサクラマスを漁獲する。前者の海域と後者のカラフトマスについてはほとんどがロシア系であり，日露漁業合同委員会で漁獲割当量を決定する。89トンから199トンの動力漁船で操業する。

　サケ・マスは回遊性魚種であり，海面表層に流し網漁具を設置して，回遊の行く手を遮り，魚種を漁獲する。流し網の長さ4〜12キロで深さは6メートルである。漁場は北緯46度以南，37度以北の日本海とロシアの200海里水域である（図8-10）。

第 8 章　大臣許可漁業の種類と漁場の概要

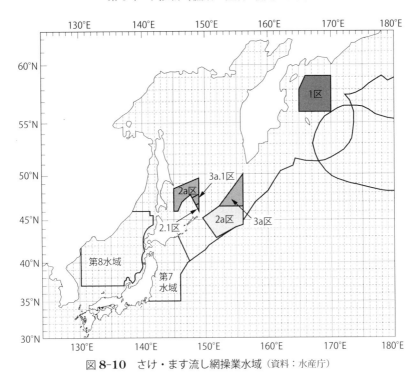

図 8-10　さけ・ます流し網操業水域（資料：水産庁）

(9)　北太平洋さんま漁業

　北太平洋さんま漁業は 2002 年に承認漁業から指定漁業に移行した。北海道と北関東の沖合で総トン数 10 トン以上の動力漁船により棒受け網を使用してサンマを漁獲する北太平洋さんま漁業と 10 トン未満の漁船を使用して行う知事許可漁業がある。北太平洋さんま漁業は現在の許認可隻数が 182 隻で，漁獲量は 20.5 万トンで生産金額は約 158 億円である。
　さんま漁業には 10 トン以上の漁船によりサンマ棒受網（写真 8-2）を使用して漁獲する北太平洋さんま漁業と 10 トン未満の漁船を使用して行う知事許可漁業がある。
　北太平洋には 250〜500 万トン（2003〜2014 年）の資源があり，国際争奪

の対象となっているにもかかわらず、サンマの漁獲は漁業法によりサンマ棒受網漁業にしか許可されない。総トン数10トン以上の動力漁船により棒受網を使用してサンマを獲る漁業を農林省令第5号（昭和38年1月22日）で定め、それ以外でサンマを獲ることを禁じる。巻き網漁船やトロール漁船でサンマを漁獲することができない。

写真 8-2　サンマ棒受網漁船（公開ブログより）

　しかし世界もサンマを獲りだした。公海でサンマ棒受網漁を今更認めても、氷と若干の冷凍機を積んで数日から10日間程度操業し日本の漁港に帰港する旧式漁船では漁獲も上がらず、漁獲物を保持できない。大型凍結設備を装備している1,000トン以上の台湾、韓国と中国・ロシア船には太刀打ちできない。

　2015年7月、北太平洋漁業資源保存条約が発効したが、公海での日本のサンマ漁獲の実績はわずか1,152トン（2008年～2010年）で、台湾の僅か5%である。北太平洋さんま漁業に限定している漁業制度を早急に廃止し、巻き網などの大型船に、操業を許可すべきである。漁獲は歴史的実績シェアをもとに確保すべきである。この制度ではわが国は国際競争力がなく、国民の為に、魚介類の安定供給の責任が果たせない。サンマ棒受網漁業を守るのではなく、資源の持続的利用を図りながら、消費者と日本漁業を守ることである。

　ところで、日本は2017年の7月の北太平洋漁業委員会で、漁獲量全体で56.4万トン、日本は24.2万トン、台湾が19.1万トン、中国が4.7万トンの漁獲枠の提案を行ったが、中・韓などから受け入れられなかった。

（10） 日本海べにずわいがに漁業

本漁業は，ベニズワイガニを漁獲対象とするカゴを使用する漁業である。1990年に大臣の承認制に移行し，2002年に指定漁業に制度変更された。日本海では水深1,000～2,000メートルに籠を敷設して漁獲する。許可隻数は近年減少し，現在では13隻となっている。漁獲量は約9,000トンで生産金額は24億円である。

（11） いか釣り漁業

太平洋，日本海と東シナ海の海域において総トン数30トン以上の漁船を使用し，イカ釣り機でイカ類を漁獲する漁業をいう（図8-11）。平成14年に従

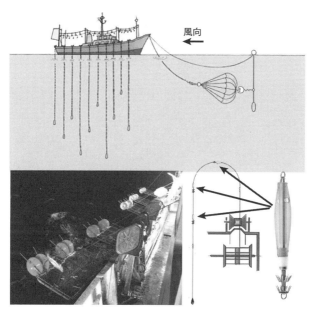

図 8-11　イカ釣り漁業と自動イカ釣り機

前の「大型いか釣り漁業」と「中型いか釣り漁業」を統合して，それまでの承認漁業から指定漁業に移行した。わが国の周辺海域での総トン数を185トンから200トン未満，イカ釣りの台数を25台から34台に拡大した。

これらの漁業以外の漁業については，指定漁業になじむものでも，法第65条の規定により，省令に基づく「特定大臣許可漁業」とされている。

2002年以降，漁船総トン数30トン以上の漁船は，従来の中型イカ釣り漁業と大型イカ釣り漁業を統合して，「イカ釣り漁業」となった。

第9章 外国沿岸漁業・養殖制度と日本への適用

Ⅰ. 概　要

　わが国の沿岸漁業制度が江戸時代の制度をそのまま継承してきたことは，昭和の漁業法制度を策定した，藤田巌（水産庁次長・当時）氏らが衆議院水産委員会で「漁業法」の上程時，審議時に明快に答弁している。そのことが，沿岸漁業の経営的な自立を阻害している要因であるともはっきり認識してきたが，それを修正できないで，戦後70年間以上を過ごしてきたことになる。戦後の漁業制度調査会では，さらに日本漁業の抱える問題点を修正するために立ち上がったが，結局は，当面の利益を維持したい全漁連，漁協と水産庁の一部によって阻まれてきた歴史でもある。

　その際は，外国の制度を参考にしようにも，それらが入手可能ではなかったので，活用が不可能であったが，現在では，ノルウェーが1970年代初期から開始した養殖業が幾多の失敗を経験しながら，ようやく経営も軌道に乗り，それを支える養殖業の制度も充実してきた好例がある。生物学的な生産の限界を設定し，経営の統合や合理化を促進するために，許可の譲渡性を導入して売買が可能となっている。今後は水域の利用に対して，養殖業排出物や薬物の規制と持続的な生産が一層迫られると考えられるが，その各側面からの制度と規制が，日本の制度の策定にも大いに役立つと考えられる。

　また，アメリカとカナダの沿岸漁業には，歴史的に見ても，制度的な発展を見ても，沖合の中大規模の漁業の成り立ちとは違った漁業の発展史と制度がある。

　まず，その例がアメリカのメイン州でのロブスター漁業である。これは18世紀から存在する漁業で，体長規制とかご数の規制を持っているが，TACや

ITQ による数量規制は導入していない。むしろ連邦政府の ITQ 政策などに対して反発がみられる。しかし，彼らのインプット・コントロールも州議会を経て，州の法律（条令）として拘束力を持ったものである。カナダの東海岸では，ロブスター漁業者も海域に多くのゾーン規制を導入して，季節・期間とかご数の制限を行っている。アメリカのチェサピーク湾では，シマスズキに ITQ が導入されたが，そのほかの重要種である，バージニアカキとワタリガニ（ブルークラブ）にはそれが導入されずに，別途の資源に漁獲係数を乗じた管理を行っている。問題は取り締まりと漁獲データの入手の困難があることだ。

　カナダ西海岸とアメリカ西海岸は，外国船が操業して，データの提供の要件が大変に厳しかったところである。また，ここは，ベーリング海に近く，外国の操業を真似ることに違和感が少なかったこと，また，メキシコ湾やメイン州，ニューイングランドと比べ比較的漁業の歴史が浅く新しいので，新たな改革を受け入れる余地が大きかったことがあげられよう。

　ここで提示する漁業は，いずれも沿岸の小規模漁業または沿岸性の漁業であるので，日本の沿岸にとっても参考になることが期待される。これらの制度と実態の各論を見ていきたい。

II. ノルウェーの養殖業

(1) 生産と許可概況

　養殖は比較的歴史が浅く，本格的に開始して 45 年しか経過していない

　養殖対象種と生産量は大半がサーモンで，2015 年では 130 万トンに達した。ニジマスが 5 万 5,000 トン，マダラが 1 万 5,000 トン，ムール貝が 1,600 トンである（2011 年）。マダラは安定的な養殖生産が困難で，失敗して倒産した事例が多い。アトランチック・サーモン（サケ）の養殖生産が安定していて最も利益が出ている。許可数は急激に増加し，1973 年に 197 件であったものが，2003 年では 863 件，そして 2013 年では 963 件に達している。許可を地域別

にみると初期のころは南部中心の許可であったが，フィンマーク，トロムソや
ノルドランドの北部地方の伸びが著しい。しかし，それも現在（2017年）は
停滞気味である。

（2）　ライセンス発給条件

　2006年に新養殖法が成立した。新養殖法は，これまでの魚類養殖法と栽培
漁業法を統合したものである。これらの法律によれば，養殖する際に必要な絶
対条件は二つで，一つはライセンスであり，2つ目は良好な養殖エリアの確保
である。ノルウェー沿岸のどこで養殖するのかが問題となる。許可は，政府か
ら養殖業の申請者に正式な文書を発行して認可され，定数管理されている。
70年代から，この新しいシステムを開始して，現在第4期目である。全体の
ライセンスの発行数は，産業・漁業沿岸省が一定の年数を置いて決定する。養
殖の許可は，譲渡・売買が可能である。所有権者の制限は撤廃されており，銀
行でも保有できる。
　申請者は，市町村と計画を策定して，90ある県（County）を経由し，貿易・
漁業省に申請書類を提出する。この際，漁業総局の地域事務所で地域経済への
貢献を審査し，ノルウェー食品安全庁と食品の安全面や魚の衛生面を，沿岸総
局で，沿岸域の環境や港への影響を，県知事が海洋汚染やレクリエーション活
動への影響を審査する。取水が絡む場合には，水資源総局が審査に加わる。

（3）　許可の決定要因

　持続可能な養殖を維持するために，ノルウェー沿岸域の海域ごとに，最大養
殖生産許容生物量（MAB）の規制が導入された。これは，海域毎と生簀毎の
両方である。北部地方と南部地方では北部の方が大きい。加えて，国民などの
生産物への評価（品質評価と需要），養殖場へのアクセスに配慮して政策を決
定している。養殖の実施において注意すべき点は，海域汚染，沿岸の利用，避
難するエリア，寄生虫の予防・防止，沿岸管理の5点である。

（4）　サケ養殖業発展の歴史

1）　ノルウェーの養殖業

　ノルウェーは，1960 年代に極めて小規模な実験施設の事業として養殖業を開始した。養殖量が 100 トンから 1 万トンに増大するまで 10 年を要したが，1987 年に 10 万トンになるまでには，たった 10 年である。2000 年には 60 万トンに達した。養殖業は 1970 年代から，技術開発により発展してきたが，これまで，複数回にわたり追加の新規許可を養殖業者に発給してきた。最近では，2009/10 年度にフィンマーク地方（ラップランドのある北部地方），中部地方と南部地方の 3 地区において 69 の新許可を有償で発給した。これにより，養殖能力が 7 ～ 9 ％も増加し，生産が 5 ％上昇した。この結果，ノルウェーのサケの養殖生産量は，2011 年で 110 万トン，2012 年では 120 万トン，2015 年は 131 万トンに達している。しかし，これは現在（2017 年）は停滞気味である。

2）　養殖業の展開

　1972 年に，元漁業大臣ライソを委員長とする委員会が組織され，養殖業が経営的に自立した産業となることを勧告した。1973 年には，ノルウェー議会が養殖法を承認したが，許可方針に議論があり，最終的に漁船漁業の許可制の採用を決定した。農業省の所管で発足したが，養殖業を健全で健康な産業とするだけでなく，沿岸地域とフィヨルド地方に貢献する産業であるべきとされた。漁船漁業は，資源量水準の範囲内で漁獲量を抑えるが，養殖業はマーケット規模に見合う生産構造と新しい養殖場地域を規制する方針とした。

　1981 年，農業や漁業の副業の位置づけから主産業の位置づけに変更し，主管が漁業沿岸漁業省に移管された。

3）　過去の問題と EU との関係

　1990 年におけるサケの生産過剰から，1991 年にサケ養殖販売組合が倒産や養殖業者の倒産が起こり業界の再編が進行した。このような生産と需給の不均

第9章　外国沿岸漁業・養殖制度と日本への適用　　　*203*

衡は，最近でもリーマンショックや経済の後退で起こり，2011年と2012年には輸出が減少している。その問題点をあげれば，

① 　常に，正確な需給見通しと業界の再編を迫られる状況に置かれている。

② 　サケ以外の養殖が発展しないことである。マダラは，稚魚生産が困難なことに加え，天然のマダラの資源が大幅に回復し，養殖の価格の優位性がみられない。

③ 　サケ養殖場の規模が大きすぎ，施設が敷設される海域では他の生物の減少と漁業の展開がみられないことである。

④ 　ノルウェーの物価と人件費が高すぎ，養殖場の経営合理化が必要であり，養殖業の地域経済への貢献が，許可方針ではあるが，雇用を多くすると国際競争力を失う。

⑤ 　マダラなどの天然生産物との需給上での競合の問題も漁業者に不満がみられる。

⑥ 　ノルウェーの養殖業は輸出の3分の2を占めるEUからの外圧で，再編を迫られた歴史があり，また，これまで2度否決されたEUへの加盟論が高まれば，許可方針などの国内制度の改訂を再度迫られる可能性も出て来よう。これら問題を抱え，政府と業界は一層，責任あるかじ取りを迫られている。

⑦ 　海シラミの感染と対策

4) 戦略的な養殖業

2009年に，ノルウェー政府は養殖政策の環境，持続性と科学を重視し，以下の5本の柱の戦略要素を包含している。

ⅰ）遺伝子のかく乱の防止

ⅱ）海洋汚染の防止

ⅲ）病気の防止（海シラミ対策）

ⅳ）沿岸地域の振興

ⅴ）餌の問題への対応

大西洋サケの餌の植物タンパクへの依存が50%を超え，魚油と魚粉由来のオメガ3（不飽和脂肪酸の不飽和の鎖が3つ以上あるもの）の含有率を，特段の問題を生じないで低下させることが課題である。現在は15～20%の含有率である。消費者がどこまで低下を容認するかは不明である。

1986年には，日本市場を開拓する「プロジェクト・ジャパン」が開始された。

(5)　許可方針

1)　ノルウェー政府産業貿易漁業省は今後も養殖業を拡大

これまで，許可の発給はその時の事情に応じていた。今後は新規・拡大許可の発給方針とタイミングを明確で分り易くする方針である。

許可発給は政府で許可の大枠を決め，自治体や州で食品安全や沿岸の管理機関などと協議しながら具体的な個所や場所での許可の発給に関して，州が主体性を持つ度合を更に高める方針である。

また，新規の許可料は，これまで全額が国庫（財務省）に入っていたが，その許可料の80%を地方（Municipality）に配分し，国は20%を受け取ることになった。20%は財務省がどうしても手放さなかった。地方の受け取り分については，その地方が何に使ってもよい。最近，サケ養殖業への抵抗や懸念が見られるので，円滑に許可発給が進む使い方を考えている。

サケ養殖業は，地方経済への貢献ではマダラ漁獲漁業などに比べて貢献度が大きい。たとえば，マダラ価格は20クローネから25クローネ程度にすぎないが。サケは，30クローネから60ないし70クローネまで上昇し，経済的貢献度合いが大きく，技術開発・経営改善等の余地も大きい。現実的には製品製造までの作業の多くを地方が担い地域経済への貢献度は高い。政府は養殖業が今後も，この役割を担っていくと考えるので，それが地方の満足度と協力を得て，円滑に行うことがポイントであり資金の使途を地方で検討してもらうことにしている。

2) 課題

サケ養殖業は，約120の大中小さまざまな企業が参画し2万4000人の雇用を創設し関連産業の発達への波及効果もある。現在，全養殖業生産量は139万トンであるが，99％がサケかトラウトであり，マダラなどは少ない。

経済・科学者などは，2050年までサケ養殖を中心に，海洋性機能性物質，餌等の供給産業，新種導入と海藻類（プランクトン）を開発し，全体で500万トン程度に増大する目標を立てている。サケは今後とも大きく伸びると考えている。

写真9-1　ノルウェー・ノルドランド地方のサケ養殖
（2016年6月著者撮影）

3) 許可発給の予測性

既に述べたとおり，サケ養殖業は大幅に拡大の方針であり将来予測の可能な問題（海シラミ対策と生態系・環境汚染）の解決には取り組む必要があり，それらは，

① 養殖場からのサケ逃避（エスケープメント）と天然魚と養殖魚との交配による遺伝子の攪乱の防止。

② 海シラミによる天然魚種への撹乱の影響と防止対策。

③ 養殖用の飼料の確保。

である。この他にも，政府と民間の養殖業者が取り組むべきことがある。

政府は，養殖業について，

① 今後10年から20年以上の間の成長を目指す。

② 環境に適合した持続性を確保し，研究開発と新生産技術への投資を促進する。

③ 養殖業の許可方針に予測性を持つ

としている。明確なルールに基づく許可の方針を確立することで，海シラミ，サケ逃亡と海洋汚染防止に関する指標を導入する。養殖生産の許可海域も特定する。今後，10〜15海域が海洋研究所により決定される予定である。

4) 分りやすい表示指標

既存の養殖場について交通信号の赤，黄と緑を真似た分りやすい指標を導入して，次期（0〜2年）の生産量を減少，横ばい，増加のいずれにするかを規定する。増減の目安は，プラスマイナス6％である。これは2年ごとに査定され，その後2年間の養殖許可生産量が決定される。この中で，最も活用される指標は海シラミの関連情報で，各サケ養殖のサイトからのシラミ数，バイオマス・水温・塩分などの情報を提出させ，それにより，野生のサケへの悪影響について査定する。これが信号機の表示になる。緑は野生サケへの悪影響が10％以下の場合。10〜30％は黄色で，30％以上は赤になる。赤でも2年後に改善が見られれば緑や黄色に変わるし，逆に緑でも赤に変わる場合もある。

（6） 陸上閉鎖式循環養殖技術等

石油開発の掘削のプラットフォームを活用した，沖合生簀の実用可能性と将来性に加えて，陸上閉鎖式循環養殖の可能性についても技術開発が進められている。サケ養殖は，沿岸漁船漁業や環境団体との関係で沿岸域での養殖の更なる展開には困難が多いので，沖合の海洋での生簀の設置を実験中である。実験

第9章　外国沿岸漁業・養殖制度と日本への適用　　*207*

会社は，プラットフォーム建設に経験を有し，固定式で全くの外洋ではないフィヨルドの湾口近くで実験中である。現在は，既に 20 個の新規実験許可申請が来ており，実験はさらに進行する予定である。同様に環境への関心の高まりが，住民，環境団体と漁業者から提起され，陸上閉鎖式循環養殖（RAS）も推進中である。RAS の場合，当面はスモルトの大型化（100～400g 程度）が主目的であるが，成長したサケまで飼育する RAS もいくつか建設中ないし予定されている。許可料は土地代等のコストがかかるので徴収しない方針である。また，サケの排出物を外に出さず，外部の水温などの影響を受けないように，巨大なカプセル型の養殖施設も開発中である。

III．ノルウェーの漁業と養殖業の将来

　水産資源管理の成功のおかげで，バレンツ海の大西洋マダラの産卵資源量は戦後 60 年の最大を記録した。したがって，漁獲量も最大を記録するであろう。また，2011 年にノルウェーの漁業生産量は 28 億ドル（2,260 億円）に達した。輸出は養殖を入れて 90 億ドル（7,200 億円）である。しかし，ノルウェーはこれに満足することなく，もっと高付加価値と高品質の水産物を生産しようと努力中である。漁業大臣は，水産資源に基づく水産・海洋国を作ろうとしている。2050 年までに，現在の 6 倍の 860 億ドル（6 兆 8,800 億円）の輸出にしようとしている。もっと生産が増える要因が十分にある。それは，

①　世界の人口が増加する。
②　世界の購買力が増加する。
③　健康食品に対する需要が増加する。

と予測されるからである。そして，これからは養殖業では海藻とサケ以外の種類に着目している。伝統的な食品も重要である。そのために技術力，装置の向上，生物学的知識，資源レベルへの知見を備えた産業の育成が必要で，関連した加工業も振興し，若い人々をこの産業に入れなければならない。このような将来性と夢のある産業は他にはなかなかないと前漁業大臣は語っている。

IV. アメリカ・カナダの沿岸漁業規制

(1) 概 観

　カナダは，完璧な手法で ITQ 方式を導入した最初の国家である。たとえば，ニュージーランドやアイスランドでは 1 社の ITQ の蓄積制限があるが，カナダの場合は，沖合のロブスターの ITQ の場合，一人当たりに保有上限の制限を付していない。ホタテガイでも制限がなく，以前は 700〜800 の漁業に許可を発給していたが，現在では 70〜80 まで許可の発給は減少し，1 社・漁業者当たりの生産量が増し会社の収益性が向上した。

　特長としては，漁業の生産量の増大は求めず，品質の向上と維持を目的にしており，プレミアム製品の生産にのみ特化していることである。そのため，生産量は肉重量でわずか 8,000 トンである（殻つき換算で 6 倍，約 5 万トン）。そして，アメリカ市場などの高価格で販売できるところにだけに売り先を特化している。2015 年は，アメリカ産のホタテは減少し，日本産のホタテもオホーツク海を襲った大型低気圧で生産がふるわず，カナダ産が非常に価格的好条件を享受することができた。これは ITQ 方式の効果でもある。今後，未導入のロブスター漁業にも ITQ 方式を導入するかどうかは，カナダ連邦政府の漁業大臣や漁業者の判断である。

　沿岸漁業ではアメリカは，カナダとは異なる漁業規制を導入しているが，双方とも TAC や ITQ について消極的であることは一致している。また，双方の沿岸漁業者ともカナダ連邦政府とアメリカ連邦政府の資源・漁業管理方策については，必ずしも好意的な印象や評価をしておらず，密接な協力もうかがえない。

(2) 大西洋側（カナダ東海岸）漁業—カナダのロブスター漁業

1) 概観

東海岸沿岸域のロブスター漁業（図9-1）へのITQ方式の導入に関しては，機が熟しているとはいいがたい。アメリカとカナダとも漁区・漁期の規制を導入しているが，両国漁業者ともTACやITQについては消極的である。また，双方の漁業者とも連邦政府の資源・漁業管理方策について好意的な評価をしていない。

現在のカナダの東海岸漁業は，マダラなどの漁業が壊滅状態であり，ロブスター漁業に偏る。ロブスター漁業は，アメリカのメイン州沿岸も増加傾向を示しており，1970年代から1980年代には2万トンを割り込む生産量でしかなかったが，1990年頃から約4万トンに増加し，最近でも4万トン（2014年）である。資源減少への対策の必要がある。4万トン程度に生産量を制限することも

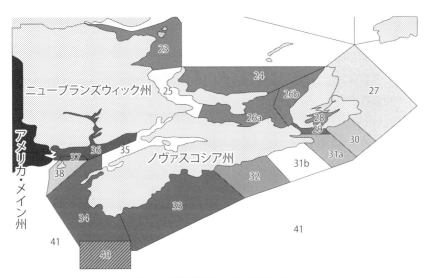

27〜38が沿岸漁区。41が沖合漁区
図9-1 カナダのロブスターの漁区（資料：カナダ連邦政府）

一つの対策だが漁業者は反対している。漁業者は漁業生産量・金額が落ちこめば，もっと獲ろうとする。漁獲量が伸びてももっと獲ろうとする。

現在は，一部の若い漁業者を除き ITQ など新対策の導入には熱心でない状況である。

2) 漁業の管理

東海岸沿岸域のロブスター漁業は，カナダ連邦政府が管轄している。潮間帯から沖合まですべて連邦政府の管轄であり，3マイルを州管轄とするアメリカとは異なる。管轄権はカナダ憲法で定められている。

沿岸からの距離10～15キロメートルまでが主漁場であり，漁業はインプット・コントロールの漁船許可制限（操業する漁業者のみに許可）と期間制限であり，沿岸漁業は27海区から38海区の制限がある。漁区によって，操業期間と漁具制限が異なる。許可数は約3,200である。沿岸漁業に数量制限はない。

90キロメートル以遠の第41海域の沖合域では，ロブスターに720トンのTACが設定される。

3) ITQ 設定の可能性

カナダのロブスター委員会は，カナダ連邦政府が主導して設立した。ロブスター漁業者がバラバラで一致した行動が取れないので，マーケットと販売戦略を研究し，それらの対策を講じる目的で設立された。

ITQ の漁業での経験者もロブスターの兼業者の中では少数であり，それらの人々の声に力がない。しかしながら，連邦政府の職員は「マーケットは安定・継続した供給を求めており，自由競争でサイズもばらつきがあるものを供給していくわけにはいかない。今日は漁獲があって明日はないというものは，マーケットからそっぽを向かれる」と語る。

地域社会政策も「雇用を費用と考えるか，雇用は維持すべきものと考えるか」によって，政策が分かれる。ITQ の推進者は雇用をコストとして考える経営者が多い。ロブスター漁業の収入が現在良いからと言って地域社会に後継者がい

るわけではなく，ウィニペッグ州での油田天然ガス産業やトロントやモントレオールの都会の方が給料は良く，地域振興策はその点も考慮する必要がある。常に時代と社会・経済的な環境で動く。

(3) アメリカ東海岸漁業—州法による厳しい管理

1) ロブスター漁業の管理の歴史

17〜18世紀，メイン州にイギリス人を中心とした入植者があり，ロブスターは彼らの主たる食料だった。初期の入植時の囚人たちは，週に3回以上ロブスターの食事を提供しないように刑務所に要請した。19世紀後半から，獲り過ぎから資源保護措置が必要とされた。提案されたのが，産卵のメスの保護である。卵を持ったメスの尾鰭部分に丸い円形のシールを押す。それを再放流し，繁殖に貢献させた。

現在（2014年）のアメリカとカナダのロブスターの漁業生産量は，アメリカが6万7,119トン，カナダが8万8,684トンで，合計15万5,802トン（前年比7％増）である。増加傾向は近年著しい。一方で，マダラやカレイ類の漁業は崩壊状態である（図9-2）。

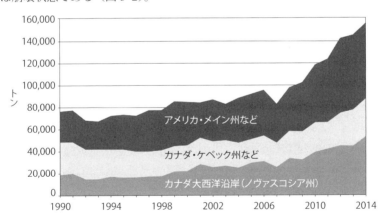

青：アメリカメイン州など，赤：カナダ大西洋沿岸（ノバスコシア）
ピンク：カナダ・ケベック州他

図9-2 アメリカ・カナダのロブスター漁業生産量（資料：カナダ連邦政府）

2） 最初の管理は 1917 年から

ロブスターの資源管理は，30〜40 年にも及ぶ州政府と連邦政府の資源・漁業管理の権限争いの歴史でもある。IQ の導入を巡っても大きな論争がある。アメリカ連邦政府は 1976 年の 200 海里漁業専管水域の設定を行った時に州管理に介入したかった。州政府，州科学者と漁業者は抵抗してきた。

産卵ロブスターの保護は，1917 年から導入された。30 年後の 1948 年には V 字型の切り刻み（V–Notch）を尾鰭の右から 2 つ目のフリッパーにいれた。「V 字切り込み」があるものは，一切漁獲が禁止される。

一方で，産卵保護と加入促進のために 1905 年頃から，大型のロブスターの漁獲禁止が，小型のロブスターの保持禁止とともに提案され出した。小型のロブスターは取り放題で，安い価格で加工場や缶詰工場にもたらされ，結果は資源の悪化だった。大型のロブスターに，繁殖を保護する観点からの漁獲禁止導入が提案されたが，この考えは科学者にもばかにされた。

ところが 1930 年代になり，世界恐慌で経済が疲弊し，ロブスターを獲っても売れない事態が発生した。メイン州コミッショナー（漁業総局長）と有力な漁業者は，大型のロブスターも漁獲禁止案を進めた。供給を絞るマーケット対策であった。これは，多くの漁業者からは支持されたが，加工業者と販売業者等は反対し，日々のことしか考えない漁業者の反対にもあったが，リーダーたちの熱心な説得工作により，州議会でかろうじて，州法として成立した。

3） 最大サイズと最小サイズ規制

最小サイズと最大サイズ規制（漁獲禁止）の双方の規制は世界でもメイン州しかない。現代でも続いており，その後，漁区の設定や，かご数の制限を導入している。現在は，600 籠と 800 籠の 2 種類がある。漁期の制限はない。ボトムアップ規制の浸透も大事だが，その際には，ルールを守り，破った人には罰則を加え，守らせる。ルールを州法とし，地方で定着させることが重要である。

推進者は特定の漁業者や呼応する政治家である。彼らが説得役を果たす。

4) メイン州漁区の特質と見直し

　メイン州の現在の主要な漁業がロブスター漁業で，この漁業がなければ漁業が崩壊といってよい。以前はマダラ，カレイ類やズワイガニなどが漁獲されたが崩壊してしまった。

　ロブスター漁業は，AからGまで区切られた漁区（線引き移動など）が課題である（図9-3）。7漁区でも漁獲量に濃淡があり，中間に位置するBとC漁区が最も漁獲が多い。特にCが多い。メイン州での全許可数は5,000件であり。25％が漁業に従事していない。1人1許可で，実際に使用漁船を有することが条件である。20％の漁業者が80％の漁獲を挙げる。

　漁期は周年で，カナダと異なる。5月の春ごろから始まる脱皮時期には，カナダとメイン州で，品質と製品への評価が異なる。メイン州では，ソフトシェ

図9-3　メイン州ロブスター漁区（AからGに分割される）

ルの脱皮後のロブスターが好まれる。肉の内容・重量が少ないのがメイン州で
は好まれる。加工向けも含めて，需要は多い。

　ロブスターの漁獲は3マイル以内で70～80％の漁獲が挙げられる。漁船の
大きさは，これらの制限の範囲内で自由である。ところで，現在ロブスターの
資源状況は極めて良好であり，1980年代の20万ポンドから2000年ごろには
2万1,744トン（48万ポンド；メイン州政府）になり，そして，現在（2015年）
では6万7,044トン（148万ポンド；メイン州政府）まで急増した。

5）　インプット・コントロールを州法化

　メイン州ではかご数規制，漁区規制と最大・最小サイズ規制をインプット・
コントロール（全て州法化）しており，TAC導入などの規制はされていない。
ロブスターは資源の評価も正しく行われていず，生物学的特性値も1980年代
のものが当てはならない。現在は漁獲の目標数値（レファランス・ポイント）
が設定される。

6）　後継者・新規参入の課題

　漁業は周年の許可である。20日程度操業するG漁区とF漁区などは，むし
ろ新規の操業者は必要としないし，カナダに近いA漁区では，新規参入者を
歓迎する雰囲気がある。州政府は，現在の政策を理解してもらい，漁業者の意
見を聞くために普及ミーチングを各所で16回開催し，コミッショナー（漁業
総局長）が出席して，合計で1,600人と対話できた。また，漁業者のトレーニ
ングスクールも開催して，若い人にロブスター漁業への理解を進めた。しかし，
このような会合に出ても，全くの都会人が，ロブスター漁業の許可を得た例は
ない。地域内のルールと人間関係があり，外部の人間が，新規に参入する余地
は少ない。

　一方で，漁業者の子弟が後継者となるのは，問題なく進んでいる。漁業者の
平均年齢は50歳程度である。許可は全体の5,000件に対し毎年20件程度の空
きが出るが，許可を待っている者は非常に多い。後継者の資格要件として，①

漁業経験者，②地域出身者，③犯罪やアルコール中毒でないことが条件である。

7)　漁業者の組織

　メイン州の漁業者団体として，①ロブスター協会（アソシエーション）がある。その団体は政治的な要求を政府に対し行う目的である。そのほかに②日々の販売，経済活動を主体とする自主的なグループ協同方式（Coop）がある。そして，③ロブスター委員会（Lobster Council）が設置される。これは法律に基づき，漁業者の意見を反映させる機能である。一方，④マーケッチング促進メイン州ロブスター・カウンシルがある。これは，メインロブスターの販売とマーケッチング活動に特化したものである。

8)　操業の実態

　ロブスター漁のかごは鉄製である。メイン州ロブスター協会会長の場合，800 個のかごをもっている。そのうち一日に水揚げするのは 270 籠くらいで，1 かご当たり 4〜5 ポンドのロブスターが入っている。揚げたかごの中に子持や尾びれに三角の切れ込みの印があるメスのロブスターがかかっていたらすぐに再放流する。そしてすぐにかごに餌を入れて海底に再設置する。

　サウストマストン沖の 7 の島の周辺は，外部の漁師が入ってこず，地区の境界で管理できる良い漁場となっている。また，モンヒガン島のあたりにもよい漁場があり，そこも地区の人たちだけで利用と管理している。

　ロブスター漁業の問題点はマーケットとコストである。とくに漁船，燃費やロープ代・かご代などは大きなコストがかかる。漁業者が支払う固定的な初期投資は 12 万ドルほど必要である。その後も毎年の経常経費に 8 万ドル程度もかかる。仮に収入が 12 万ドルあっても実際の手取りの所得は 4 万ドル程度になってしまう。漁船の燃油や餌代などの経費は漁師や協会がコントロールできるものではない。また，販売価格（マーケット）もコントロールできなかったが，これを打開すべく，複数のディーラーに入札させて競争させるようにしている。

9) 漁業協会の設立と政治行政への働きかけ

メイン州の若手のロブスター漁師たちは、価格をコントロールするために入札を行う漁業組合を初めて設立した。約50人がメンバーで、会長職はローテーションで就任する。最近では各地に漁業組合が設立されているが、これは法律に基づいたものではなく、漁師たちが自主的に設立したものである。組合には5人が働いている。組合ができてから約半年だが、事務局長で6万4,500ドル、一般の職員で2万5,000ドルの給与が支払われている。

漁業組合はできたものの、メイン州のロブスター漁の戦略は間違っている。周年操業ができるので、脱皮直後のソフトシェルでも好き勝手に漁獲してしまう。ロブスターは5月頃に脱皮するので、その後の数か月は漁獲を抑えることが重要である。また、ロブスターは岩礁を好む性格があり、この地帯では餌も豊富なので、早く殻が固まる。それに対して、海底が泥のところは、餌が豊かでないこともあり成長が遅く、ソフトシェルの確率が高い。それを獲っても市場では価格が出ずに、カナダにある加工場に廻されて、再びメイン州にもどってくる。主な漁業者はハードシェルの漁獲に移行すべきである。アメリカよりもカナダの漁師の方がハードシェルを獲る戦略を取っているので、輸出にも回せるようになっている。

困ったことに漁業には、今日が良ければそれでよいという人が多い。メイン州全体の許可の数は6,000、州政府によれば5,000で、実際操業しているのは半分程度か）あるが、漁業組合をつくり漁業を管理している漁師たちの割合は全体の25％程度だが、漁獲量全体の80％の漁獲を上げている。しかし226.5トン以上の漁獲をあげているのはほんの10％である。

ロブスター協議会はメイン州に4つある。また、ASFMC（大西洋州海洋漁業管理委員会）は連邦政府よりも漁業者の話を取り上げる組織である。行政府との会議は、年間で首都のワシントンDCで数回、メイン州の州都オーガスタで15回行われている。しかし、漁獲可能のサイズや産卵メスの禁漁といった漁業規制についての意見や提言を積極的に行っているのは1つにとどまっている。

10）　新規参入不足

　わが国と同様にメイン州でも，海上での困難な仕事を敬遠し，ホワイトカラーの仕事に希望する若者が増加している。一方で，現在のロブスター漁の許可は5,000程度であるが，州はこれを徐々に減らす政策を取っている。たとえば5,000かごの許可をもっている人が死亡して許可を返上すると，新規はわずか800かご許可しない。州知事は3対1程度に減らす政策をとっているようである。

　空き枠の新規許可はまずメイン州の居住者が優先されるので，漁業者の息子たちがロブスター漁を継承したり着業したりするのは比較的容易であるが，他州の者が入ってくるのは困難である。州外の者は根気がなく，すぐにやめてしまうという。漁業協会は州政府に対して，許可を与える基準を明確にし，改正するように要望を出している。そのため，優先権を持たない者が新規許可の申請をしても非常に長い時間待たされることになる。漁業者の父親をもっていても漁師になることを父に認めらず，申請をしていなかったことから11年も待っている女性がいる。

11）　温暖化・海洋酸性化とロブスター漁

　現在の地球温暖化と海洋の酸性化は大きな脅威である。将来はメイン州の全漁業者がロブスター漁ではやっていけないと危惧を持っている。30年後にロブスター漁ができるのかどうかはわからない。この地域の海水温は以前は14.5℃程度であった。それが最近では15.5℃になり，16.7℃になることもある。南部のニューイングランド州では20度近くに海水温が上がり，マダラもカレイ類も，ロブスターもいなくなった。マサチューセッツ州ケープコッド半島から南の海域では1万1,325トンの漁獲があったが，最近では453トンに激減している。そこではロブスターの資源管理もしていなかったので，メイン州と条件は違うが，同じようにならないという保証はない。そのため，ロブスター漁業協会ではロブスターだけに頼らない多様化を考えるようになった。

12) ホタテガイと ITQ の関係

　メイン州にはホタテガイ資源と漁業がある。漁業者の数は 600 人と少ないが，温暖化と過剰漁獲で資源が悪化した。そして，漁業を一時 2012 年まで 3 年間中断し，一定の成果を上げた。これは州政府にとっても，漁業者の信頼を勝ち得るために重要であった。連邦政府も資源の回復策を取っており，漁業も資源も連邦政府の対象とするものが大きい。この経験はロブスターにとっても，大変に良い影響を及ぼした。

(4) アメリカ・マサチューセッツ州 NMFS 管理漁業

1) ホタテガイ漁業

　マサチューセッツのホタテも一時（1990 年代まで）はその漁法が底桁引き漁業で，好きなだけ漁をしたため，資源が悪化してしまった。そこで，NMFS（アメリカ水産庁地方総局）は次のような資源の管理に取り組んだ。主たる漁場は，ケープコッド沖のジョージス・バンクとメイン湾である。

① 殻長 10 センチ以上の漁獲に制限して 10 センチ以下の貝の漁獲を禁止した。そして，この大型のホタテを「プレミアムのホタテ」だけとして生産している。

② ホタテ漁業の実態と資源状況を精査して，これらをまず細かなゾーンに分け，更にそれら漁場をローテーションで漁獲することにした。

③ 第 3 番目の要素として，マダラをはじめとする底魚の資源が極めて悪化したので，混獲が多く生じるところは禁漁区とした。

　ホタテガイは，このような対策から，最近では資源が回復してきたので，特段の問題がない状態となったが，1990 年代を境にマダラなどの資源がさらに悪化した。ホタテガイの資源が良好なところにもマダラの混獲枠を設定・配分したが，漁業者はセクター漁業（同一の魚種を漁獲する漁業種類の近い漁業者がグループを形成する）を設立し，漁獲枠を共有して保持する選択を取ることが可能になった。

第 9 章　外国沿岸漁業・養殖制度と日本への適用　　　*219*

　ホタテ漁業はジョージス・バンクの漁場を中心に，操業日数制限を課して操業する漁業者が多い。漁獲量の制限ではないので，大型船は特に操業日数制限の管理法を好む。アメリカは自由の国であり，事業の仕方は誰にも口を出されたくない。成功するも失敗するも，自分の責任であるとの考えである。投資して大きくするのか投資ができずに，小さいままでいるのか ITQ か IQ にしてしまうと，企業の努力が無くても制度に守られてしまうと考える漁業者が多い。

　海域毎に資源の回復も異なるが，他の底魚魚種が多く生息し混獲魚の分布が大きいところはセクター漁業に割り当てて，底魚の生息が少ないところは操業日数規制漁業と操業回数の規制に充てている。大半は操業日数規制（約70％）であるが，一部ではあるがセクター漁業（30％）でホタテの漁獲が行われ出した。ホタテの資源問題というよりは，資源が悪化したマダラやカレイ類混獲枠の消化がホタテ漁業の禁止を意味するので，まとまって操業する方が良いとの考えに基づくものである。

　連邦政府の許可のもとのホタテ漁は 3 マイル以遠で行われており，メイン州など州の管轄の漁業は 3 マイル以内で行われる。漁業規模としては連邦政府の漁業の方が大きい。資源は現在良好であり，最近は天井に達しており，下方への変動がみられるときもあるが，総資源量としては，高位横這いである。しかし，最近 5 か年間で見ると殻長 10 センチ以上の「プレミアム」の資源量は急激に減少して小型のホタテガイが増えた。資源が上向きなものについてはセクター漁業の導入も比較的容易であった。

2)　底魚のセクター漁業の現状

　マサチューセッツ州をはじめとするニューイングランド地方は漁業者の力が強い土地柄で，漁業者は科学者も，行政官も信用しないところである。だからマグナソン・スティーブンス法（漁業法）では，ニューイングランドで ITQ（IFQ）制度を導入する際にはレファレンダム（全体投票）で 3 分の 2 の賛成が必要であると記載されており，その条件をクリアしないとこの地では法的にITQ を導入できない。

しかし，それでは悪化する底魚資源・漁業の再生に対応できないので，2010年の5月からセクター漁業を導入している。それは20人程度の漁業者でグループを形成し，割り当てられた漁獲割当量の範囲で漁獲することである。このセクター漁業は，漁業者個人への割り当てではないので，その導入にはITQのようなレファレンダムを必要としない，というのがアメリカ政府の方針である。このグループ形成は，西海岸の漁業でロック・フィッシュ（メヌケ）などの混獲枠が微小になったことから，それを複数で共有するシステムに学んだもので，それは誰も予想をしなかったほどの成果を上げることになる。

セクター漁業を実施することによって，以前より少なくなった漁獲枠を皆で共有・漁獲することになり，資源荒廃によって操業ができなくなる可能性を減らすことになった。一方，大型船主や経営が比較的良好な漁業者は廃業する同業者が多い方が有利なので，このようなセクター漁業を作り上げたことに対して批判している。

2015年には2つのグループができたが，現在では13のグループがあり，「北大西洋漁業合同」という自主的な漁業者によって設立された協会に所属している。それぞれのグループは20名程のメンバーで構成され，漁業種類も多種多様である。延縄と釣りだけの場合もあれば，そこにトロールが入る場合もある。

ニューイングランドのように，資源が悪化して漁業経営の見通しが立たない地域では，セクター漁業を導入してもしなくて，現状とそれほど差があるわけではないので，漁業者によい評価をされることは少ない。いまの2万5,000ポンドの漁獲が，2万ポンドに減ろうと3万ポンドに増えようと，その程度では経営が良好に回転するはずもないので。セクター漁業への提言や勧告は，漁業者から，好感をもって迎えられていない。マダラなど資源が悪化している底魚漁業では評判が悪いのは当然だろう。しかしそれでも，これらの漁業に対して，セクター漁業などの対策を取らなければ，もっと漁業者の状況は悪化していたはずである。そして，資源が良好で対策次第では収入のアップにつなげられる地域とは，漁業者の満足度に更に大きな開きができてしまうだろう。

ところで，科学的な資源評価データは，早くて1年前に調査したものである

第9章　外国沿岸漁業・養殖制度と日本への適用　　221

し，その結果を基にする TAC 設定は 1 年先であるから 2 年のギャップができてしまう。この場合，減少する資源に対して約 50％の資源崩壊確率がある。漁業者は，資源崩壊が 50％の確率ならもっと漁獲量を増やせと言っているが，それをしたところで，実際の漁獲量に大差はないのである。

　驚くことに，最初は嫌がっていた漁業者が，セクター漁業を形成している例がある。反対派であった漁業者団体長のもとでも 13 セクターが存在する。その傘下のグループ間でも更に漁獲枠のやり取りが可能になっている。しかし，漁獲枠のベースとなるものが過去の漁獲実績とするとなると，そこに問題が生じる。特に漁業者は正確な漁獲実績を記録していないのと，自船ではなく，他船をチャーターした場合には，自分の漁獲実績とならないからだ。したがって，漁獲実績ではなく別途の方式が良いという意見もあるが，この件はまだ解決を見ていない。

　また，あるところでは 2 つのセクター漁業を設立し，一つは枠を保有するが，全く操業をしないで，漁獲枠が少なくなったら，その操業しないセクター漁業から漁獲枠を操業するセクターに融通するとの機能を持たせている。このように漁業者のイニシアチヴによる創意工夫がみられる。

　また，いくつかのグループには，外部から来た漁業者でないリーダー的な人たちがいる。彼らは法・流通などの面から漁業・水産業をとらえてリーダーシップを取り，1〜1.5 年程度で組織にも溶け込み，内部の漁業者との信頼関係も構築している。また，行動も積極的で，ある対策・規制に関して漁業委員会（Council）の正式な手続きを経ると面倒で時間がかかり，その修正にも時間がかかるので，事前に規制措置を検討し，NMFS（北東地域事務所）に出向いて直接対話して制度をつくっている。最近は，NMFS が連邦政府中央に対して，説得を試みて，成果を出すようになった。これは地域事務所が漁業者やそのリーダーたちと積極的に数多く話し合うことで信頼関係ができたと考えられ，連邦政府中央も好意的である。以前では考えられなかったことがおきている。

　セクター漁業はアメリカ西海岸の混獲対策に，グループによる対応がよかったことがきっかけで始まった。それが保守的で頑なな東海岸の漁業者からも受

け入れられるようになったのである。セクターの導入はホタテ漁業でも一部進んでおり，底魚のセクター漁業の経営者もいる。これが良い影響を及ぼすことが期待されている。ITQ・IFQ で窮屈に漁獲量を個別に割り当てるより，この地方ではセクター漁業の方が合っていたのだろう。

（5） アメリカ東海岸チェサピーク湾漁業

1） シマスズキの ITQ の導入

シマスズキは小規模沿岸漁業の対象である。それを漁獲する漁業者も約1,000 と多く，定置網，延縄と釣り漁業などで漁獲される。大西洋沿岸とチェサピーク湾内を主漁場とし，総漁獲量や規制は ASFMC（大西洋州海洋漁業委員会）で設定されるが，各州の意向も反映される。チェサピーク湾での総漁獲量（TAC）はメリーランド州とバージニア州と州境を流れるポトマック川に45％，45％と 10％がそれぞれ配分される。州によって管理の政策が異なる。

ⅰ） バージニア州

バージニア州はメリーランド州よりも早く 1988 年から ITQ をシマスズキに導入した。最初は ITQ もどんなものかわからずに導入したところもある。漁獲した魚体ごとに標識を装着して管理するのであるが，その標識を漁業者間で譲渡できた。シマスズキは遡河性魚種で，上流での魚体は大きくない。河川中域からチェサピーク湾に入ると大型化するので，標識を他漁業者から購入して，大型魚に使うものが出てきて，この方式では管理上の問題が派生してしまった。最近は尾数管理の ITQ から数量管理の IWTQ とした。W は重量（ウェイト）を表し，割当は重量を配分する方式である。

ⅱ） メリーランド州

同州での譲渡性個別漁獲割当（ITQ）は，これまでコガネガレイ（Yellow Flounder），スズキ（Perch）とクロスズキ（Black Bass）に入れており，2014年からシマスズキ（Striped Bass）にも導入した。最初は TAC の範囲内で自由に漁獲する共通プール（Common Pool）制と TAC を漁業者に ITQ として配分する 2 つを提示したが，誰も共通プール制を選択しなかった。当初は ITQ に

第9章　外国沿岸漁業・養殖制度と日本への適用　　*223*

反対が多く，漁業者は共通プール制を選択するかと思われたがそうならなかった。ITQ 漁獲枠の配分は 25％を約 1,000 人の全漁業者に平等に，75％が実績に応じて配分されている。これが特定の漁業者には大変評判が悪い。ITQ 制度に反対なのではなくて，自分の ITQ 枠が少ないことに不満なのである。2001 年から 2012 年までの約 11 年間の実績に基づき配分を決定したが，1985 年から 1990 年までのモラトリウム以前の実績が認められないのが主な不満である。

　メリーランド州チェサピーク湾域の漁業者で，漁業の許可を受けている全漁業者は約 5,000 人である。専業漁業者は正確に把握できてない。多くの漁業者は，ワタリガニ，カキとシマスズキやハマグリとカレイ類の漁獲と組み合わせて生計を維持している。多様な漁獲が生業の維持には非常に重要であるが，カキは現在資源状態が悪いし，シマスズキも決して良くなく，昨年から今年にかけてチェサピーク湾内はシマスズキの大型産卵場であるとの理由で，漁獲枠が 25％削減された。

　メリーランド州はバージニア州に比べて導入に時間がかかった。行政庁がいろいろな部門を抱えて，迅速に動きにくく，政治的配慮を余分に払うことが原因だった。25％の削減をしたのはノースカロライナ州での産卵場が消滅し，ニューヨークのハドソン川上流での産卵も芳しくなかったことから，チェサピーク湾の産卵場の保護に過大な期待が寄せられ，規制措置が厳しくなったのである。体長制限として 18 インチ（45.72 ㎝）以下の小型魚と 32 インチ（81.28 ㎝）以上の親魚等は捕獲禁止された。

2)　ワタリガニ漁業と底桁引き漁禁止

ⅰ)　概　況

　ワタリガニはチェサピーク湾の漁業生産物としては牡蠣とシマスズキと並んで非常に重要なものであり，チェサピーク湾での漁獲量は各年の変動はあるものの 2 万 4,490 トン（約 5,400 万ポンド）を生産しアメリカ内のカニ（アメリカ全体では 6 万 0,645 トン；2013 年）としてはズワイガニ（3 万 1,270 トン；2013 年）に次いで重要なカニ資源である。

漁獲割合はメリーランド州が49％，バージニア州が39％，両州にまたがるポトマック川では5％で遊漁が7％（2009年；NOAA）であった。この種は欧州人がアメリカのチェサピーク湾に入植した17世紀から漁獲されており最もアメリカ人にはなじみが深い。チェサピーク湾全域で1,500か所の地点で資源調査を実施している。資源状態は成熟した雌で約2億尾を目標としており，最低の水準は7,000万尾である。1994年ごろから2008年ごろまでは資源状態は最悪の状況で5,000万尾に低下したが，現在は2億尾に達し危機は脱している。そのため，若い漁業者（Watermen）がこの漁業に参入してきている。2008年以降12月から4月までのバージニア海域での底桁引き漁業は禁止された。

ii）　雌ガニの漁獲率での管理

冬場にチェサピーク湾南部の浅瀬湾口付近海域で産卵するメスが，捕獲禁止となり資源の回復に大きく貢献している。漁獲量はメス資源に対し漁獲係数（現在は25.5％）をかけて上限設定している。

結果的には漁獲可能量が設定されているのと同じ効果を有するが，それはTAC（総漁獲可能量）のような明確な数値目標（拘束力のある）となっていない。これは，チェサピーク湾は流域面積が2万3,200平方キロメートルの巨大な湾であるが，流入河川はサスケハナ川，ポトマック川など12本の大型河川と150本の中型河川と10万本の小川がある。平均の水深が6.4メートルと深いため，大水があふれた際の塩分濃度や栄養塩が大きく変動し，環境要因が漁獲の影響より大きいと考えられるからである。このため底桁網漁法以外の漁法はポット数の制限と引き縄釣り（Trotting LineとTong漁法（日本のアサリ漁の鋤簾のような掬い漁法）が或る。

iii）　バージニア州の底桁網漁業の禁止

バージニア海洋研究所の科学者が1990年代から悪化したワタリガニ資源回復のために，2008年に底桁引きの禁止提案をした。当時の漁業局長（コミッショナー）は議会で提案し，その提案が採用された。底桁引き禁止は毎年委員会が提案している。その結果，あたかも永久措置のように取り扱われている。この措置によって，冬にカニが全く販売できなくなり，漁業者は批判的であった。

第9章　外国沿岸漁業・養殖制度と日本への適用　　*225*

　ところが脱皮前の雌カニがたくさん入る別の漁法で漁獲させている。ソフトクラブとして高値で売れるからだ。また，春から支流（クリーク）で許可されたポット漁業では小型のカニがたくさん捕獲されている。

3)　メリーランド州とバージニア州の行政組織の差

　チェサピーク湾の南北をそれぞれ占有する両州であるが，政治的及び行政組織の状況は大きく異なる。

　バージニア州はアメリカ独立の際に主要な政治家を輩出した州であり，リーダー的な役割を果たした。初代大統領のジョージ・ワシントンや独立宣言の原案を起草した第3代大統領のトマス・ジェファーソンの出身州である。メリーランド州は南北戦争のときに北軍につき，南軍のバージニア州とは異なる。

4)　メリーランド州の共和党知事就任

　メリーランド州は1969年から約50年続いた民主党政権から1年半前（2015年7月）に現共和党のHarry Hogan知事（ご夫人は韓国系）に代わり，政治姿勢がそれまでの環境重視の姿勢から，ビジネス・ファーストの姿勢に変わり，州政府天然資源局の人事や意思決定機構にも影響がみられる。まず，デイヴィッド・ブレイザー氏が知事による政治任命で漁業・船舶部長に就任したことで，彼は州天然資源局の役人も務め，州議会議員も経験して，漁業部長として戻ってきた。

　共和党の政治任命者は，ビジネスを優先，「漁業者の利益を優先させる」との姿勢で仕事をしている。しかし州政府は科学的な評価をもとに，科学者，行政官，遊漁者，漁業者と連邦政府の代表などを交えたプロセスで意思決定しており，漁業者の一方的な利益だけを反映し，政策や漁業規制を決定することは，難しい。ロバート・ブラウン・メリーランド漁業者協会長によれば，メリーランド州の漁業者数は約5,000人で11地区に分かれ支部組織に属しよく組織化されている。一方で，バージニア州の漁業者はメリーランド州に比べて漁業者（Waterman）の団結と力が弱い。

5) バージニア州の漁業行政組織

バージニア州の組織は，メリーランド州の漁業部局とは異なり，海洋資源委員会が組織され，この委員長（コミッショナー）は政治任命であるが，事務方がまとまっている。委員長の下で委員会（取締役会）が開催される。委員会を海洋の漁業管理の担当部長，沿岸域生息域担当部長と取締部長が補佐し円滑に機能する。

メリーランド州の場合は，海洋漁業に加えて内水面漁業とスポーツ・フィッシングまで幅広いので，行政は利害が複雑に絡みあい，漁業対策措置が迅速に取れない。また，スポーツ・遊漁者の影響や環境団体の影響で政治的なセクターからの影響を受けやすい。バージニア州も政治の影響を受けるがメリーランド州ほどではなく，ある歴代コミッショナーは数十年間も務めた。過去より現在の方が委員会を含めて科学的根拠を尊重し行政組織が有効に機能している。

図9-4　右下の半島に囲まれたチェサピーク湾と
　　　　メリーランド州とバージニア州

6) チェサピーク湾の ITQ はいまだ熟せず

ITQ の導入については漁業者からの報告が正確でないと TAC も ITQ の設定も正確な科学評価が行えず，また環境変動が漁獲変動より大きいので機が熟していない，との考えがメリーランド州とバージニア州政府の役人と科学者に強い。

(6) アメリカ・カナダの太平洋側（西海岸）の漁業

1) カナダ西海岸トロール漁業の歴史と背景

カナダの太平洋側では1990年代から非常に漁業資源が悪化した。それによってカナダ政府は，1995年から漁業を禁止とする措置をとった。これまではこのような事態に及んだことがなかったが，これはポルトガルとスペインの漁船が越境し，カナダの大陸棚の延長線上にある資源を漁獲したことに対して，カナダ政府が非常に厳しい措置を取ったため，当時の漁業大臣は国内にも同様の措置を取らざるを得なかったのである。

この混乱の中で，カナダ政府が ITQ 方式を提案したが，漁業者は全員が反対した。しかし，その後1996年にすべての漁船にオブザーバーを乗り組ませることで，漁業のデータが集まり，その実態が次第に明らかになってきた。

一方で，カナダの環境団体は自国の漁業は非持続的であると主張を始めた。漁業者は環境団体の中でも，科学データベースによる現実的な対応をしてくれるところと協議をすることになった。政府の科学的データが漁業者から見ても，一方的でいいかげんであったので，漁業者側から資金援助して，科学的精度の向上を図ったのである。

このような過程で，漁業者は ITQ 方式の反対だけ言っていたのが，現実的に ITQ 方式とはどのようなものなのか，トロール漁業反対を唱える環境団体にも受け入れてもらえるのかなどを検討するようになり，科学的名データに基づいて，客観的に判断を下すことが非常に重要であるとの結論に達した。ITQ により，漁業者は自分の経営に見通しが立ち，銀行も3〜5年の有価証券償却・減価償却の予定期間を15年に延長した。これは大きな経営上のメリットであっ

た。また，漁業経営の見通しが立ったことで保険も安く掛けられるようになった。そして。1997年にITQが膨大な種類の魚種に対して導入されたのである。

2) アメリカのお手本となったITQ方式の導入

　最初カナダでは多くの漁業者がITQ方式に反対であったが，理解が深まるにつれ賛成にまわってそれを実行するようになった。その後，自分たちの経験を議論した結果，ITQ方式は資源管理手法の1つであってどの手法を選ぶかはそれぞれの地域と漁業の特徴に基づいて決定するべきということになった。

　ITQ方式により，漁業者は自分の経営に見通しが立つようになり，また，銀行が3～5年と言っていた減価償却の予定期間を15年に猶予してくれることになって経営上の大きなメリットを得ることができた。これによって漁業経営の見通しが立ち，保険も安く掛けられるようになったのである。そして，1997年ITQ方式が多くの種類の魚種に対して導入された。

　資源の回復と漁業管理にとって重要なのは，科学的データとそれに基づく管理措置の導入であるが，中でもモニターと報告と取り締まりが重要である。これがなければ，ITQ方式もTAC制度も機能しない。

　このように，カナダの西海岸のITQ方式の導入は，アメリカのカリフォルニア州，ワシントン州とオレゴン州のITQ方式に混獲魚対策としての複数種の漁獲管理に影響を与えた先鞭的漁業地区であるといえる。ニューイングランドのセクター漁業に影響を与えたのも彼等であるとの考えもある。

　カナダの関係者は，アメリカでは漁業管理委員会が民主的な手続きを踏むことを義務付けていることや，州政府と連邦政府が3マイルを境にして，その漁業資源管理をそれぞれが分担していることが，迅速な管理政策を採択できない弊害であるとの見解を有している。一方で，カナダは地方行政が漁業資源管理に関与することはなく，連邦政府が関与するがゆえに迅速に対応できるが，反面，現場の対応が手薄になることが起き，漁業者の協力が不可欠となってくる。

3) 西海岸と東海岸との違い

カナダの西海岸には東海岸のロブスターに匹敵するようなものがない。サケとハリバットは重要魚種であるが，国際管理が必要な魚種である，漁業の性格が異なる。

カナダの西海岸と東海岸では漁獲量に大差があり，東を 80 とすると西は 20 しかない。また，双方とも 1990 年代に漁獲量が急激に減少し，最近は横ばいであるが，西海岸は ITQ 方式の導入による漁獲量の回復が，統計上はまだ出てきておらず，成功したとは必ずしもいえない。こうしてみると，カナダの西海岸がアメリカのカリフォルニア州，ワシントン州とオレゴン州の ITQ に，また混獲魚対策としての複数種の漁獲管理に影響を与えた，先鞭的漁業地区であるとのことである。ニューイングランドのセクター漁業に影響を与えたのも彼等であるとの発言も見られたが，アメリカ側からは聞いたことはない。しかし，アメリカの環境保護基金（EDF：Environmental Defense Fund）が積極的にカナダをモデル事業として活用していることは事実である。

カナダの漁業関係者は，

① 今後 ITQ 方式の導入を検討している国や地域では，学者に話をさせるのではなく，具体的な問題点を把握し共通の認識がある漁業者同士の話が最も有効。

② ITQ 方式を実施する上では，漁業者全体の人数が少なくない方が良く，できるだけ 15 人以下で，多くても 30 人以下が望ましい。

③ こじんまりしたてモデル地域を探し，漁業者と話をして目標をしっかりと定めることが重要である。

と言っている。チェサピーク湾のブルークラブの ITQ 方式導入は，漁業者が多すぎてうまくいかず，進展がなかったが，かわりに，その地域で非常に重要なストライプ・バスの ITQ 方式にこぎつけている。

4) カナダ・ハリバット漁業

アメリカ・カナダのハリバット漁業は 1880 年代から開始された。1923 年に

230   IV. アメリカ・カナダの沿岸漁業規制

は悪化した資源の状況に対応するため，アメリカ・カナダ両国で国際ハリバット漁業条約と委員会が設立されて，両国で漁業の規制のあり方について意見を交換したが，それでも資源の悪化は続いた。

また，1977 年にアメリカが 200 カイリを宣言し，カナダも 1979 年に 200カイリを自国水域に設定すると，カナダはアラスカ沖の漁場を 50％失い，商業漁業の規模が 17％（要確認）に減少した。その後，1986 年には過当な漁獲競争から無謀な漁をしたハリバット漁船が 6 隻も沈没した。乱獲競争の中で漁期の終了を告げるサイレンが鳴ると，漁業者は過剰漁獲の犯罪を逃れるためにハリバットがかかった漁具をそのまま放棄した。

漁業大臣が 1980 年に漁業の許可制（Limited Entry）を導入すると，それまで 100 隻であったハリバットの操業漁船が突然に 435 隻に増加した。大臣は330 隻程度に抑えたかったのであるが，実際稼働していない漁船の所有者が，自分は都合があって故障して操業ができなかったと大臣に対してアピールすると，漁業大臣はすべての許可を認めてしまったのである。これは許可制にすることが何よりも重要であったからと考えられる。

その後 1981 年から 90 年ごろまでは漁業者は TAC を超過して漁獲し，さらに年々漁獲日が減少してきた。1980 年には 800 万ポンドの TAC に対して 65日であった操業日数が，1990 年には 900 万ポンドの TAC に対してわずか 9 日（1990 年）で達してしまい，漁獲圧が凄まじく強まった。

5) カナダの ITQ

カナダの ITQ は，先進国のニュージーランドやアイスランドの制度を真似たものであった。まず 89 年にギンダラの ITQ の導入が決定し 1990 年から実施された。そして 1991 年から漁業操業を改善するためにハリバットにも ITQ制度を導入した。すると，すぐにその効果が現れだした。それまでは製品の質などにかまわずにラッシュッして漁獲し，船一杯に積んでいたのが，無駄な操業がなくなり，ゆっくりと陸上工場と施設に持ち込むようになった。また，すべての漁獲物を一括してビクトリア州へ運んでいたのを，ブリティッシュコロ

ンビア州沿いの港町に水揚げして陸路で運んだ。その方が迅速に運べ，著しく魚価と収入が上昇した。

この間にゆっくりと漁船の統合が進んでいった。微小な ITQ 枠の保持者がその枠を売るようになったのである。漁期も 80〜90 日に増加していった。

1991〜92 年は ITQ の試験的実施期間であった。本格的な ITQ の実施は 1992 年からである。試験的実施の翌年からは ITQ の半分をブロックで貸借する「ブロック譲渡制」を始めた。この時には受給者の条件を「漁船の搭乗者」と明確に定めなかった。

1999 年から漁船に対するモニタリングとオブザーバー乗船の制度が開始された。しかし，大型漁船と異なり，家族や親類など 4〜5 人が乗船している小型漁船は船内に余分なスペースが少ない。また，450 ドル / 日もかかるオブザーバー乗船のコストの負担は大きすぎた。そこで政府はビデオカメラによるモニタリングシステムを開発した。これを設置することにより 1 日当たり 100 ドルの経費で済むようになった。

このころから 2003 年かけてロックフィッシュの漁獲量制限と禁漁区の設定などが開始された。ロックフィッシュの漁師がハリバットを混獲しても，ハリバット漁師がロックフィッシュを混獲しても，お互いの漁獲枠の融通・移譲ができるようになった。そして 2006 年以降にはオブザーバーの搭乗率が 100 ％となり，底魚全体が ITQ でコントロールされるようになった。

また，ITQ 枠の管理はゾーン制を敷いており，ゾーン毎に TAC と ITQ が設定されている。そして ITQ の設定後は，漁獲量が TAC を超えることはなくなった。この漁業は環境団体からも非常に高い評価を得ており，エコラベリングを取得している。そのほかの管理ラベルも獲得しており，環境団体にもけちのつけようがない漁業となっている。

6) 出遅れたアメリカの IFQ

一方，アメリカは ITQ の導入に後れを取った。アメリカの漁業者がカナダの状況を様子見したためである。しかし，彼らはカナダの ITQ を国際ハリバッ

ト委員会で知ったにもかかわらず導入しようとはしなかった。アメリカがハリバットに IFQ を導入したのは 1995 年からである。

7) 高騰する ITQ 価格

（2016 年現在の）漁獲枠の価格は，永久取得が 106 ドル / ポンドで，リースの場合には 7 ドル / ポンドである。最近のハリバットの魚価が 10 ドル / ポンドであるから，漁獲枠がいかに高騰しているかがわかる。これでは若い世代が漁業に参入してくることは困難である。

バンクーバー島のある漁業者は，現在 3 万 8,000 ポンドの漁獲枠を保有しているが，そのうち 2 万 4,000 ポンドは最初から保有しており，残りはあとで買い増ししたものである。この枠で年間必要な収入を得ている。操業の期間は 7〜9 日間の準備期間を入れても 2〜3 週間から 1 か月以内である。これで 4 人のクルーに対して 4 万 5,000 ドルを給料として支払うと，残りは 30 万ドルになる。さらに余剰の漁獲枠を他の漁業者に貸した収入もあることから，通常 6 か月程度ある漁期のうち，漁業者自身はたった 1 回しか操業しなくても済むという。

8) バンクーバー島の「ハリバット」「銀だら」漁業
―漁獲枠を保有しない者と保有者の不公平

漁獲枠はあくまで特権（Privilege）であることから，政府にいつ取り上げられるかわからない。そのため ITQ を購入して，安定的に漁船や漁具に投資をすることをためらう漁業者もでてくるだろう。現在でもアラスカの漁業者が資源管理を十分に達成しているとは思えない。国際ハリバット委員会の海域ごとの資源評価のデータを見れば，明らかに，アメリカ・アラスカ沖の CPUE（単位漁獲努力当たりの漁獲量）は減少し，カナダ側の CPUE は現状維持か上昇している。カナダの ITQ 制度は資源の回復と維持には確実に貢献したが，そのほかの社会経済的な要因についてみれば，必ずしもよかったとは言えないとの論調がある。特に社会学者にその傾向が強い。

第 9 章　外国沿岸漁業・養殖制度と日本への適用　　*233*

　現行の制度では，カナダでは，漁船に乗船しなくても誰でもが ITQ を保有できる。カナダの連邦政府は先住民族に漁業の全許可のうち 35％を与え，ハリバットでは 22+3％の許可を与えている。また ITQ は 22％を与え，それは非課税である。また彼らは直接，漁業をしてもよいし，それをリースして，収入を得てもよいことになっている。これはアメリカのエスキモーに対する CDQ と同じ条件である。

　カナダ政府の ITQ は，導入したときには，漁船の所有者と実操の業者に与えられていた。それが現在では，漁船を持たず，操業もしない者が ITQ 枠を所有してそれを漁業者に貸し，ITQ で得られる収入の約 70〜80％を手にして生活しており，借りて実際に漁をしている者は 20〜30％の収入しか得られず，従属した環境に置かれている。現在のハリバットの価格は 10 ドル／ポンドで，これでは，漁業者が自分の手で漁業を営んでいないことになる。

　実例を挙げる。1978 年に建設されたある延縄漁船が，カナダの BC の北のはずれのプリンスルパート漁港を根拠に操業している。一回の操業は約 10 日間で，漁期に 10〜12 回操業にでる。一回に 2.5 万ポンドのギンダラと 1.2〜1.5 万ポンドの漁獲を上げる。操業者がもとからそこの漁師でなく，ITQ を借りていると，枠の 30％が自分のもので 70％がリース代として支払っている。一方，ITQ を持ち，8 隻の漁船を持ち，獲った水産物の加工場とパートナーシップを結んでいる。そして漁獲物は国内で販売している。このように全部を自分の枠で操業している者は極めて少ない。多くは，前者のように 100％を借りた漁獲枠で操業するので，生活は極めて苦しい。問題は，このような苦境にある漁業者をどのようにして救済するかである。カナダ政府は ITQ 特権（Privilege）とは言っているが，これを現在の保有者から取り上げる考えはない。

　現在，東海岸できわめて重要な裁判が係争されている。ある漁業者が自分に枠をよこせとの裁判を起こしているが，「ITQ の枠の所有者は操業者でなければならない，そして，漁船は分けてはならない」との法律がある。原告の裏には大きな加工業者がおり，カナダでも優秀な弁護士がついている。巨大な東海岸の加工業者が，漁業者をコントロールしたいと考えての係争である。ITQ の

漁獲枠と漁船を切り離すという方向に行きたいと，漁船を持たない原告は主張
しているが，政府はそれに対して反対である。しかし，政府も本件以外では，
抜け穴の操業に加担したりしているので問題である。

　本来，水産資源は公共物でもあるにもかかわらず，ITQ の保持者によって私
物化されている。一方で，漁業者が安い労働力として，虐待使用され，たとえ
ば海岸線が短いニューハンプシャー州では，漁業の共同体・地域社会が消滅し
てしまった。カナダ政府は，ITQ の導入で 40 億ドル産業が 200 億ドル産業に
なるといったが，その富は実際に操業を行っている漁業者ではなく，どこかに
行ってしまった。EDF（環境保護基金）のような団体も ITQ の推進者となって，
誤った政策誘導に加担している。ブリティッシュコロンビア州には 2 万人の漁
業者がいたが，現在では 6,000 人に減り，そのうち何とか生活しているのが
3,000 人で，2,200 人がまずまずの生活を送り，年年苦境に立たされている小
作的な漁業者が 1,500 人程度存在する。

9）　漁業者と生物学者の対立

　生物学者と漁業者は資源状況について意見が分かれる。アメリカ・メイン州
の沿岸域のロブスター漁業でも，1870 年代から現在まで州政府・議員と漁業
界が管理を実施してきたが，140 年以上にわたる対立がみられる。

　科学者は資源の評価やデータを示し，意見を展開するが，漁業者から見てそ
の評価やデータが必ずしも十分とは言えない。資源量の変動に何が影響を与え
ているか，それがどの程度科学的データで裏付けされるかは簡単ではない。資
源減少・変動の要因について，漁業者は環境だと言い，科学者は漁業者の漁獲
圧力が大だと言う。

10）　科学者と漁業者の協力

　ロブスター漁業は，1920 年代から，州法で漁業者を構成員とする漁業委員
会を設置し，科学者と行政が事務局サポートを提供し，たとえばロブスターの
最小魚体制限や抱卵ロブスターの保護の措置を導入した。メイン州沖を 9 海区

に区切り使用かご数の上限規制を海区ごとに決定し，漁業者数を規制して，新規着業者研修を義務付けた制度を州海洋漁業局長に勧告し州法とした。これらの管理措置が資源の回復に良好な影響を与えたことは，科学者も認める。このように漁業管理の成功には，漁業者と科学者の相互理解が欠かせない。

11）　アメリカ政府は科学優先

アメリカでは，漁業者の意向もさることながら，資源の回復を優先させる政策をとっている。2006年にマグナソン・スティーブンス法（MSA）改正により，科学的漁獲量（ABC）より低いACL（Annual Catch Level；年間漁獲レベル）の設置が義務付けられた。

アメリカは資源評価の結果をもとにして，地域漁業管理委員会の統計・科学委員会（SSC）がACLを検討・勧告する。また，同委員会に設置された諮問委員会（Advisory Panel：AP）は社会経済学的観点を考慮して，更にそれ以下にTAC（漁獲可能量）設定を勧告し，委員会が設定して商務長官の承認を得る。

（7）　アメリカ・ベーリング海の協同方式漁業

1998年のAFA（アメリカ漁業振興法）成立以降，漁業者は事業が非常にやりやすくなっている。毎年の年初にほぼ漁業操業の予想がつき，各魚種と総量TACが設定されれば，それに基づき中期的な計画立てることができるからだ。現在は15年計画ですら立てることができる。したがって，漁獲量を競うことなく，むしろ，加工での付加価値や歩留まりの向上と新製品の開発に力を入れることができるのである。CDQとの関係も最近は密接になってきている。漁業者が所有する漁船の25％の株式を漁獲物購入・加工会社は所有する関係が続いている。20〜100年を見た関係を構築したいところである。前述同社は漁船団に対して収入に対する36.5％の通常支払いのほかに，プレミアムを上乗せしている。それは，漁船団との関係を良好に保つことで，良質な魚を運んでもらうためである。

漁船団は他の工場にも陸揚げできるが，全体で6工場しかなく，加入制限の

状況になっているので，売り手市場の陸上工場にとっては好都合である。85%
の搬入制限は2005年からITQを導入したカニ（ズワイガニとタラバガニ）に
のみ適用されている。カニはむしろ漁業者の立場が強い。カニの漁獲枠が
40%削減されたが，魚価が上がるので，漁業者の損失はあまりない。

（8）　アメリカの資源管理の本質と東西海岸の差
―バージニア州とメリーランド州とアラスカ州の比較

　ベーリング海漁業の専門家によれば，資源管理が成功するか否かは，基本的
に，①情報の透明性と②科学的根拠に基づき検討し，意思決定をしているかど
うかにかかわる。情報を開示し，共有すれば漁業者も次第に科学者を信用する。
それらの情報に基づいて意思決定する場合，資源の持続性が一番重要であるこ
との理解であるが，メリーランド州とバージニア州では，そのようになってい
ない。特にアラスカ州沖の漁業の場合は，資源管理の重要性をきわめてよく熟
知しており，それはアメリカ漁業法（MSA）が科学的根拠に基づく漁業の管
理を明確に法律に定めていることが大きい。さらに，行政府や科学者それも連
邦政府や州政府が，自分たちで意思決定を行う可能性を排除して，地域漁業管
理委員会（Regional Council）にゆだねる。各州の州政府代表，及び知事が指
名した業界代表，連邦政府代表がメンバーであり，科学者も下部委員会に入り，
プロセスも明快，バランスが取れて，公平性が保たれ，特定の利益代表で意思
決定することができない状態になっている。チェサピーク湾の沿岸の漁業の場
合，科学的な根拠も弱いし，漁獲のデータのとり方も，漁業者の申告に任せて，
信ぴょう性のあるデータを取っているとは思えない。また，ASMFC（大西洋
海洋漁業委員会）は漁業管理委員会と比べて，透明性が低いし，連邦政府の関
与も少なすぎる。

　日本の漁業は基本的なデータもなく，科学的な資源評価も少ない。さらに透
明性もないので，科学データが広く一般に共有されていない。そして議論の場
も漁業者だけが参画して，客観的データが少なく，信ぴょう性も薄いまま議論
するので，漁業者は科学者の説明に納得できる可能性は少ないし，情報を共有

していない。これでは、適切な資源・漁業管理の提言を行えるとは思えない。

MSA のほかにアラスカの海域は、1998 年に AFA が導入されて、持続的な利用が一層促進された。工船トロールなどの過剰な漁獲努力を有する漁船を、業界が買い取り、それをスクラップにした。そのための資金は業界が提供した。そのための融資を受け金利分を連邦政府が負担したが、現在でも、その資金を返済中である。これがアメリカ政府から受け取った補助金であり、それ以外の補助金は政府からもらったことがない。

日本の場合は補助金を受け取ることによって問題の解決が先送りになってしまっている。また、AFA による協同操業は、母船や基地式の操業と工船トロールがそれぞれグループを形成し、そのグループに対して、漁獲割り当てを与えるもので、各船にどのように数量配分するかは、グループに任せている。これらは、たとえばマスノスケのようなサケ類の微小クオータの消化が進むと操業が停止されるので、これらをやり取りするメリットがある。そのためにグループを形成するのである。数量管理が厳しくなったのも、これらの海域では外国船漁業が操業の大部分を占めていてその例に倣ったこと、また、歴史が浅く、確立された慣習が浅かったのでやりやすい面があったことは幸運であった。チェサピーク湾のメンヘーデン（ニシン科の魚で魚粉の原料になる）漁業は、TAC も決定しないし漁獲報告も正確でないとの印象があり、資源の管理にはならないし、ニューイングランドも歴史が古く、しがらみが多く自分たちのプライドがあり、漁業者が科学的根拠を信頼せず、話し合いを持たないとすれば、妥当な解決策には至らない。

1) MSA の再承認は寝た子を起こす

前述の専門家によれば、MSA の再承認は、法案を審議する際に誰かが何かを要求しだすと収集がつかなくなる。何か提言すると、別の関係者は別の主張をする。そうすれば、妥協案が形成されない。2 年前にアメリカの下院に再承認案の提案が提出されたが、それを契機に種々の意見が噴出して、結局は、沙汰闇になった。

また，最近ではスケトウの資源がかなり良好なので，ベーリング海の総漁獲量の上限を200万トンから上方に修正する見直しをすべきであるとの意見がでてきている。しかし，その増分は誰が受け取るのかという問題がでてくるほか，現在の母船，工船や基地式操業船への割り当て体制の見直しにつながる。スケトウダラを現在以上漁獲しても，現在の魚価が低迷している状況で漁獲量を増大してどうなるのか。そのための投資も必要であり，そこまでの投資をしても，それが販売できるかどうかも不明である。これも寝た子を起こす議論につながる。

むしろ，必要な法律の改正対象はMSAよりは，労働関係，食品の安全関係や船舶関係の法律であろう。労働力の確保は毎年の問題となっている。アラスカ州内で採用を呼び掛けても人は集まらない。労働者をダッチハーバーに連れて行くだけでも多額の資金がかかるし，連邦政府の環境省などが要求する書類が多すぎる。日本などを追い出し，水産業のアメリカ化を図ったが，その時のアメリカの人材が現在もそのまま残り，後継者（経営者）がこの業界に入ってこない。

2) CDQ とアラスカ漁業

CDQ（地域漁獲枠）は，エスキモーが水産業や教育などの地域振興を目的として設立した基金などへ，ベーリング海全体の漁獲割当ての10%を与えている。このCDQは最初5%であったが，その後7.5%で現在は10%まで上昇した。CDQの保有基金は，一般的な漁獲割り当てと異なり，付与された漁獲枠を自在に他の漁業会社などにリースができる。得られた収入も非課税である。

CDQをリースして得た資金は年々大きくなり，その資金をもとに底魚加工母船を購入・所有したり，基地式トロール漁船に資本参加して，一般会社経営に影響を及ぼすほどになっている。また，リースなどで得た資金を，高額の給料としエスキモーに支払うとその人たちは仕事をしなくなり，結果的に堕落してしまう。

キングコーブなどに4か所，夏場の1〜3月間操業する工場があるが，そこ

第9章　外国沿岸漁業・養殖制度と日本への適用　　*239*

に現地の住人が集まらない。エスキモーは，漁業が上等者の仕事であって，加工業は劣等者の仕事という認識を持っている。

最近は漁獲の不振などで，最近3年間は赤字に陥っているが，それが構造的なものなのかそれとも，経営の努力によって改善が可能なものかを，見極めが必要であろう。親会社が積極的に販売して，根本的なひどい赤字にはなっていない。欧州では，エコラベリングが添付されていないと販売に苦戦することになる。

日本の大手スーパー担当者がエコラベリングの内容を熟知しないで進めており，結局は手数料を取られるに過ぎない。巨大な組織になるとそれがないと売ることができなくなる。最近ロシアのスケトウダラにエコラベルが認められたが，ロシアのような資源管理に認証を与えることには疑問を持つものがいる。また，アラスカ州は自身のラベルをつくろうとしたが腰砕けになった。

日系A社の売り上げは800百万ドルである。A社の本社は80億ドルであり，アメリカ社は約10%を占める。トランプ政権の動向に関しては，今のところ，静観中であるが，外国企業ということで何か意地悪をされる可能性はある。

アメリカの資源の供給が安定したことはよいことであるが，スケトウダラを中心に販売が苦戦している。世界的に水産物需要が増大するといっても，各論では困難を伴うものもある。ダッチハーバーに工場を建設した当初は，100%が日本向けの輸出であったが，現在は30%程度で，「カニカマ」などアメリカ国内向けが約50%まで伸びて，その他が欧州と東南アジア，中国である。商品によっては，「スケ子」は100%が韓国と日本で，「すじこ」は「いくら」にして欧州向けを拡大している。

フィレーは，その生産が伸びている。すり身に比べて歩留まりが良いからである。東南アジアはこれまですり身の輸出国であったが，現在はアラスカ産のすり身を購入している。

最近，アメリカ水域のスケトウダラの魚体が小型化している。体重で資源管理をするやり方では，大きな割合をしめる胃の内容物を除外して計算する必要がある。アメリカは漁船と工場の双方でオブザーバーが監視して，記録を取っ

ており，情報はたくさん入っていると思うが，それが資源管理に反映されているとは思えない。

最近「マスノスケ」がスケトウダラに混獲される。マスノスケは漁獲枠が微小であり，それを超えるとスケトウダラの操業が禁止となるし，販売も禁止になる。まさに失業者向けのフード・スタンプ用である。

3) 協同方式漁業会社から見た将来像

最近の問題としては，ベーリング漁獲量上限を200万トンに据え置きするかどうかである。最近のスケトウダラは魚体が小さい450～500グラム程度であり，フィレーにするには600～800グラムがほしいところである。大型魚がいるところには大型キング・サーモンが多いし，小型の魚体のところでも小型のキング・サーモンが多く，混獲が制約である。Bシーズンになれば，少しはこの混獲を回避する操業が可能となると思う。

4) 経済性の向上

問題はCDQである。CDQは部落が1つ程度からなるものは比較的まとまって，事業の内容も目的に沿って，漁業の振興や教育水準の向上に使われているが，部落が多くなると統制が取れず，CDQの目的が果たされないものとなる。また，基地式操業に漁獲を提供するトロール漁船にも資金投資をしているものもある。

CDQにはいいものと悪いものが混在している。Yellowfin Soleなどもスケトウダラと同様に資源の回復が良く，「アラスカ湾とベーリング海で操業する修正80の協同操業をする延縄釣りの漁業者」からこの問題が提起され，すでにワシントンの本部まで上がっている。この問題は，MSAの修正を伴うものであり，その後に地域漁業管理委員会で話し合う。しかし，その際にどの魚種を上方に修正するか，誰が増加分を受け取るかなど大変な問題がある。

ダッチハーバーの工場も，Aシーズンが今年から45％で，6月から始まるBシーズンが55％となったが，（以前は40％と60％）それでも年間の稼働率が

150 日程度である。これでは採算に大きく影響する。

　スケトウダラ以外の製品はその消費が増大，価格も安定している。日本の食品会社は収益が増大している。

　魚価は労働力の賃金や税金に比例して伸びないが行政は魚価に転嫁できると錯覚している。

　また最近は，労働力の調達も難しくなり，機械化と合理化が課題になっている。そして企業同士の統合も必要であろう。

　エコラベルについては，アラスカ勢が突然に再度反対に回った。ロシアのスケトウが市場に乱入することが不満である。ロシアは，資源管理も製品づくりや取り締まりも不十分である。

（9）　アメリカ西海岸の小型漁業と大規模漁業

1）　アメリカ沿岸の小規模漁業（シアトルベースの漁業）

　アラスカ州内の漁業は 140〜150 年の歴史を有するが，1980 年ごろにはハリバットとギンダラの漁期が漁獲競争を続けた結果，ハリバットは 2 日，ギンダラは 7 日で終了し，漁船がただ係船されているだけで無用になった。そこで，漁船労働組合は，漁業管理の仕組みを変える必要があると考え，北西太平洋漁業委員会に対して，漁業・資源の管理対策を要求した。アメリカの場合，連邦政府の海域では全魚種に TAC が設定されるので，全 TAC 消化時点で漁業が終了するが，ほとんどの魚種に TAC が設定されない日本では，漁期の中止は起こらず，資源が悪化して，漁業が崩壊する。

　アメリカ西海岸ではカナダやニュージーランド，アイスランドの動向を見守りながら，IFQ の導入を決断した。実際の漁船と ITQ の保持者の数は 700〜800 漁船・人と思われる。ハリバットの場合，最初は約 8,000 漁船・人がいたが，やがて 5,000 になり，現在は 1,200 である。IFQ を導入することより，IFQ 第一世代の漁業者に突然儲けが転がりこんだのである。この仕組みは，第二世代からは漁夫の利を得たと非難されている。

　この IFQ が導入されるまでに，第一世代は 15 年を要して 1995 年から開始

した。カナダの方が検討を始めるのは遅かったが，アメリカより早く IFQ の開始にこぎつけた。カナダは ITQ の保持者が漁船にしっかりと乗船していたからである。

ところで，マグナソン上院議員は MSA 法を定める時になり，漁船協会に法律の原案を作成するように依頼している。そこで重要だったのは，漁業管理を厳格に連邦政府と州政府の手から放した点である。これがアメリカ沿岸漁業に起こった最良の点であった。

そして 20 年余りが経過すると，第一世代が約 48％をしめ，うち 30～33％が 70 歳以上の高齢者の構成となった。残りは 60～70 代でさらに 20 年経つとこれらの年代はほとんどいなくなる。

残りの 52％が第 2 世代であるが，彼らは年を取るごとに今のシステムに対する修正を要求している。第一世代が本当に枠を手放すのか不明なことと，空いた IFQ の購入者が実際に漁船に搭乗するのかどうかが問題だからである（第一世代は全員が漁船に乗っていた）。

実例を挙げると，シアトルのある第一世代は 2 隻の漁船を持っていたが，1 隻を手放した。現在は 78％を自分が所有して，22％を息子が使用している。24 万ポンド（約 100 トン）のギンダラと 7 万 4,000 ポンド（約 30 トン）のハリバットの枠を有している。彼らは，所有していたアラスカ湾の遠方にあるシアトルから離れた漁獲効率の悪い漁場の枠を売り，CDQ を含めて効率のよい場所での枠を購入した。枠の取引の仲介は，漁船労働組合の事務局長がやってくれた。第 1 世代に割り当てられる際には，漁船で 18 か月以上操業しているとの条件が付けられている。

2)　自ら操業しない CDQ の問題

ここでも問題は CDQ である。CDQ の所有者は自分で漁獲しなくてもよい。枠を保持すればそれをリースして収入を得ることができるし，税金も非課税である。それに対して通常の IFQ 所有者は課税され，枠は自分で消費することが原則である。また，漁業をしない IFQ の保持者も問題である。たとえば，

第 9 章　外国沿岸漁業・養殖制度と日本への適用　*243*

100 の収入があった場合 30％が実際の漁業者に入り，70％が IFQ の保持者に行くという不公平がある。また，今後第 1 世代が枠を売るときに課税されるのも問題である。IRS（アメリカ連邦税務当局)がチェックして課税の対象となる。

　現在の IFQ は，ハリバット漁業では 2〜3 億円（200 万〜300 万ドル）になり金額が大きい。高額な IFQ を購入することは危険でもある。資源の状況によっても魚価によっても ITQ の価格は変動するからである。このような ITQ をポンド当たり 70 ドルの操業者や乗組員が購入できるのか。

　現在の漁獲枠は通常の IFQ のほかに，4 つのグループに分けることができる。「CDQ」，「スポーツフィッシャマン」，「アラスカ湾の漁業者の特別なアレンジメント」と「ITQ のリース」である。これらが ITQ の価格に大きな影響を及ぼす。IFQ を保持している人が漁業もしないで漁夫の利を得ること（Rider）のないようにすることが重要である。カナダの誤りは，所有者が漁業をしなくてもよいとの条項を与えたことである。同様にニュージーランドの枠もこの点が大きな間違いであろう。

　基本的には IFQ は成功であったと言ってよい。今後第二世代を迎えて，現在の制度の欠陥をどのように修正するのかは，課題として残される。

（10）　アラスカ湾漁業

　アラスカ湾のコディアックの漁業者は小規模の漁業者で，複数の魚種を漁獲している。一部はベーリング海にも出漁しているが，ITQ のシステムと内容をどのようにアラスカ湾に持ち込むかを腐心している。

　アラスカ湾の修正 80 条の協同操業方式（Coop）はベーリング海の Coop とはまったく異なる。

　アメリカの Coop は農業分野の Coop から始まる。経済活動を中心に設立され，小規模な事業者が，まとまって，経済事業を実施するために形成された農業協同組合販売法（Farmer's Cooperative marketing Act）に基づくものであり，独禁法の適用除外になっている。修正 80 条に基づくアラスカ湾の Coop は MSA（マグナソン・スティーブンス法）に基づき，その法律を根拠に北西太

平洋漁業管理委員会の決定を経て設立されたものである。

　一方，ベーリング海の母船，工船と基地式漁船の協同操業方式（Coop）はアメリカ漁業振興法（AFA1998年法律）に基づき設立されたもので，その法律の対象となる漁船名まで詳しく記載されている。最近では，総漁獲量（TAC）は200万トンを上限とし，まず，地域開発枠（CDQ）として10％を先取りする。その残りの90％を基地式が50％，沖合の工船トロールが40％で，残りの10％が母船に行く。漁期はAシーズン（冬から春先）とBシーズン（6月か秋にかけて）とに分けられ操業が行われる。それぞれのグループで協同方式（Coop）を形成しており，基地式には6つのCoopある。このコープ間でも，コープ内でも漁獲枠と混獲枠の移譲は可能である。

　工船トロールもCoopを形成している。母船は3隻が操業しており，それぞれがCoopを形成する。ちなみに，この3隻の母船は，"Excellence"，"Phoenix"と"Golden Alaska"は日本企業が所有していた漁船である。

　このCoop間の枠に移譲も可能である。基地式操業のCoopはマルハが2つ，日水が1つ，ICICLEが1つ，トライデントが2つである。トライデントの1つはAmerican seafood社から買収したものである。トライデント社の工場はアクタン島に工場を有しているが，マルハはウナラスカ島ダッチハーバーである。漁場へのアクセスでは両島とも大差はないが，製品の輸送となると格段にダッチハーバーの交通量が多くて，経費が安くつき有利である。ICICLEの工場（現在は他社に販売）はウナラスカ島の反対側にあり，フロート式であり，陸上工場と言える代物ではない。

　最近ではCoopの使命が変化しつつある。最初は主魚種であるスケトウダラの漁獲枠を融通することが目的であったが，最近は微小な漁獲枠を割り当てられた混獲魚をやり取りすることが主たる目的である。マスノスケ（キングサーモン）の混獲枠に達すると漁場を離脱したり，漁業を停止しなければならない。また，最近はイカの混獲枠が2トンしかなく，これの融通が問題である。ベーリング・アリューシャンでは200万トンの漁獲量キャップが決まっており，その範囲内で漁獲枠を設定するから，このような不合理なことになる。

第9章　外国沿岸漁業・養殖制度と日本への適用　　*245*

　もう一つは，Coop を通じて価格交渉をしていることである。総売り上げの
36.5％を漁船に支払い，混獲や製品づくりで成果を挙げたところにはもっとプ
レミアムを支払っている。2000 年以降 AFA（1998 年法律）成立と Coop 設定
以降は，実際の資源管理は Coop がやっていると言ってもよい。Coop は幾多
の条件をクリアしながら良い漁獲を揚げることに努める。それに答えた漁船に
はより多い支払いをする。

　トロール工船は 1 つの Coop を形成している。カニの場合，陸上の可能の能
力が余りにも小さく，漁業者が先取りして工場に運ぼうとして競争になってい
る。それに対して，スケトウダラ陸上工場の場合，失敗する理由が見当たらな
い。

　アラスカ湾とベーリング海の修正第 80 条の Coop は，北西太平洋漁業管理
委員会の決定に基づいている。この漁業は日本の北転船に似ており，多種の魚
種を漁獲して，混獲も投棄も非常に多く，頭と内臓を削除するまでの加工を施
す漁業である。

　これらの漁業はシアトルに根拠を置き，Coop を形成して対応することになっ
た。他方，大手グループにとってはスティーブンス議員とゴードン議員は非常
に有利な制度をつくり上げた。

　今後日本の水産業の改革も透明性を持った制度とすることが重要である。政
治的に独立し，そこから影響を受けない科学的な根拠を持つこと。アラスカは
科学的根拠を柱に政策を実行してきた。科学的根拠による目標を設定すること
だ。

（11）　IFQ と裁判

　NOAA（NMFS）の法律顧問で法務を担当者は，漁業者から，歴史的実績を巡っ
て裁判になり，初審では勝訴したものの再度訴えられた。原告の訴訟の理由と
して，前の判決の根拠となる漁獲枠の設定を問題としたので，NMFS は再度
裁判の結果を踏まえて，漁獲枠を計算した。しかし，漁業管理委員会と NMFS
の手続きを経て，到達した結果は全く前と同じであった。そこで原告は再度裁

判を起こしたが，判決は，NMFS が LAPP（ITQ の根拠条文）で要求している「検討」を尽くしたものであるとの理解から裁判所は判決を覆さなかった。

このように，裁判所に判断をゆだねると，専門的な観点がすっぽりと抜けてしまって，全く条文上の空虚な解釈になってしまうので，当事者同士の解決が最も妥当である。裁判はできるだけ避けた方が好ましいし現実的な解決が期待される。

アメリカ漁業振興法（AFA）は，歴史的な実績と投資に割り当て配分の根拠の重きを置いているが，最近活発に漁業活動している漁業者は漁業に従事した歴史的な期間が短い方を好む。

AFA は，独禁法上の適用除外を生産者に与えて Coop を形成することを承認したが，加工業者には Coop を形成することを認めてはいない。それは，生産者よりも加工業者が消費者に近く，加工業者が，Coop を形成することが消費者の利益に反することがあると判断したからである。したがって，加工業者にカニの漁業者からの漁獲物の提供の集積を認めても，それ以上の共同化は認めなかった。

Arctic Storm と American Seafood の母船が操業している WOC（ワシントン，オレゴンとカリフォルニア）海域での太平洋の漁業には次の 4 種類がある。

① 沖合の中層トロールでヘイク（ホワイテイング）を漁獲するもの
② 底層トロールで底魚を漁獲するもの
③ 沿岸小型漁業でホワイテイングを漁獲するもの
④ 沿岸小型漁船で底魚を漁獲するもの

の 4 つにわけられる。また，地域の疲弊と混獲に対応するために，全漁獲量の 10％を事前にとって置く措置を講じている。太平洋海域は大西洋とはかなり異なる。かれらはレファレンダムを回避するがためにセクター漁業を思いついた。また，ギンダラのスタッキングについては，ギンダラ漁業で ITQ の展開を図ろうとしたが，この間はマグナソン・スティーブンス法で ITQ の実施モラトリウムの時期であったので許可の集積（スッタキング）という手法を採用

した。

（12） ワシントン州とオレゴン州とカリフォルニア州の沿岸漁業

ワシントン州とオレゴン州とカリフォルニア州におけるダンジネスクラブの沿岸漁業は各州にまたがっているが，漁船数は現在90隻程度まで減少した。資源の管理としては，ほとんど何も行われておらず，もちろんABCもなければTACもない。資源の評価もしておらず，漁獲量の把握も行われていない。行政も科学者も積極的に管理に向けた仕事をしようとの意欲は見受けられない。連邦政府の専門家は州政府の役人からダンジネスクラブの漁獲データを得ようとしたが，非常に消極的で，連邦政府の介入は極力排除したいようであった。漁業管理は，漁船数制限と体長制限，漁期制限と雌ガニの制限であり，4月から12月までが漁期である。

これをさらに厳しくする姿勢は見受けられない。3州で少しずつ管理や科学調査に対する考えや姿勢も異なるが，基本的には人的な資源と予算が不足している。だからと言って連邦政府にお願いしたいとの姿勢もまったくない。しかし，それでも西海岸は東海岸のニューイングランド地方に比べて，資源の管理を充実させたい意向は強いと思う。

西部太平洋の漁業管理は，実はベーリング海で行われているCooperative（協同漁業操業）を最初に実施したのだが，それがAFAで法制度上，1998年からアラスカ・ベーリング海で実現した。それは，操業するプレーヤーが日系企業など全く同じであったためである。

現在のIFQは，2011年から複数種（マルチスピース）管理として複数魚種を一括して管理するやり方であるが，混獲枠のカナリー・ロックフィッシュなどの管理とそのやり取りが中心である。そのカナリーも資源が十分に回復して，これが微小混獲枠の時代から消化率は10～20％程度と大変に少なかった。今もこの海域の魚種の消化率が非常に低いことが問題である。全部消化しているのはトロールでも釣り・延縄でもギンダラ程度で，あとは消化率が低い。ドーバーソールも25％程度で，カナダ沖での漁獲が多く，その魚種がアメリカ市

場に入り込み，アメリカ西海岸の漁獲物が太刀打ちでいない。天然の漁獲は不安定で，安定している養殖物や畜産に移行している。漁獲量が多く 2015 年までは消化率の高かったホワイテイングですらその傾向がみられる。これらの原因が混獲枠なのか，マーケットの制約の問題なのかは研究してはいない。

　アメリカ政府も，経済分析を IFQ の結果に対して行っている。これは，漁業者説得用や IFQ の普及用というよりは IFQ の効果について議会の説明を求められ，それの説明対策用として作成された。漁業者の損益計算書や貸借対照表に基づくものではなく，アンケート聞き取りが中心で作成されたものである。

最終章　日本の漁業法制度の課題

Ⅰ．日本漁業の許可制度の特徴と欠陥

(1)　漁獲努力量規制の歴史

　わが国における漁業の規制は，沿岸漁業については，江戸時代からの漁業の慣行を明治漁業法の中に取り込んだものの，紛争解決の手段・根拠とすることを優先して，近代的な漁業資源管理を導入することになっていない。一方，沖合と遠洋漁業については，漁業と漁労技術の近代化と外延的な拡大をめざし，漁獲努力量規制である「インプット・コントロール」主体の規制をしてきたが，それは漁業者間の力関係と人間関係の歴史である。そこには，利益を自分たちへ有利に配分する配慮があっても，資源を持続的に管理する目的は薄かった。科学的な評価の尺度も不充分であった。

　最近の世界的な規範の漁獲量規制である「アウトプット・コントロール」は，国連海洋法条約にその根拠（海洋法第62条）があり，欧米の先進国が採用している。わが国は，国連海洋法条約を1996年に批准したが，200海里の排他的経済水域の設定による自国遠洋漁業の漁船の操業水域（アメリカ水域や旧ソ連水域）の確保に主眼が置かれ，自国の200カイリ内の漁業の持続的な展開を導くための，科学的根拠に基づく総漁獲可能量（TAC）の設定には程遠い状況であった。これまでのところ，TAC魚種も少なく，生物科学的根拠（ABC）を大幅に上回っていた。最近では生物科学的根拠（ABC）を下回ってはいるものの，日本ではABCの根拠が現状維持や資源の健全性を達成できない水準に設定されている。その一つの例が，国際的な総漁獲可能量（TAC）に合意せずに自主的な都道府県別割当を行う日本近海のクロマグロである。このように，

わが国は現在も世界の趨勢とは逆に，「インプット・コントロール」を主体とした自主規制にこだわり，科学的根拠からは遠い資源管理を維持している。

1) 日本漁業への規制

わが国漁業の外延的拡大に脅威を覚え，封じ込めを図ったのはアメリカである。1937年7月，農林省のサケ・マス調査母船「大洋丸」が，アラスカのブリストル湾内において漁獲物転載中をアメリカの飛行機に公海上で発見された。違法ではなかったのであるが，日本が不法漁獲を行ったと一方的に報道された。この事件が，戦後日本漁船の活動を封じ込めたトルーマン宣言につながる。(1945年)

さらに，これが，中南米諸国の200海里宣言や韓国の李承晩ラインの設定に根拠を与えた。1945年8月，日本がポツダム宣言を受諾して無条件降伏すると，GHQ による日本船舶の沖合禁止令（1945年8月20日）が出され，日本船舶の自由航行は全面的に禁止された。「マッカーサー・ライン」の設定である。

しかし，GHQ は戦後の食糧不足を緩和するため，1945年9月には距岸12海里以内での漁船の操業と捕鯨船，トロール漁船及びカツオ漁船などの12海里外の航行を認めた。1946年8月，GHQ は1946/47漁期に南氷洋捕鯨を許可した。その後，GHQ は漁船の建造を許可し，1952年4月25日にはマッカーサー・ラインが撤廃された。

サンフランシスコ講和条約の第九条に，漁業に関する条項を入れ，日本漁業の封じ込めを図った。その第九条に基づく最初の交渉が，日米加漁業協定交渉であり，アメリカは，公海での漁業である日本のサケ・マスの規制をアメリカの都合で強いておきながら，公海自由の原則があるために，日本に対して一方的に西経175度以東での操業を自主的に制限するよう自発的抑止を強いた。その後は，東限線として東経175度の線が引かれ，その後ベーリング公海を段階的にフェーズアウトし，東経174度の線まで，東限線を譲ったが，1986年の日米間の交渉でアメリカ200海里にで操業する際に必要とされた海産哺

乳動物の混獲許可証が獲得できずに，1987年の操業をもって大手漁業会社が撤退し，事実上の母船式サケ・マス漁業の操業を停止した。

2)　国連海洋法条約の成立と総漁獲量の規制

　国連海洋法の策定は，1945年のアメリカのトルーマン大統領の「大陸棚資源及び公海上の漁業資源に対する沿岸国の管轄権を主張した宣言」に端を発する。

　国連は，1973年に海洋法全般に亘る「第三次国連海洋法会議」を開いた。この会議は中南米などの急進国に押し切られ，200海里排他的経済水域などが盛り込まれた。その際に，自国200海里内資源の科学的根拠に基づく総漁獲量規制も盛り込まれた。

　1976年，アメリカと旧ソ連が漁業専管水域の設定を決定し，世界の体制は定まった。国連海洋法条約は1994年に発効した。日本は国内漁業への総漁獲量規制の導入を軽視，外国で操業する日本漁船の既得権益の確保の延長上にあった。海洋法に依拠する国内法を整備したアメリカと欧州などからは，漁業資源管理で大きく遅れ，これを未だに引きずっている。

(2)　日本の漁業許可制度の特徴と欠陥―指定漁業と一斉更新

1)　戦後漁業法改正の背景

　わが国では，国連海洋法の総量規制が世界の先進国の趨勢になっても，漁業者間の協議による科学的根拠によらない人間関係と旧態の漁業慣行に基づく規制が敷かれ続ける。これは，わが国の漁業の歴史が漁業紛争の解決と調停の歴史だからだ。慣行もそれを法的な根拠とすれば，紛争の調停や解決の根拠になるからである。その結果，これらの慣行とそれに基づく制度を尊重するあまり，長い間科学的な根拠に基づく数量規制を拒んできた歴史でもある。漁業法の漁業調整機能とは，科学的根拠が不十分な状況において，人間の力関係による恣意的な機能を意味する。その結果，資源が悪化し，漁業の経営が困難になれば補助金を投入するという歴史の繰り返しでもあった。

ところで，GHQが日本に駐留（占領）していた際に制定された，いわゆる「与えられた漁業法」を変える動きと，戦後の急速な経済発展による環境の変化に対応し，漁業制度を改変する動きが「漁業制度調査会」を中心にあった。そして，改正漁業法が昭和37年（1962年）8月の臨時国会で成立した。

意気込みとは裏腹に，実際の改正は本質的なものを樹立するまでには至っていない。それは，一斉更新制度の導入と指定漁業の漁業種類の追加，沿岸域の養殖業の大部分を漁業協同組合が実質的にコントロールする「特定区画漁業権」の創設等であった。また，「定置漁業権」には，地元漁民の7割以上が社員又は株主となっている法人（漁民会社）が地元漁協と同列の優先順位一位に認められた。

2) 指定漁業とは

指定漁業とは，漁業法第52条第1項により船舶により行う漁業であって，政令で定めるものである。（第5章Ⅱ(1)，第8章参照）

水産庁は，指定漁業の一斉更新制の導入と継承許可の廃止に関して，新規の許可や漁業の転換が弾力的に行えるよう，許可の権利化の弊害を取り除くことを第1の目的とした。しかし，沿岸と都道府県は賛成したが，漁業団体は反対し，制度が骨抜きにされた。

3) 目的ではなく手段を定めた一斉更新

指定漁業の制定と許可の一斉更新とは，昭和37年漁業法改正の特徴の一つでもある。以前には大型捕鯨業，以西機船底びき網漁業，以西トロール漁業や遠洋まぐろ漁業の4種類の指定遠洋漁業だけだったが，現在は大中型まき網漁業（写真F-1）など大幅に増加した。許可の有効期間は5年とされた。許可期間の満了日は，許可船舶ごとにバラバラに置かれていたが，許可期間の満了日を一斉にする一斉更新制が採用された。許可期間は更に短くすることができる。国際漁業の許可期間は1年が多数を占める。

他には，行政庁に指定漁業の現況に関して内部での再検討・評価・反省の機

最終章　日本の漁業法制度の課題

写真 F-1　石巻港に停泊中の大中型まき網漁船，日東丸（手前）と惣寶丸（奥））

会を与えたものである。しかし，定期政策の再検討は，明確にそれを法制化すべきである。継続許可は廃止するとの方針を打ち立てたが，結局は実績者優先となり骨抜きになった。

　指定漁業では，大臣が漁業の許可隻数を定め，科学的な情報に関係なく資源状態に合わない起業の認可や増トン数と補充トン数などが，個別の漁獲規制がない下で大型化に使われ，資源悪化を助長している。主として漁船許可の手続きを定めているだけで，漁業法の中には資源管理の要素は不十分である。こうしたインプット・コントロールの許可制度は役割を終えている。

4）　中途半端な内容を現代も維持

　当時の議論は，許可制度は漁業経営の安定が目的ではなく，運用上の勘案事項であるとしている。ところで，諸外国は，自国200海里内の資源利用からその国の漁業者が経済的利益を上げることを柱として，それが目的に明文化されている。儲けが上がれば，許可は価値を有して権利化する。漁業者毎の保有数に一定の上限を設けたり，これを譲渡可能にしたりすることができる。

1962 年（昭和 37 年）の当時は，許可の権利化の弊害を除くべきとの議論に終始し，資源の維持と経営の安定という目的が十分とは言えない指定漁業制度，一斉更新で終わった。さらなる問題は，その後許可の一斉更新と指定漁業制度を含め，漁業法を変えていないことである。

　日本は，インプットコントロールを主体とした昭和 24 年（1949 年）漁業法を近年では昭和 37 年以外に基本的な修正をしていない。一方，予防原則の取り込みもなく，科学的根拠の尊重が不十分で，免許や許可の条項がない海洋生物資源保存管理法（以下「資源管理法」という。）を平成 8 年（1996 年）に成立させた。このような現行漁業法は現在の問題に対応できず，資源管理法では先進国のような適切な資源管理ができない問題を抱えている。

II．国連海洋法と排他的水域内の生物資源の管理

（1）　国連公海漁業協定と管理の目標値

　1994 年 11 月に発効した 1982 年国連海洋法は，排他的経済水域（以下 EEZ）に科学邸根拠に基づく総量規制（アウトプット・コントロール）が初めて導入された国際秩序である。

　1993 年に国連が公海漁業協定交渉を開始した。2001 年 12 月に発効した 1995 年国連公海漁業協定は，第 6 条と第 7 条で沿岸国 EEZ 内資源の保存と管理を求める。具体的には，

①　予防的アプローチをとり資源を悪化させない。

②　保存の限界となる基準値及び管理の目標となる基準値の 2 種類の基準値を用い，目標となる基準値に漁獲可能量を設定し，限界基準値を超えてはならない。

③　科学データを収集し資源管理の実施を規定する。

であった。

最終章　日本の漁業法制度の課題　　*255*

(2)　主要各国の国内実施法

　主要各国は，海洋法の国内実施法として，根幹法である漁業法を制定・改正した。

　アイスランドでは，海洋法と国連食糧農業機関（FAO）の責任ある行動規範をもとに，1990 年に漁業管理法を成立させた。同時に ITQ も導入した。

　ノルウェーは，国連公海漁業協定を 1996 年に批准した。これより前の 1990 年にマダラの乱獲が起こり，個別漁船割り当て（IVQ）を導入した。「資源を枯渇させない持続的な漁業の実現」が目標となった。

　アメリカでは，1976 年に国内漁業の振興を図るため漁業法（マグナソン・スティーブンス法）を成立させた。1983 年に EEZ を，海洋法第 4 部に基づき漁業法を改正し設定。その後，順次科学情報の増加に対応し，持続的漁業達成のための漁業法改正を 1996 年に行った。また個別漁業割当（IFQ）の導入が議論を呼んだので，1996 年から 2000 年まで IFQ の導入を一時停止し，さらに 2 年間延長した。この間，ベーリング海ではスケトウダラの協同操業 IFQ の導入が進んだ。2006 年に再承認された漁業法では，

①　過剰漁獲をなくす

②　悪化した資源の回復

③　IFQ を法的に制度として認知

を定めた。

　オーストラリアは，1989 年に連邦政府が新たな漁業政策を発表。資源の持続性の確保，乱獲・過剰投資の克服を基本方針として，ITQ を管理手法と位置づけた。1991 年にはその基本方針に基づいた漁業管理法を制定した。

　ニュージーランドでは，1984 年に漁業制度の大転換が図られ，農業・漁業補助金の撤廃，過剰漁獲の削減と資源の回復が新政策として打ち出された。1986 年，海洋法を踏まえた漁業法を制定し，ITQ の導入をした。現在では，ITQ により漁業資源の安定は図られたが，透明性の高い漁業をめざし，迅速な資源評価の導入と生態系との調和を図るという目的の見直しが行われる。

（3） 漁業法と海洋生物資源保存管理法（TAC法）の違い

1） 1949年漁業法の目的

漁業法は，漁業調整機能の運用によって漁業の民主化を図ることを目的としている。このため，多くの有能な経営者や新規参入が排除され，漁協主導の小平等主義となっている。

漁協自営と組合管理型漁業権（養殖業）を第1位の優先順位で免許し，漁協自営申請がなされれば，既存の定置漁業者も追い出される。経営能力と科学的な資源管理となっていない。基本的には沿岸の漁業権に基づく漁業も科学的根拠に基づく漁業許可として扱えば，資源の持続的利用を達成できるだろう。

2） 資源保存管理法の制定

国連海洋法条約を批准したことによって，排他的経済水域内の生物資源の総漁獲可能量（TAC）を決定することが義務付けられた。1996年，「海洋生物資源の保存及び管理に関する法律」は，「最大持続生産量を実現することができる水準に特定海洋生物物資源を維持し回復させることを目的として，魚種の資源動向及び他の魚種との関係を基礎とし，・漁業の経営その他の事情を勘案して定める」と規定した。しかし，これが長年TACが科学的漁獲量（ABC）を大幅に超過する根拠となり，ABCが資源回復を望めない高水準の根拠でもある。水産庁には，漁業経営を客観的に分析するデータはないし，専門の経営学・経済学者も職員として採用されておらず，また外部からのアドバイスも求めていない。

TAC魚種は，諸外国では，北欧の25種程度からアメリカの500種程度まで設定されている。わが国は，サンマ，マサバ及びゴマサバなど7種を定め，ホッケやブリ，マダイやアワビなどの重要種にもない。超過した際の罰則規定もなく，暖水系のゴマサバと冷水系のマサバの異なる魚種が同じ漁獲枠で管理される不適切さだ。

エビ類や底魚類の沿岸魚種も資源状況が悪化しているが，都道府県が資源管

理法第 5 条の水域で TAC を設定した例はない。全国レベルと同様に都道府県のレベルでも，TAC を設定し資源を回復させることが緊要である。

資源管理法第 11 条には，割当てによる採捕の制限ができることとされており，農林水産大臣でも都道府県知事でもこの条項を活用して，実施することができる。同法第 5 条で都道府県の全部または一部の水域を定め，そのうえで，これらの条項に従い都道府県計画として TAC を定め，IQ を設定するのが，適切である。しかし，都道府県の定める水域で操業する大臣指定漁業（沖合底びき網漁業等）には TAC 適用から除くとの規定がある。これは科学的ではない。資源管理法としての一貫性に欠けている。漁業法と資源管理法は基本的な問題点が随所に見られ，相互関連も薄く一体の法律であるべきだ。インプット・コントロールと優先順位と小平等主義の漁業法と，資源管理法の基本制度は作り直した方が適切である。

(4)　科学的根拠の重要性

生物学的許容漁獲量（ABC）の設定は，国連海洋法と国連公海漁業条約の発効を受けて，世界では一般的となった。ABC は，「漁業資源を健全かつ持続的に利用できる水準を与える科学的根拠に基づく漁獲量」である。具体的は総資源量を推計し，そのうちのたとえば 10％など，資源の健全性に応じた漁獲率を乗じて計算する。

ところが，日本国内法ではアメリカ等の漁業法とは異なり，ABC について法律上の定めがない。総漁獲可能量（TAC）については，海洋生物資源の保存及び管理に関する法律（平成 8 年法第 77 号）の第 3 条第 3 項に基づき設定される。しかし，同項に最大持続生産量を実現できる水準に資源を維持または回復させるとあるが，「いつまでに」が明記されていないので，達成が不明瞭である。また，更に「漁業経営その他の事情を勘案して」によって，直近の漁業の救済のために ABC を超える TAC が設定され，日本海スケトウダラ資源は悪化した。アメリカは，ABC 以下に年間漁獲水準（AHL）を定め，更にそれ以下に TAC を設定することが漁業法（MSA）で定まっている。

1） 漁業者，行政庁と研究者の関係

わが国の場合，漁業経営者の意向が行政庁の方針に反映されやすい傾向にある。それはアメリカなどの先進諸外国と異なり，NGOやスポーツ・フィッシャーなどの政治力が必ずしも強くないためであり，漁業者が唯一，行政と政治家の利害関係者である。研究者はわが国の場合，水産庁からの委託費を受けその資金で研究をしている。委託元である水産庁の方針と意向を反映する傾向にある。世界的には，行政は科学評価とABCの設定には介入しない。

日本では，1997年からTAC制度が導入された。外国では数10種から500種がTAC制度の対象である。日本は数100種ある有用魚種のうち，TAC魚種は，マアジ・サバ類（異なる魚種を同一扱い）・マイワシ・スケトウダラ・サンマ・ズワイガニ・スルメイカの7種だ。韓国にも劣り，主要先進国では最低のレベルである。

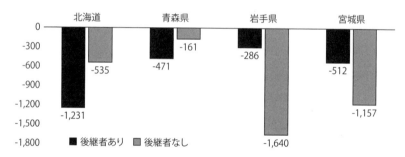

図F-1　後継者の有無による個人経営体の減少の比較（2008～2013年）

2） モニターの重要性

TAC制度は，資源管理，漁獲量の正確な把握が最も重要である。したがって，政府が責任を持ってモニターするシステムが必要で，わが国の場合，港ごとにオブザーバーの派遣が行われていない。諸外国の場合，漁獲データの確認と証明は政府の責任で行っているが，日本では，漁協に対して一元的にデータ取得を直接委ねており，このように，漁業者を構成員とする団体がモニターやデータ収集をするのでは，身内の甘えが先にたち，正確な情報であるか否かの確証

が得られない。近年，VMS（漁船モニタリングシステム）の搭載が義務付けられてきたが，これも運用はなされていない。

3) IQとITQ（譲渡性個別割当）制度

TACを漁業者の過去の漁獲実績等に基づいて，個別の漁業者に年間の漁獲量を割当てることをIQ（個別漁獲割当）という。通例は，漁業者には比率（％）で割当てし，これをTACに乗じる。また，このIQを販売，貸与，移譲などの譲渡を行えるようにしたものがITQ（譲渡性個別割当量）であり，毎年行う場合と永久に譲渡する場合とがある。これらの制度の活用によって，新潟県のホッコクアカエビでは魚価と収入が向上した（図F-2）。

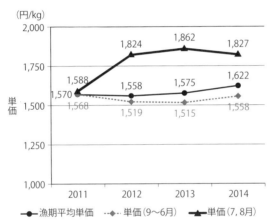

図 F-2　モデル地区漁期別単価（資料：新潟県，南蛮エビIQ導入と魚価上昇）

平成28年度の水産白書が発表された。外国の報道は，日本も水産業の回復策に本腰と記述するが，北部太平洋まき網漁業の個別漁獲割当（IQ）の試験的導入を説明する程度で真新しいものはない。諸外国のように10年以上を要しながらの漁業の制度改正や資源回復策やイノベーションが提示されていない。日本の政治家は，専門的な知識を得る仕組みと機能もなく，積極的に外部の専門家からアドバイスを聴取する姿勢もなく，行政官の説明をそのまま受け

入れ，欧米のような議員立法もない。

（5）　政治と行政の劣化

　小選挙区になり派閥勉強会がなく，与野党は農漁民票の囲い込みの為に，補助金を配る。中長期の政策や制度改正を提言することもない。

　最近の行政官は，組織内での事務作業が多くなり，現場に出て直接日本の漁業の実態を見ていないとの批判が多い。また，海外の先進事例を学ぶこともほとんどしない。

　世界は経済学的な観点を取り入れる。経済学の専門家を諸外国のように行政に入れていない。古い体質の水産の技官中心の行政を行っており，斬新な視野での行政や立案は行えず，諸外国には遅れをとっている。政治家も行政とともに補助金の漁業者への提供に腐心する。補助金の供与では漁業資源は増えない。漁業者の働く意欲を減退させている。高齢漁業者とやる気のない者を増やす。

　環太平洋経済連携協定（TPP）交渉関連の政策大綱も「担い手へのリース方式による漁船の導入」と「産地施設の再編整備」など，ばらまき的要素が強い。補助金は漁業者の経営改善を先送りし，経営悪化をもたらす。

　日本において高齢化，人口減少と経済の停滞が進行するなかで，中國や東南アジア諸国や旧東欧諸国には水産物の買い負けの状況になった。中国の輸入は，100万トン程度（1994年）から，430万トン（2014年）に急増した。

　日本に輸入される水産物のほとんどは，ノルウェー，アイスランド，カナダとアメリカ・アラスカ州からである。これらの国々は，科学的な資源の評価を実施して，資源を持続的に維持ないし回復の目標を設定し，目標の数値である生物学的許容漁獲水準（ABC）を計算し，ABC以下に総漁獲可能量（TAC）を設定している。更に，これを，漁業者に配分して，個々の漁業者が漁獲する個別漁獲割当制（IQ）を採用している。漁業者の過剰な投資や無駄なコスト投入を避けるために個別譲渡性漁獲割当制（ITQ）にし，外国は，資源の回復と漁業の活性化を図った。この間，日本では，制度疲労した現行の漁業法に基

づき，経営とは無関係の民主化の実現目的の組織である漁協と漁業調整機能を
いまだに使い，科学とは無関係に当座しのぎの運用をしている。

（6）　新漁業法の内容と制定

　これまで，日本漁業の在り方を世界の制度や政策も交えて論じてきたが，こ
れらの議論を集約すると，根本的な漁業法制度の制定によってしか，わが国の
漁業の改革と漁業地域の活性化は達成できない。したがって，以下の内容を骨
子として盛り込んだ「新漁業法」の制定を提言する。

1) 新漁業法の柱を，水産資源を国民共有の財産と定め，科学的根拠による持
  続的利用とする。また，科学的評価とデータ情報の開示を柱とする。
2) 水産基本法と資源管理法は，新漁業法に密接不可分の一体として取り込む。
  科学情報，経営情報と水産予算の情報を公開する。
3) 水産予算を生産基盤の整備から科学データの収集，水産資源の評価や情報
  の開示などの非公共事業に配分する。
4) ITQ など漁獲権限の所有に基づく持続利用の達成。
5) 資源に見合う漁獲水準の達成と過剰漁獲能力の削減（減船）をする。
6) 200 海里内資源の利用で利益を生むことを義務とする。
7) 地域経済を配慮し，離島や沿岸地域に優先して「地域活性枠」漁獲量を割
  り当てること。
8) 漁業の許可制度を近代化し，経営優先と技術発展を基準とする。
9) 漁業権を撤廃する。
10) 国・都道府県が直接，漁業許可・漁獲割当の許可・発給を各漁業者・会社・
  個人に対して行う。経営能力，環境収容力と技術力を許可の基準とする。
11) 大臣指定漁業と法定知事許可漁業並びに知事許可漁業を廃止する。全国
  を 6 海区に区切り海区ごとに漁業管理委員会を設置して，漁獲割当とともに
  漁船の階層区分ごとに，許可を与える。沿岸域と沖合域は区別して許可する。
  許可の一斉更新は廃止する。

12）水産研究機関の人事と予算を独立させ，民間機関とすること。

13）漁業協同組合は，経済事業を行うことに特化する。

14）養殖業の近代化と経営の自立。

15）特定区画漁業権は廃止する。養殖業の許可は1）海面の収容力，2）経営能力と3）環境への配慮力を許可の要件として，海域当たりの養殖可能総量を設定する。各生け簀当たりの生産量も決定する。

16）種苗の生産と種苗の輸入を自由化する。輸出国が証明した無病証明書があり，それが，主要な先進国に輸出されている場合は，検疫を要しないものとする。

17）現在は漁業協同組合が行う事業についてはその内容の如何を問わず独禁法の適用除外とされているが，これを根本的に見直す。

18）水産物の輸入制度など見直しと廃止。IQ 制度（輸入割当制度）は手続きが煩雑で，水産物の輸入の障害となっている。

19）試験研究体制の行政からの独立を図る。

20）水産庁行政組織への経済と法律専門家を採用する。

おわりに

　本書は，長い年月を要してようやく完成した。原案の「漁業権と漁業の許可」について書きだしたのが今から10年前だった。その後，毎年何度も書き直してきた。

　水産庁の諸先輩が漁業法と漁業権についての解説書は出版していたが，それは漁業法等の改正があるたびに，その改正に解説を加えるのが主であって，漁業法制度とその体系を読者が理解しやすく書かれたものではない。むしろ難解なものである。

　本書を読まれた読者は「漁業法や漁業権」が何であるか，どのような問題や課題があるかをご理解していただけたと思料するが，読者の理解の促進と確認のために以下を記したい。

　まず，本書は漁業法と漁業権について体系的かつ包括的に，またわかりやすく記述したものである。すなわち「世界と日本の漁業の現状と問題点」から入り，日本の漁業法と漁業権が，日本漁業の衰退の原因になっていることがわかる解説と章立てに構成されている。

　本書の特長は現在の漁業法と漁業権の問題の本質は明治漁業法にあると喝破し，明治政府の政策とそれに影響を及ぼした江戸時代の漁業の慣行と政策方針にまで遡ったことである。共著者の有薗眞琴氏によってこの分析が可能となった。これによって多くの一般の人にとっては「わかりにくい世界」である「漁業権」と漁業権の管理を行う「漁業協同組合」について理解が進む構成になっている。その後に戦後のGHQが改正した漁業法での核心である「漁業権」，「漁業の許可」，「民主化」と「漁業調整機能」についての意味とその問題に入り込んでいる。「民主化」とは小規模な漁業者の間の平等を目指したものなのである。

　漁業権とは漁業法に根拠を持ち国民の付託によって，ある特定の日本国民にその権利が排他的に与えられている。その与え方が現在所有している漁業者以外に漁業権を与えることを排除している。漁業協同組合に所属している漁業者

間で優先順位をつけて権利を所有している。魚は基本的に国民共有の財産であるべきと考えられるが，この仕組みによって漁業者の専有物となっている。

　ところで，漁船毎に許可を与える方法である「漁業の許可」は世界的にも一般的な行政手法であるが，日本の場合，この手法が古い人間関係と漁船やエンジンを規制する許可基準に基づいていることに特徴がある。つまり，世界の潮流である，科学的根拠に基づき許可を発給する制度に日本の制度はなっていない。特に 1982 年採択の国連海洋法条約が発効した 1994 年と国連公海漁業協定が採択された 1995 年ごろから，日本はこれらの条約の思想と内容を漁業法などの国内法に明確に取り入れることを避けてきた。一方でアメリカ，ノルウェーなどは国内の中心政策として，これら条約の思想を漁業法などの国内法に取り入れた。この対応の違いによって日本政府と外国政府の漁業政策との間に大きな乖離が生じた。この点は第 9 章で取り上げた。漁業の許可制度が世界基準から大幅に遅れ，漁業権は沿岸漁業の閉鎖社会を形成し，現在までそれが続いている。養殖業への新規の参入がないことが，その象徴である。

　日本の遠洋漁業と沖合漁業が衰退の一途を辿っているのは，漁船やエンジン馬力を規制し，漁獲量を直接制限しない「漁業の許可と漁業政策」にあることは本書で明らかになったと思われる。遠洋漁業も遠洋マグロはえ縄漁業とカツオを大型の巻き網によって南太平洋で操業する海外まき網漁業を残すのみとなり，沖合漁業ではマイワシやマサバを漁獲する大中型まき網漁業しか残っていない。この漁業は資源が悪化したクロマグロをも漁獲するのである。このような資源の管理の失敗と崩壊から，沖合底びき網漁業は経営が不採算のところが多くなり，減船と衰退が進行している。小樽沖，浜田沖，下関沖と福島県沖の沖合底びきが，その例として挙げられる。

　こうした状況の改善に寄与する目的で本書は書かれている。有薗眞琴氏が第 2 章と第 3 章を中心に本質的問題の「漁業法の問題と課題」を歴史上の流れを踏まえて大局的に分析評価した。今までの類書には全くなかった試みである。第 4 章の「漁業権」についてもその性格と知事許可漁業との関係がわかるように記述した。第 5 章では「漁業の許可」について農林水産大臣が許可するもの

と知事が許可するものの目的，内容と違いを説明する。第6章は戦後の漁業法の目的の主たる内容である「漁業調整」に触れた。第7章は多くの読者の関心事「水産業協同組合」を農地改革から説き起し，なぜ経済的に自立できないか，その根本的な本質に解説を加えた。

第9章では海外の沿岸漁業に関する漁業法制度と漁業・資源管理の現状と問題点を紹介した。これは問題と課題の多い日本の沿岸漁業，特に漁業協同組合の管理下で行われる漁業は経営上の利益が出ない（農林水産省；漁業経済調査年報）ところから，漁業政策と資源管理政策の参考となるとの考えからである。

ところで，最終章「日本の漁業法制度の課題」では第1章から第9章までの分析と評価を踏まえて，今後の日本の漁業法制度の根幹を構成すべき内容について提言している。これらは現在の漁業法の目的と内容とは当然，根本的に異なり，相容れないものとなっている。むしろ，国際規範と諸外国の先行事例に沿った内容を多く含む。

旧明治漁業法が制定されたのが1901年である。それから116年が経過した。明治時代の慣行と法体系を引きずり，このまま進行中の漁業の衰退を加速化することは許されない。本書の執筆を終了して思うのは，これ以上現在の漁業法と漁業権を持ち続けることは漁業者の利益にも水産関係者にも，水産業が盛んだった時代に大ヒットした「港町ブルース」に謳われ栄えた全国の港町にも，日本中の消費者と国民にとっても容認できることではない。魚はいなくなっていく。国民の税金が使われても事態は悪くなる一方であることは許されないのである。日本の国民と消費者，とりわけ将来の日本の子供たちにとって「新しい漁業法制度」が必要である。

最後に本書の出版を可能にした㈱成山堂書店の小川典子社長，特に編集と校正に多大の労を取っていただいた宮澤俊哉氏に深甚なる御礼を申しあげる。内容の充実，構成と校正の確かさはひとえに宮澤氏のご尽力によるものである。

2017年10月

小松正之

参 考 文 献

青塚繁志(1964)『明治初期漁業布告法の研究－Ⅱ.海面借区制前期』,長崎大学水産学部研究報告v.17

青塚繁志(1965)『明治初期漁業布告法の研究－Ⅲ.海面借区制期(1)』,長崎大学水産学部研究報告v.18

青塚繁志(1965)『明治初期漁業布告法の研究－Ⅴ.府県漁業取締規則期』,長崎大学水産学部研究報告 v.19

網野善彦(1998)『海民と日本社会』,新人物往来社

有薗真琴(2002)『山口県漁業の歴史』,日本水産資源保護協会

岩崎寿男(1997)『日本漁業の展開過程―戦後50年概史―』,舵社

宇治谷孟(1988)『日本書紀 上巻・下巻』,講談社

大島泰雄(1994)『水産増・養殖技術発達史』,緑書房

大橋貴則(2010)『水産振興第510号「担当者が語る水産の動向～平成二十一年度水産白書に寄せて～」』,東京水産振興会

大林太良(1996)『日本の古代 ８－海人の伝統－』,中央公論社

岡本信夫(1965)『近代漁業発達史』,水産社

岡本信男編(1970)『日魯漁業経営史』第1巻,水産社

大西俊輝(2007)『日本海と竹島』,東洋出版

加瀬和俊(2008)『水産振興第484号「沿岸漁業への参入自由化論を駁す－高木委員会提言・規制改革会議答申を吟味する』,東京水産振興会

勝川俊雄(2011)『日本の魚は大丈夫か 漁業は三陸から生まれ変わる』,NHK出版

勝川俊雄(2012)『漁業という日本の問題』,NTT出版

片野 歩(2012)『日本の水産業は復活できる！』,日本経済新聞出版社

金田禎之(1976)『実用漁業法詳解』,成山堂書店

金田禎之(1979)『漁業紛争の戦後史』,成山堂書店

金田禎之(1998)『漁業法のここが知りたい 四訂版』,成山堂書店

金田禎之(2009)『解説・判例漁業六法』,大成出版社

金田禎之(2014)『新編漁業法詳解 増補四訂版』,成山堂書店

川上健三(1972)『戦後の国際漁業制度』,社団法人大日本水産会

河野良輔(1995)『日本近代捕鯨発祥の地』,西日本文化協会

岸田弘之(2011)『海岸管理の変遷から捉えた新しい海岸制度の実践と方向性』,国土技術政策総合研究所資料第619号

漁協組織研究会(2015)『漁業法の解説』,漁協経営センター出版部

漁業制度問題研究会(2007)『日本経済調査協議会・水産業改革高木委員会『緊急提言』に対する考察』,JF全漁連

楠美一陽(1980)『山口県豊浦郡水産史(復刻版)』,マツノ書店

小松正之・遠藤久(2002)『国際マグロ裁判』,岩波書店

小松正之監修(2009)『農商工連携等人材育成研修テキスト 漁業分野』,全国中小企業団体中央会

小松正之監修(2008)『日本の水産業』,ポプラ社

小松正之(2010)『日本の食卓から魚が消える日』,日本経済新聞出版社

小松正之(2011)『海は誰のものか』,マガジンランド

小松正之(2016)『世界と日本の漁業管理』,成山堂書店

近藤康男(1951)『農地改革の諸問題』,有斐閣

近藤康男(1962)『日本漁業の経済構造』,東京大学出版会(7刷)

参 考 文 献

近藤康男(1975)『近藤康男著作集 第 11 巻 日本漁業経済論』，農山漁村文化協会

(財)シップ・アンド・オーシャン財団(2002)『平成 13 年度 21 世紀におけるわが国の海洋ビジョン
　　に関する調査研究報告書』

衆議院(1949)「水産委員会議事録　昭和 24 年 5 月」

新宅　勇(1979)『萩藩近世漁村の研究』，大村印刷

水産基本政策研究会(2001)『〔逐条解説〕水産基本法解説』，大成出版社

水産社(2008)『水産週報　No.1766』

水産庁監修(1998)『水産庁 50 年史』，水産庁「50 年史」刊行委員会

水産総合研究センター(2009)「平成 21 年度国際資源の現況」，水産庁，http://kokushi.fra.go.jp/
　　genkyo-H21.html

水産庁漁政部企画課(2001 年)『水産基本法関係法令集』，成山堂書店

全国漁業協同組合連合会ほか編(1971)『水産業協同組合制度史 1 ～ 3』，水産庁

水産庁(2014)「わが国周辺水域における二国間協定について」，水産庁資源管理部

水産庁(2009)『水産庁施策情報誌　漁政の窓　vol.46』，水産庁漁政部漁政課広報班

水産庁 50 年史刊行委員会編(1998)『水産庁 50 年史』，水産庁 50 年史刊行委員会

第 4 次沿岸漁場整備開発事業研究会(1995)『沿岸漁場整備開発事業の解説 附・関係法令・資料集』，
　　新水産新聞社

竹内利美(1968)『漁場占有と村落―漁村研究の一序章―』，東北大学教育学部研究年報第 16 集

竹前栄治・中村隆英監修(1996)『GHQ 日本占領史 1 GHQ 日本占領史序説』，日本図書センター

竹前栄治・中村隆英監修(1997)『GHQ 日本占領史 33 農地改革』，日本図書センター

竹前栄治・中村隆英監修(1998)『GHQ 日本占領史 34 農業協同組合』，日本図書センター

田平紀男(1989)『共同漁業権について―漁業制度調査会(1958 年－ 1961 年)の審議を中心として―』，
　　鹿児島大学水産学部紀要

東京都内湾漁業興亡史編集委員会(1971)『東京都内湾漁業興亡史』，同史刊行会

独立行政法人 水産総合研究センター(2009)『わが国における総合的な水産資源・漁業の管理のあり方』
　　(最終報告)

中山　充(1994)『漁業権による水産資源の保護と環境権』，香川法学 13 巻 4 号

二野瓶徳夫(1999)『日本漁業近代史』，平凡社

日本政策金融公庫(2014)『平成 26 年度 4 月版 日本政策金融公庫 農林水産事業本部 取扱必携』，日本
　　政策金融公庫農林水産事業本部融資企画部

新潟県(2012)「新潟県新資源管理検討導入促進委員会　報告書」，2012 年 6 月

新潟県(2014)「新潟県新資源管理評価検討委員会　報告書」，2014 年 3 月

新潟県(2017)「新潟県新資源管理制度総合評価委員会　報告書」，2017 年 3 月

農林漁業金融公庫(1982)『漁船資金』

寶田康弘・馬奈木俊介編著(2010)『資源経済学への招待』，ミネルヴァ書房

平林平治・浜本幸生(1999)『水協法・漁業法の解説(十二訂版)』，漁協経営センター出版部

福富恭礼(1888)『徳川政府 律令要略』，近代デジタルライブラリー

藤本昌志(2005)『現代日本の海の管理に関する法的問題』，神戸大学海事科学部紀要第 2 号

牧野光琢・坂本 亘(2003)『日本の水産資源管理理念の沿革と国際的特徴』，水産学会誌 69(3)

牧野光琢(2013)『日本漁業の制度分析 漁業管理と生態系保全』，水産総合研究センター叢書

安井誠人・藪中克一(2002)『日本における海上埋立の変遷』，海洋開発論文集第 18 巻

山口県漁業協同組合連合会・信用漁業協同組合連合会(1980)『三十年の歩み』

山口県文書館(1971)『山口県史(上巻)(下巻)』，大村印刷

U.S. Department of Commerce (2007) Magnuson-Stevens Fisheries Conservation and Management
　　Act. US Government Printing Office 2007 Second Printing.

索　引

【英語略語】

ABC（生物的許容漁獲量）……6, 155, 249
ACL（年間漁獲レベル）………………235
AFA（アメリカ漁業振興法）……186, 235
AHL（年間漁獲水準）………………257
ASFMC（大西洋州海洋漁業管理委員
　会）………………………216, 222
AP（諮問委員会）………………………235
CCBSP（ベーリング海におけるス
　ケトウダラ資源の保存及び管理に
　関する条約）………………………86
CDQ（地域開発枠）………235, 238, 240
CPUE（単位漁獲努力当たりの漁獲量）
　……………………………………232
EDF（環境保護基金）………………229
EEZ（排他的経済水域）……………4, 88
FAD（集魚装置）………………………188
FAO（国連食糧農業機関）………10, 255
GHQ（連合国司令部）
　………………47, 58, 61, 156, 250
GHQ対日理事会………………………47
ICCAT（大西洋まぐろ類保存国際委
　員会条約）…………………………73
ICJ（国際司法裁判所）………………190
ICRW（国際捕鯨取締条約）…………191
IFQ（個別漁業割当）……………219, 255
IQ（個別割当）…………………………8
ITQ（譲渡可能個別割当）………………9
IVQ（個別漁船割当）……………173, 255
IWC（国際捕鯨委員会）…………82, 190
IWTQ（数量管理）……………………222
JARPA（南極海調査捕鯨計画）………190
MSA（マグナソン・スティーブンス
　法，アメリカ漁業法）……219, 255, 257
NEWREP-A（新南極海鯨類科学調
　査計画）……………………………190
NMFS（アメリカ水産庁）………218, 221
NOAA（アメリカ海洋大気庁）………245

NPAFC（北太平洋遡河性魚類委員会）…86
NRS（天然資源局）………………47, 61
PNG（パプアニューギニア）…………188
SSC（統計・科学委員会）……………235
TAC（総漁獲可能量）………………6, 88
TAC法 ………………………89, 91, 256
VDS（漁船操業日数制）方式 …………4
VMS（漁船モニタリングシステム）…259

【ア行】

アウトプット・コントロール…4, 154, 249
あさり漁業………………………………103
網代銀………………………………………20
網仕切式（パイル式）養殖業…………103
網場………………………………………18
アメリカ式巾着網漁業…………………39
鮎網漁……………………………………24
あわび漁業………………………………103
委員会指示………………………104, 152
イカ・サバ紛争…………………………144
いか巣網漁業……………………………103
筏式養殖業………………………………3
いか釣り漁業……………103, 127, 197
石猟者地付根付次第……………………15
以西トロール漁業………………………57
以西底びき網漁業………103, 127, 181
磯付村……………………………………19
一斉更新……………………56, 138, 252
一般知事許可漁業………101, 103, 140
一本釣り漁業……………………………103
入会漁場…………………………………17
入海………………………………………16
入口規制…………………………………89
入梁類……………………………………35
鰯網………………………………………24
インプット・コントロール……4, 249
魚生簀………………………………24, 26
浮役………………………………………18
打瀬網………………………………14, 139

うに漁業‥‥‥‥‥‥‥‥‥‥‥‥103
海石‥‥‥‥‥‥‥‥‥‥‥‥‥‥‥15
浦浮役石‥‥‥‥‥‥‥‥‥‥‥‥20
浦方‥‥‥‥‥‥‥‥‥‥‥‥‥‥19
浦石‥‥‥‥‥‥‥‥‥‥‥‥‥‥20
浦島役座‥‥‥‥‥‥‥‥‥‥21, 22
浦庄屋‥‥‥‥‥‥‥‥‥‥‥‥‥21
浦年寄‥‥‥‥‥‥‥‥‥‥‥‥‥21
浦役永‥‥‥‥‥‥‥‥‥‥‥‥‥15
運上金‥‥‥‥‥‥‥‥‥‥‥‥‥18
運上船‥‥‥‥‥‥‥‥‥‥‥‥‥16
エコラベリング‥‥‥‥‥‥‥‥239
枝浦‥‥‥‥‥‥‥‥‥‥‥‥‥‥19
越佐海峡事件‥‥‥‥‥‥‥‥‥144
江戸時代の漁村‥‥‥‥‥‥‥‥18
沿海地区漁協‥‥‥‥‥‥‥‥‥95
沿岸かつお・まぐろ漁業‥‥‥‥191
沿岸漁業構造改善事業（沿構）‥‥66, 75
沿岸漁業構造改善資金‥‥‥‥‥‥76
沿岸漁業生産量‥‥‥‥‥‥‥‥‥2
沿岸漁業等振興審議会‥‥‥‥‥‥81
沿岸漁業等振興法‥‥‥‥66, 71, 92, 94
沿岸漁場整備開発事業（沿整）‥‥‥76
沿岸漁場整備開発法‥‥‥‥‥80, 98
沿岸まぐろはえ縄漁業‥‥‥‥‥103
遠洋漁業奨励法‥‥‥‥‥‥‥30, 39
遠洋かつお・まぐろ漁業‥‥103, 127, 191
遠洋底びき網漁業‥‥‥‥‥103, 127, 184
大網漁業‥‥‥‥‥‥‥‥‥‥‥21
大型定置網漁業‥‥‥‥‥‥‥103
大型捕鯨業‥‥‥‥‥‥103, 127, 189
大敷網‥‥‥‥‥‥‥‥‥14, 18, 24
沖合底びき網漁業‥‥‥‥103, 127, 179
御立浦‥‥‥‥‥‥‥‥‥‥‥‥19
落網類‥‥‥‥‥‥‥‥‥‥‥‥35
小菜鮊‥‥‥‥‥‥‥‥‥‥‥‥16
オリンピック方式‥‥‥‥‥‥‥‥7

【カ行】

海外まき網漁業‥‥‥‥‥‥‥‥188
海区漁業調整委員会

‥‥ 57, 58, 100, 102, 104, 146, 148, 150
外国人漁業の規制に関する法律‥‥74, 98
海上保安庁法‥‥‥‥‥‥‥‥‥89
改正沿整法（昭和58年）‥‥‥‥‥81
改正『遠洋漁業奨励法』‥‥‥‥‥40
改正漁業法（昭和37年）‥‥‥69, 70, 252
改正『漁業法施行規則』‥‥‥‥‥35
改正水協法（昭和37年）‥‥‥‥‥71
改正水協法（平成5年）‥‥‥‥‥86
櫂立3尺‥‥‥‥‥‥‥‥‥‥‥19
貝取‥‥‥‥‥‥‥‥‥‥‥‥‥24
海面官有制‥‥‥‥‥‥‥‥‥‥22
海面官有論‥‥‥‥‥‥‥‥‥‥25
海面公有論‥‥‥‥‥‥‥‥‥‥25
海面借区制‥‥‥‥‥‥‥22, 25, 37
海面養殖業生産量‥‥‥‥‥‥‥‥2
海洋基本法‥‥‥‥‥‥‥‥‥‥99
海洋水産資源開発センター‥‥‥‥79
海洋水産資源開発促進法‥‥‥79, 87, 98
海洋生物資源の保存及び管理に関す
　る法律（TAC法，資源管理法，海
　洋生物資源管理法）‥‥4, 89, 99, 154, 256
海洋法に関する国際連合条約‥‥‥‥79
かき養殖業‥‥‥‥‥‥‥‥‥‥103
学識経験委員‥‥‥‥‥‥‥‥58, 104
懸場‥‥‥‥‥‥‥‥‥‥‥‥‥18
水夫役銀‥‥‥‥‥‥‥‥‥‥‥20
かじき等流し網漁業‥‥‥‥‥‥103
瀉引網‥‥‥‥‥‥‥‥‥‥‥‥26
カツオ釣漁業‥‥‥‥‥‥‥‥‥40
門役銀‥‥‥‥‥‥‥‥‥‥‥‥20
鴨社‥‥‥‥‥‥‥‥‥‥‥‥‥14
慣行専用漁業権‥‥‥‥‥‥‥36, 53
官有地取扱規則‥‥‥‥‥‥‥‥44
起業の認可‥‥‥‥‥‥‥‥‥‥127
機船底曳網漁業整理規則‥‥‥‥‥41
機船底曳網漁業整理転換奨励規則‥‥41
機船底曳網漁業取締規則‥‥‥‥‥41
汽船トロール漁業‥‥‥‥‥‥‥40
汽船トロール漁業取締規則‥‥‥‥40
機船船びき網漁業‥‥‥‥‥103, 141

索 引

汽船捕鯨業 …………………………… 35
北大西洋漁業合同 …………………… 220
北太平洋漁業資源保存条約 …… 185, 196
北太平洋さんま漁業 ……… 103, 127, 195
旧漁業法（明治34年）…………… 30, 31
久六島の争奪戦 ……………………… 144
業種別組合 …………………………… 71
共済事業 ……………………………… 175
行政委員会 …………………………… 58
共同漁業権 ………………… 50, 53, 97, 106
協同操業方式（Coop）……………… 243
魚価安定基金 ………………………… 77
漁獲努力量規制 ……………………… 249
許可漁業 ……………… 53, 101, 103, 122
許可等の取り消し …………………… 135
許可の失効 …………………………… 134
許可名義人 …………………………… 133
漁業 …………………………………… 96
漁業会 ………………………………… 43
漁業権 …………………………… 97, 107
漁業許可制度 ………………………… 34
漁業協同組合（漁協）………… 43, 160
漁業協同組合合併助成法 ……… 74, 96, 98
漁業協同組合整備促進法 ………… 65, 74
漁業協同組合連合会（漁連）……… 170
漁業組合連合会 ……………………… 43
漁業組合 ……………………………… 37
漁業組合規則 ………………………… 38
漁業組合準則 ………………………… 37
漁業組合令 …………………………… 38
漁業経営維持安定資金 ……………… 77
漁業経営の改善及び再建整備に関す
　る特別措置法（漁特法）………… 77, 99
漁協経済事業 ………………………… 168
漁協系統事業・組織改革のための指針…95
漁業権行使規則 …………………… 67, 97
漁業権証券 ……………………… 46, 60
漁業権制度 ………………… 34, 53, 67
漁業水域に関する暫定措置法 ……… 78
漁業従事者 …………………………… 97
漁業者 ………………………………… 97

漁業税 ………………………………… 26
漁業生産組合 …………………… 68, 71
漁業制度調査会 …………… 67, 199, 252
漁業取締制度 ………………………… 34
漁業調整委員会 …… 50, 57, 70, 102, 148
漁業調整機構 …………………… 102, 105
漁業調整規則 ……… 56, 101, 140, 153
漁業転換促進要綱 …………………… 64
漁業年貢 ……………………………… 15
漁業法 ………………… 30, 32, 46, 47, 98
漁業補償 ……………………………… 115
漁業用燃油対策特別資金 …………… 77
漁港法 ………………………………… 46
漁港漁場整備法 ………………… 80, 98
漁場改善計画 ………………………… 88
漁場計画 ……………………………… 100
漁場支配権説 ………………………… 114
漁場利用協定制度 …………………… 81
漁場利用権説 ………………………… 114
漁船法 …………………………… 46, 98
漁民 …………………………………… 97
漁民会社 ………………………… 69, 117
漁民公会 ……………………………… 50
近海かつお・まぐろ漁業 … 103, 127, 191
禁漁区 ………………………………… 12
区入費 ………………………………… 24
区画漁業権 ………………… 31, 53, 97, 108
供御人（供祭人）…………………… 13
鯨運上銀 ……………………………… 20
組合員資格 …………………………… 162
組合管理漁業権 …………… 54, 97, 111
繰網漁 …………………………… 24, 26
畔頭 …………………………………… 21
郡村制 ………………………………… 22
経営者組合 …………………………… 71
経営者免許漁業権 ………… 54, 97, 111
建議事項 ………………………… 58, 104
げんしき網漁業 ……………………… 103
権門勢家 ……………………………… 13
広域漁業調整委員会 ………………… 102
公益代表委員 …………………… 58, 104

索　引　　　271

公示方式 …………………………… 129
公私共利 ……………………… 12, 14
公選委員 …………………… 58, 104
郷村制 ……………………………… 18
公聴会 …………………………… 100
郡奉行・代官 ……………………… 16
公有水面埋立及使用免許取扱方 …… 44
公有水面埋立法 ……………… 26, 44
公有地 …………………………… 26
小型いか釣り漁業 ……………… 103
小型機船底びき網漁業 ……… 103, 139
小型機船底曳網漁業整理特別措置法 … 60
小型さけ・ます流し網漁業 …… 103, 140
小型するめいか釣り漁業 ………… 103
小型定置網漁業 …………… 103, 143
小型捕鯨業 …………… 103, 127, 189
小型まき網漁業 …………… 103, 141
国際ハリバット漁業条約 ………… 230
国際捕鯨取締条約 …………… 83, 189
国際連合海洋法会議 ………… 78, 251
国連海洋法条約 … 79, 86, 88, 89, 249, 251
国連公海漁業協定 ……………… 254
国連食糧農業機関（FAO）………… 255
腰文幡 …………………………… 13
御成敗式目 ……………………… 13
ごち網漁業 ………………… 103, 141
固定式さし網漁業 ……………… 142
個別独占漁場 …………………… 18
コミューン ……………………… 22
5ポイント計画 ……………… 47, 61
小物成 ……………………… 16, 19
小割式魚類養殖業 ……………… 103

【サ行】

裁許令 …………………………… 15
栽培漁業 ………………………… 80
さけ・ますはえ縄漁業 ………… 142
サケ養殖業 ……………………… 202
さし網漁業 ………………… 103, 142
差許書 …………………………… 21
雑種税 …………………………… 26

佐野浦 …………………………… 14
産業組合法 …………………… 158, 177
産業組合中央金庫法 ………… 43, 174
三十八職 ……………………… 20, 24
山川藪沢の利 …………………… 12
暫定措置水域 …………………… 183
暫定措置水域沿岸漁業 ………… 103
サンフランシスコ講和条約 ……… 250
山野入會論附海川入會 ………… 15
しいらづけ漁業 …………… 103, 142
シーシェパード ………………… 190
地方 ……………………………… 20
敷網漁業 ………………………… 103
資源管理型漁業 …………………… 79
資源管理規程 …………………… 87
資源管理協定 ……………… 79, 87
資源管理計画 …………………… 5
試験操業許可 …………………… 137
事前補償 ………………………… 116
持続的養殖生産確保法 …… 85, 87, 99
自治組織 …………………… 22, 24
指定遠洋漁業 ……………… 57, 70
指定海洋生物資源 ……………… 90
指定漁業 … 70, 101, 103, 123, 125, 252
指定法人 ………………………… 81
神人 …………………………… 13
地びき網漁業 ……………… 14, 143
地まき式貝養殖業 ……………… 103
諮問委員会（Advisory Panel : AP）… 235
諮問事項 …………………… 58, 104
社員権説 ………………………… 115
自由漁業 ………………… 53, 102, 103
承認漁業 …………………… 195, 198
庄屋 ……………………… 18, 21
職人的海民 ……………………… 14
白魚網 …………………………… 24
親告罪 …………………………… 116
真珠養殖業 ………………… 3, 103
真珠母貝養殖業 ………………… 68
信用漁業協同組合連合会（信漁連）… 174
信用事業 ………………………… 174

索　引

水産会 ……………………………… 42
水産会法 …………………………… 42
水産加工業協同組合 ……………… 162
水産基本計画 ……………………… 92
水産基本政策改革プログラム ……… 86
水産基本政策大綱 ………………… 86
水産基本法 ……………… 91, 92, 94, 99
水産業 ……………………………… 96
水産業会 …………………………… 43
水産業基本調査 …………………… 46
水産業組合 ………………………… 38
水産業協同組合法 … 46, 62, 96, 158, 162
水産業団体法 ……………………… 43
水産業取締規則 …………………… 38
水産業復興特区法 ………………… 120
水産組合 …………………………… 38
水産組合規則 ……………………… 38
水産資源枯渇防止法 ……… 60, 61, 180
水産資源保護法 …… 46, 56, 61, 89, 98
水産政策審議会 …………… 89, 94, 105
数村入会漁場 ………………… 17, 36
周防灘紛争 ………………………… 144
すくい網漁業 ……………………… 103
宿毛湾沖の紛争 …………………… 144
筋フグ縄 …………………………… 16
ずわいがに漁業 …………………… 103
製造業会 …………………………… 43
生産組合 …………………………… 69
生物学的許容漁獲量（ABC）… 6, 249, 257
石油ショック ……………………… 77
石油発動機 ………………………… 40
セクター漁業 ……………………… 219
瀬戸内海機船船びき網漁業 …… 103, 140
瀬戸内海漁業制限規程 …………… 41
先願主義 ……………………… 36, 55
鮮魚運搬船 ………………………… 40
戦後漁業法（昭和 24 年）…… 47, 54
全国漁業組合連合会（全漁連）……… 169
全国漁村経済協会 ………………… 170
潜水器漁業 ………………… 103, 143
占有利用権 …………………… 15, 26

専用漁業 ………………… 31, 52, 53
総漁獲可能量（TAC）…… 6, 88, 257
総百姓共有 …………………… 17, 115
総有 ……………………………… 17
総有説 …………………………… 115
藻類養殖業 ……………………… 103
損害賠償 ………………………… 115
損失補償 ………………………… 115

【タ行】

第 1・2・3・4・5 種共同漁業 …… 53, 103
第 1・2・3 種区画漁業 ………… 53, 103
第 1 種特定海洋生物資源 ………… 90
対価補償 ………………………… 116
代官 ……………………………… 16
大臣許可漁業 ………… 57, 101, 103, 179
大西洋州海洋漁業管理委員会（ASFMC）
 ……………………………… 216, 222
大西洋等はえ縄漁業 …………… 103
大中型まき網漁業 ……… 103, 127, 187
太平洋底さし網等漁業 ………… 103
大宝律令 ………………………… 12
大洋丸 …………………………… 250
高師海 …………………………… 12
たこつぼ漁業 …………… 103, 143
太政官布告 ……………………… 23, 27
他村入会漁場 …………………… 17, 36
建網漁業 ……………… 17, 35, 103
立浦 ……………………………… 20
建切網 …………………………… 18
立干網 …………………………… 26
溜池養殖業 ……………………… 103
地域漁業管理委員会 …………… 236
稚魚の保護 ……………………… 12
筑後川尻の紛争 ………………… 144
築堤式養殖業 …………………… 103
地区別漁業組合 ………………… 37
地こぎ網漁業 …………………… 103
地先水面専用漁業権 ………… 36, 53
知事許可漁業 ………… 57, 101, 103
地所名称区別更正 ……………… 23

索　引　　273

地租改正条例 …………………………… 23
地びき網漁業 …………………… 17, 103
中央漁業調整審議会 ……………… 57, 89
中央水産業会 ……………………… 43, 47
中型さけ・ます流し網漁業 …103, 127, 192
中型まき網漁業 ………………… 103, 139
中小漁業者 ………………………… 72, 77
中小漁業信用保証制度 …………… 174
長州藩 …………………………………… 20
調整保管事業 …………………………… 78
通損補償 ……………………………… 116
造り蠣 …………………………………… 24
つくり育てる漁業 …………………… 79
造り海苔 ………………………………… 24
臺網類 …………………………………… 35
出網類 …………………………………… 35
帝国水産会 ……………………………… 43
定置漁業権 ……… 31, 51, 53, 69, 109
出口規制 ………………………………… 89
手繰網 …………………………………… 26
手繰第1・2・3種漁業 …………… 139
適格性 ……………………………… 56, 110
てんぐさ漁業 ………………………… 103
天皇海山海域 ………………………… 184
天領 …………………………………… 18
統計・科学委員会（SSC）…………… 235
當職 …………………………………… 21
統制経済 ……………………………… 173
独占禁止法 ……………………………… 87
特定海洋生物資源 ……………………… 89
特定区画漁業権
　…… 3, 68, 69, 97, 109, 112, 117, 252
特定大臣許可漁業…57, 101, 103, 135, 198
特別漁業権 ……………… 31, 34, 52, 53
特別決議 ……………………………… 117
届出漁業 ………… 57, 101, 103, 136
図南丸 ………………………………… 189
利根川尻の漁場争奪戦 …………… 144
虎網漁業 ……………………………… 181
鳥付こぎ釣り漁業 …………………… 103
トルーマン宣言 ………………… 250, 251

豊浦藩 …………………………………… 21

【ナ行】

内水面漁業 …………………………… 103
内水面漁業調整規則 ……… 56, 101, 140
内水面漁場管理委員会 ……… 58, 104
内湾漁業議定一札之事 ……………… 20
ナウル協定 ……………………………… 4
長ノ緒 …………………………………… 26
名主 …………………………………… 18
名主総代会 …………………………… 24
贄人 …………………………………… 13
肉食禁止令 …………………………… 12
日米加漁業協定交渉 ………………… 250
日露漁業合同委員会 ………………… 194
日韓漁業協定水域 …………………… 181
日中漁業協定水域 …………………… 181
200海里漁業水域 ……………………… 78
200海里体制 ……………………… 78, 86
日本海べにずわいがに漁業…103, 127, 197
日本栽培漁業協会 …………………… 80
日本書紀 ……………………………… 12
日本政策金融公庫（旧農林漁業金融
　公庫）………………………………… 175
日本船舶の沖合禁止令 ……………… 250
入漁権 ……………………………… 15, 107
入漁権行使規則 ………………… 68, 97
年間漁獲水準（AHL）………………… 257
能地 …………………………………… 14
農林漁業基本問題調査会 …………… 65
農林漁業金融公庫 …………………… 76
農林漁業組合再建整備法 …………… 64
野方秣場 ……………………………… 26
ノルウェー式近代捕鯨 ……………… 39
ノルウェー生魚漁業組合 …………… 173

【ハ行】

排他的経済水域 ………… 86, 249, 254
排他的経済水域及び大陸棚に関する
　法律 ………………………………… 88, 89
端浦 …………………………………… 19

ハタハタ漁業（秋田）・・・・・・・・・・・・・・・・ 7
はえ縄漁業 ・・・・・・・・・・・・・・・・・・・・・・・・ 103
張網類 ・・・・・・・・・・・・・・・・・・・・・・・・・・・・ 35
ハリバット漁業・・・・・・・・・・・・・・・・・・・・ 229
東シナ海等かじき等流し網漁業 ・・・・・・・ 103
東シナ海はえ縄漁業 ・・・・・・・・・・・・・・・・ 103
引網 ・・・・・・・・・・・・・・・・・・・・・・・・・・・・・・ 26
曳場 ・・・・・・・・・・・・・・・・・・・・・・・・・・・・・・ 18
平等用益 ・・・・・・・・・・・・・・・・・・・・・・・・・・ 18
物権 ・・・・・・・・・・・・・・・ 32, 34, 54, 113
物権的請求権 ・・・・・・・・・・・・・・・・・・・・・・ 116
船繋役 ・・・・・・・・・・・・・・・・・・・・・・・・・・・・ 16
船曳網 ・・・・・・・・・・・ 17, 18, 24, 103
船役永 ・・・・・・・・・・・・・・・・・・・・・・・・・・・・ 16
鰤網 ・・・・・・・・・・・・・・・・・・・・・・・・・・・・・・ 24
分一 ・・・・・・・・・・・・・・・・・・・・・・・・・・・・・・ 18
平民的海民 ・・・・・・・・・・・・・・・・・・・・・・・・ 14
返還請求権 ・・・・・・・・・・・・・・・・・・・・・・・・ 116
妨害排除請求権 ・・・・・・・・・・・・・・・・・・・・ 116
妨害予防請求権 ・・・・・・・・・・・・・・・・・・・・ 116
法定知事許可漁業・・・60, 101, 103, 124, 138
放流効果実証事業 ・・・・・・・・・・・・・・・・・・ 81
北転船 ・・・・・・・・・・・・・・・・・・・・・・・・・・・・ 186
母船式捕鯨業 ・・・・・・・・・・・・・ 127, 189
ホタテガイ漁業 ・・・・・・・・・・・・・・・・・・・・ 218
帆引網 ・・・・・・・・・・・・・・・・・・・・・・・・・・・・ 26
鰮立網 ・・・・・・・・・・・・・・・・・・・・・ 24, 26
本浦 ・・・・・・・・・・・・・・・・・・・・・・・・・・・・・・ 19

【マ行】

まき餌釣り漁業 ・・・・・・・・・・・・・・・・・・・・ 103
マグナソン・スティーブンス法（MSA）
・・・・・・・・・・・・・・・・・・ 219, 255, 257
鮪網 ・・・・・・・・・・・・・・・・・・・・・・・・・・・・・・ 24
曲建網漁業 ・・・・・・・・・・・・・・・・・・・・・・・・ 103
桝網類 ・・・・・・・・・・・・・・・・・・・・・・・・・・・・ 35
マッカーサー・ライン ・・・・ 46, 61, 64, 250
マリノフォーラム 21 ・・・・・・・・・・・・・・ 84
マリノベーション構想 ・・・・・・・・・・・・・・ 83
御厨 ・・・・・・・・・・・・・・・・・・・・・・・・・・・・・・ 13
詔 ・・・・・・・・・・・・・・・・・・・・・・・・・・・・・・・・ 12

南インド洋漁業協定 ・・・・・・・・・・・・・・・・ 186
冥加金 ・・・・・・・・・・・・・・・・・・・・・・・・・・・・ 18
民法（第 239 条第 1 項）・・・・・・・・・・・ 12
武庫海 ・・・・・・・・・・・・・・・・・・・・・・・・・・・・ 12
無主物先占 ・・・・・・・・・・・・・・・・・・ 12, 114
無高百姓 ・・・・・・・・・・・・・・・・・・・・・・・・・・ 17
村中入会漁場 ・・・・・・・・・・・・・・・・・ 17, 36
明治漁業法（明治 43 年）・・・・・・・・・・・・ 32
免許 ・・・・・・・・・・・・・・・・・・・・・・・・・・・・・・ 97
免許漁業原簿 ・・・・・・・・・・・・・・・・・・・・・・ 113
門男百姓 ・・・・・・・・・・・・・・・・・・・・・・・・・・ 20
もじゃこ漁業 ・・・・・・・・・・・・・・・・・・・・・・ 103
モラトリアム（一時停止）・・・・・・・ 82, 185

【ヤ行】

役銭 ・・・・・・・・・・・・・・・・・・・・・・・・・・・・・・ 16
梁 ・・・・・・・・・・・・・・・・・・・・・・・・・・・・・・・・ 12
山口県漁業取締規則 ・・・・・・・・・・・・・・・・ 28
遊休漁場 ・・・・・・・・・・・・・・・・・・・・・・・・・・ 59
遊漁 ・・・・・・・・・・・・・・・・・・・・・・・・・・・・・・ 102
遊漁船業の適正化に関する法律・・・・・84, 99
有限会社 ・・・・・・・・・・・・・・・・・・・・・・・・・・ 68
優先順位 ・・・・・・・・・・・ 54, 55, 69, 110
寄魚漁業 ・・・・・・・・・・・・・・・・・・・・・・・・・・ 103
養老律令 ・・・・・・・・・・・・・・・・・・・・・・・・・・ 12

【ラ行】

李承晩ライン ・・・・・・・・・・・・・・・・・・・・・・ 250
律令制 ・・・・・・・・・・・・・・・・・・・・・・・・・・・・ 13
律令要略 ・・・・・・・・・・・・・・・・・・・・・・・・・・ 15
リフラッギング ・・・・・・・・・・・・・・・・・・・・ 188
領海法 ・・・・・・・・・・・・・・・・・・・・・ 78, 89
類聚国史 ・・・・・・・・・・・・・・・・・・・・・・・・・・ 13
類聚三代格 ・・・・・・・・・・・・・・・・・・・・・・・・ 13
レファレンス・ポイント（漁獲の目
　標値）・・・・・・・・・・・・・・・・・・・・・・・・・ 6
レファレンダム（全体投票）・・・・・・・・ 219
連合海区漁業調整委員会 ・・・・・ 58, 102, 150
連帯保証 ・・・・・・・・・・・・・・・・・・・・・・・・・・ 133
ロブスター委員会 ・・・・・・・・・・・・・・・・・・ 215
ロブスター漁業 ・・・・・・・・・・・・・・・・・・・・ 209

索引

【ワ行】

和布取 ……………………………… 24

【人物】

大越作右衛門 ……………………… 39
岡十郎 ……………………………… 39
奥田亀造 …………………………… 39
クロード・アダムス ……………… 48

持統天皇 …………………………… 12
デレヴィヤンコ …………………… 48
天武天皇 …………………………… 12
トルーマン大統領 ………… 78, 250, 251
中部幾次郎 ………………………… 40
藤田巖 ……………………………… 199
マグナソン上院議員 ……………… 242
陸奥宗光 …………………………… 29
村田保 ……………………………… 29

筆者紹介

小松 正之（こまつ まさゆき）

経歴

1953 年　岩手県陸前高田市生まれ
1977 年　東北大学卒業。農林水産省入省
1982-84 年　アメリカエール大学経営学大学院 MBA を取得
1985-88 年　水産庁国際課課長補佐（北米担当）
1986 年　アメリカ合衆国商務省「母船式サケ・マス行政裁判」に参加
1988-91 年　在伊日本大使館一等書記官，国連食糧農業機関（FAO）常駐代表代理
1991-94 年　水産庁遠洋課課長補佐（捕鯨担当）
1991-2003 年　国際捕鯨委員会（IWC）日本代表代理
1998-2000 年　インド洋マグロ漁業委員会議長
1999-2000 年　ミナミマグロ漁業国際海洋裁判と国連仲裁裁判所の裁判に参加
2000-02 年　水産庁参事官（国際交渉担当）
2002-04 年　水産庁漁場資源課長，FAO 水産委員会議長
2004-07 年　独立行政法人水産総合研究センター理事
2008-10 年　内閣府規制改革会議専門委員
2008-12 年　政策研究大学院大学教授，2013 年　客員教授
2011 年　内閣府行政刷新会議規制改革専門員
2012-16 年　新潟県参与
2012 年―現在　システム工学研究所株式会社会長
2008 年―現在　特定非営利法人東都中小オーナー協会理事
2014 年―現在　公益財団法人アジア成長研究所客員主席研究員
2015 年―現在　一般社団法人生態系総合研究所代表理事
　　　　　　　公益財団法人東京財団上席研究員
2004 年　博士（農学，東京大学）

著書

『日本人とくじら』（雄山閣，2017）
『豊洲市場　これからの問題点』（マガジンランド，2017）
『世界と日本の漁業管理』（成山堂書店，2016）
『国際裁判で敗訴！日本の捕鯨外交』（マガジンランド，2015）
『漁師と水産業　漁業・養殖・流通の秘密』［監修］（実業之日本社，2015）
『日本の海から魚が消える日？　ウナギとマグロだけじゃない！』（マガジンランド，2014）
『これから食えなくなる魚』（幻冬舎，2013）
『海は誰のものか―東日本大震災と水産業の新生プラン』（マガジンランド，2011）
『震災からの経済復興』（東洋経済新報社，2011）
『日本の鯨食文化―世界に誇るべき"究極の創意工夫"』（祥伝社，2011）
『世界クジラ論争』（PHP，2010）
『東京湾再生計画―よみがえれ江戸前の魚たち』［共著］（雄山閣，2010）
『日本の食卓から魚が消える日』（日本経済新聞出版社，2010）
『江戸前の流儀』（中経出版，2009）
『さかなはいつまで食べられる―衰退する日本の水産業の驚愕すべき現状』（筑波書房，2007）
『豊かな東京湾』（雄山閣，2007）
『クジラ　その歴史と文化』（ごま書房，2005）
『よくわかるクジラ論争―捕鯨の未来をひらく』（成山堂書店，2005）
『国際マグロ裁判』［共著］（岩波書店，2002）
『クジラは食べていい』（宝島社，2000）
他にも捕鯨，くじら文化，水産外交等の関係図書多数

有薗　眞琴（ありその　まこと）

経歴
1950 年　生まれ
1973 年　東海大学海洋学部水産学科卒業。山口県庁技術吏員。
1992 年　水産庁へ出向。振興課振興係長，研究課技術開発専門官。
1995 年　山口県庁漁政課，水産課，防府水産事務所等に勤務。
2005～2009 年　山口県水産課長・水産振興課長。
2009～2010 年　山口県水産研究センター所長（山口県庁退職）
現在　水産アナリスト

著書
『ボラの留吉』（星雲社・東京図書出版会，2005）
『山口県漁業の歴史』（日本水産資源保護協会，2002）
『お魚の文化誌：魚おもしろミニ百科』（舵社，1997）

実例でわかる漁業法と漁業権の課題　定価はカバーに表示してあります。

平成29年11月18日　初版発行

著　者　小松正之・有薗眞琴
発行者　小川典子
印　刷　三和印刷株式会社
製　本　株式会社難波製本

発行所　株式会社成山堂書店
〒160-0012　東京都新宿区南元町4番51　成山堂ビル
TEL：03（3357）5861　FAX：03（3357）5867
URL　http://www.seizando.co.jp
落丁・乱丁本はお取り替えいたしますので，小社営業チーム宛にお送りください。

©2017　Masayuki Komatsu, Makoto Arisono
Printed in Japan　　　　　　　　　ISBN978-4-425-84061-8

定価が変更される場合もあります　　**成山堂書店発行　水産関係図書**　　総合図書目録無料進呈

【漁業法】

新編　漁業法詳解（増補四訂版）	金田禎之著	A5判・686頁・定価 本体9400円
新編　漁業法のここが知りたい（2訂増補版）	金田禎之著	A5判・248頁・定価 本体3000円
実例でわかる漁業法と漁業権の課題	小松正之・有薗眞琴共著	A5判・304頁・定価 本体3800円

【辞典・事典】

和英・英和　総合水産辞典（4訂版）	金田禎之編	B6判・838頁・定価 本体12000円
商用魚介名ハンドブック-学名・和名・英名その他外国名-［3訂版］	㈱日本水産物貿易協会編	A5判・362頁・定価 本体4400円
新版水産動物解剖図譜	廣瀬一美・鈴木伸洋共著 岡本信明	B5判・136頁・定価 本体2000円
日本漁具・漁法図説（四訂版）	金田禎之著	B5判・678頁・定価 本体20000円
和文英文 日本の漁業と漁法（改訂版）	金田禎之著	B5判・228頁・定価 本体6400円

【趣味・図鑑】

杉浦千里博物画図鑑 美しきエビとカニの世界	杉浦千里画 朝倉彰解説	A4判・112頁・定価 本体3300円
大野龍太郎の魚拓美-色彩美術画集-	大野龍太郎著	A4横判・82頁・定価 本体4000円
コインの水族館	木谷浩著	B5判・148頁・定価 本体3000円
海辺の生きもの図鑑	千葉県立中央博物館分館海の博物館監修	新書判・144頁・予価 本体1400円
The Shell -綺麗で希少な貝類コレクション303-	真鶴町立遠藤貝類博物館著	A4変形・132頁・定価 本体2700円
世界に一つだけの深海水族館	沼津港深海水族館 シーラカンス・ミュージアム館長 石垣幸二 監修	B5判・144頁・定価 本体2000円
美しき貝の博物図鑑 -色と模様、形のバリエーション/フリーク/ハイブリッド-	池田等著	B5判・192頁・定価 本体3200円
魅惑の貝がらアート セーラーズバレンタイン	飯室はつえ著	B5判・82頁・定価 本体2200円
タカラガイ・ブック改訂版 -日本のタカラガイ図鑑-	池田等・淤見慶宏共著	A5判・216頁・定価 本体3200円

【漁業・資源管理・増養殖】

マグロの資源と生物学	水産総合研究センター編著	A5判・320頁・定価 本体4300円
水産資源の増殖と保全	北田修一・帰山雅秀 浜崎活幸・谷口順彦編著	A5判・252頁・定価 本体3600円
世界と日本の漁業管理-政策・経営と改革-	小松正之著	A5判・200頁・定価 本体3200円
最新漁業技術一般（4訂版）	野村正恒著	A5判・436頁・定価 本体5600円
東日本大震災とこれからの水産業	白須敏朗著	A5判・160頁・定価 本体1429円
福島第一原発事故による海と魚の放射能汚染	水産総合研究センター編	A5判・156頁・定価 本体2000円
魚は減ってない！-暮らしの中にもっと魚を-	横山信一著	A5判・152頁・定価 本体1429円
近畿大学プロジェクトクロマグロ完全養殖	熊井英水・宮下盛・小野征一郎編著	A5判・252頁・定価 本体3600円

【生物】

ナマコ学 -生物・産業・文化-	高橋明義・奥村誠一共著	A5判・258頁・定価 本体3800円
海の微生物の利用-未知なる宝探し-	今田千秋著	四六判・140頁・定価 本体1600円
新・海洋動物の毒 -フグからイソギンチャクまで-	塩見一雄・長島裕二共著	A5判・250頁・定価 本体3300円
サンゴ 知られざる世界	山城秀之著	A5判・180頁・定価 本体2200円

平成29年10月現在　　　　　　　　　　　　　　　　　　　　（定価は税別です）